高 等 学 校 教 学 用 书

冶 金 单 元 设 计

北京科技大学　　范光前　主编

冶 金 工 业 出 版 社

图书在版编目（CIP）数据

冶金单元设计/范光前主编 .—北京：冶金工业出版社，
1994.10（2007.8 重印）

高等学校教学用书

ISBN 978-7-5024-1503-7

Ⅰ . 冶… Ⅱ . 范… Ⅲ . 冶金—设计—高等学校—教材
Ⅳ . TF01

中国版本图书馆 CIP 数据核字（2007）第 117713 号

出 版 人　曹胜利　（北京沙滩嵩祝院北巷 39 号，邮编 100009）
责任编辑　宋 良　美术编辑　李 心　责任印制　丁小晶
北京密云红光印刷厂印刷；冶金工业出版社发行；各地新华书店经销
ISBN 978-7-5024-1503-7
1994 年 10 月第 1 版，2007 年 8 月第 3 次印刷
787mm×1092mm　1/16；17.5 印张；415 千字；266 页；2701－3700 册
35.00 元
冶金工业出版社发行部　电话：(010)64044283　传真：(010)64027893
冶金书店　地址：北京东四西大街 46 号(100711)　电话：(010)65289081
　　　（本社图书如有印装质量问题，本社发行部负责退换）

前　言

冶金单元设计是应用传输现象（即动量、热量和质量传递）来研究冶金生产的物理操作及其设备的合理设计。它包括设备和工艺参数的选择以及优化设计等。在化学工程中，常称其为单元操作与设备。我们所指的设计乃强调由一种技术思想过渡到生产实践是一种创造性的设计过程，它是以传递原理、现代测试技术和现代计算技术为基础的学科。

本书以北京科技大学多年使用的讲义为基础编写的，主要介绍工业加热、流态化、气力输送、气体输送、真空系统、冷却系统、搅拌、凝固和连铸 等 内 容。第一、二、七章由刘述临编写，第三、四、五、六章由范光前编写，第八、九章由李士奇编写，全书由范光前任主编。武汉钢铁学院严友梅、华东冶金学院朱凯苏北京科技大学沈颐身等教授审阅了本书初稿，提出了许多宝贵意见，谨致以衷心的谢意。

1979年，北京钢铁学院（现北京科技大学）为研究生开设了"单元设计"课程，继而又为本科生开设此课，经过十余年的教学实践，教材体系基本成型。这次以《冶金单元设计》为书名正式出版，尚属首次，希望能对本课程的发展和完善起到推进作用。本书可作为高等学校教材，还可供化工、冶金等工程技术人员参考。由于我们的经验和学识水平的不足，书中缺点和错误在所难免，欢迎读者给予批评指正。

编者
1993年12月

目 录

符　号

A　　　　面积

A_i　　　 经验常系数

A^*　　　临界截面积

a　　　　音速，单位床层体积的颗粒表面积，凝固平方根定律常数，二次枝晶常数，或导热系数随温度变化的常系数

a_j'　　　第 j 种溶质对液相线温度影响系数

a_*　　　临界音速

B　　　　膨胀比，或常系数

b　　　　流化床长度或系数，凝固平方根定律常数，二次枝晶常数，导热系数随温度变化的常系数，或凝固坯壳厚度

C　　　　系数、结晶系数、或流导

C_0　　　溶质的初始浓度

C_d　　　短管道流导或小孔摩擦阻力系数

C_D　　　曳力系数

C_h　　　孔、眼的流导

C_l　　　长管道流导

C_j　　　第 j 种溶质浓度

C_0^j　　 第 j 种溶质原始浓度

C_L　　　溶质在液相中的浓度

C_P　　　气体热容

C_{PE}　　等价热容

C_{ps}　　颗粒体的热容

C_s　　　溶质在固相中的浓度，或金属（固体）的热容

C_w　　　边界效应修正系数

D　　　　管道直径，或流化板的直径

$D_1、D_2$　连铸坯的半厚度和半宽度

D_A　　　分子扩散系数

D_B　　　气泡当量直径

D_c　　　流态化床当量直径

D_D　　　分子扩散系数，或扩压器喉口直径

D_w　　　水平管直径

d　　　　直径

d_0　　　喷嘴喉口直径

d_1　　　喷嘴入口直径

d_2　　　喷嘴出口直径

d_e	喷管出口直径
d_r	小孔直径
d_s	颗粒直径
d_{II}	二次枝晶臂间距
E_l	液相的质量内能
E_s	固相的质量内能
ΔE	凝固过程单位质量内能的变化
F	颗粒夹带速率，或铸件表面积
F_g	运动方向上物料质量分力
F_r	弗路德准数
F_R	作用于物料的空气阻力
F_{r_t}	终端速度的弗路德准数
f_l	质量液相率
f_s	质量固相率
G	气体质量流量
G_a	空气质量流量
G_A	系统漏气量
G_B	冷却水耗量
G_{ch}	颗粒临界质量流量
G_h	混合气体质量流量
G_k	抽吸空气量
G_s	颗粒的质量流量
G_z	被抽吸的水蒸汽的质量流量
G_{20}	20℃纯空气流量
g	重力加速度
g_{II}	体积液相率
g_s	体积固相率
H	热焓，流化床自由空域高度，钢液深度，或何氏系数
H_0	谐时性准数
H_l	凝固过程的焓变
$H_{i,j}^l$	在 $x=x_i$，$y=y_l$ 和 $z=z^l$ 处的热焓值
h	水平管道长度、铸件表面综合传热系数，或物质比热焓
$\overline{h}$	平均表面传热系数
h_0	在基准温度 T_0 的物质比热焓
h_r	传热系数，或提升液体净高度
h_{Rj}	第 j 段二冷的平均表面综合传热系数
h_s	假想的中性面与金属面的传热系数，或吹气口的净埋入深度
h_m	假想的中性面与模子间的传热系数
j_d	传质因子

K	局部阻力系数，绝热系数，传质系数，或铸造经验常数
K_0	平衡分配系数
K_0^i	第 i 种溶质平衡分配系数
K_1	比例系数，修正系数，或弯管最大和最小的速度比
K_2、K_3	比例系数，修正系数
K_m	摩尔质量修正系数，或模子材料的导热系数
K_n	喷射泵平均压缩比
K_s	抽速损失系数，或金属（固体）的导热系数
K_N	吸嘴压强比例系数
K_{eff}, K'_{eff}	液相和两相区中的等效导热系数
k	波尔兹曼常数
L_0	理论空气消耗量
L_n	实际空气消耗量
ΔL	过剩空气量
L	射流有效长度，或床层高度
L_m	固定床高度，或连铸机的冶金长度
L_{mf}	临界流化床层高度
L_{fi}	流态化床层高度，或凝固潜热
Ly	李森科准数 $Ly=\dfrac{\rho_s^3 u_t^3}{(\rho_s-\rho_f)\eta}$
M	马赫数，分子量或热模系数
m	体积喷射比，或质量
N	分布板开孔数，或提升泵的有效功率
N_K	轴功率
N_E	风机功率
Nu	努塞尔准数
N_x、N_y	在 x、y 方向上的差分网格数
n	质量喷射比，水平管支数，二次枝晶参数，或浆叶转数
n_d	蒸汽分子密度
P	压强，或搅拌功率
P_B	功率
P_C	出口压强
P_e	波利克数
P_f	真空室极限真空度
P_N	泵的最大排气压强
P_p	泵的额定压强
Pr	普朗特准数
P_t	风机全压强
P_u	真空泵的极限真空度

P_0	无因次功率
P_1	吸送各管段起始压强
P_2	压送各管段起始压强
ΔP	压降，阻损
ΔP_B	床层压强
ΔP_d	分布板压强
ΔP_{dc}	分布板临界压强
ΔP_h	颗粒质量和悬浮所引起的压降
ΔP_m	等速管压降
ΔP_{mb}	水平弯管压降
ΔP_s	颗粒冲击摩擦管壁的压降
ΔP_{cs}	颗粒间碰撞压降
Q	流量，或二冷喷淋水流量
Q_0	风机风量
Q_d	真空元件放气量
Q_e	工艺过程蒸发气体量
Q_L	微隙漏气
Q_m	真空内壁及构件表面解吸气体量
Q_n	真空室耐火材料放气量
Q_u	气体回漏量
q	气体通过气泡的穿流量
q_1	单位体积的耐火材料放气量
q_{mi}	结晶器内各段热流密度
q_m	结晶器平均热流密度
$q^{(1)}$、$q^{(2)}$	铸坯表面热流密度
q_{Ri}	第 i 段二冷的平均热流密度
R	流阻
R_0	弯管曲率半径
R_b	气泡半径
R_c	气泡晕半径
Re	雷诺准数
Re_{mf}	临界雷诺准数
Re_*	修正的雷诺准数
Re_t	终端速度雷诺准数
r	管道半径，压强比，或二冷分段数
S	分布板小孔中心间距，凝固壳层厚度，抽速，或熵
Se	施密特准数
S_o	真空系统有效抽速
Sh	修伍德准数

S_p		真空泵额定抽速，或无因次几何尺寸
t		抽气时间
t_r		铸件全凝固时间
T_o		环境温度，或初始温度
T		温度
T_E		共晶温度
T_f		溶剂金属的熔点
T_g		气体温度
T_{in}		入口温度
T_M		纯金属熔点
T_{out}		出口温度
T_s		颗粒温度，固相温度
T_{st}		钢液温度
T_{wR}		冷喷淋水温度
T_∞		半无限凝固问题的积分常数
$u,\ u_1,\ u_2$		流体速度，气流速度
$U_o,\ U_B$		底部和顶部气体的线速度
U_b		气泡群上升速度
U_{br}		气泡上升速度
U_{ch}		垂直系统临界输送速度（实效终端速度）
U_{cs}		水平系统临界输送速度（沉积速度）
U_m		物料最大速度
U_{mf}		临界流态化速度
U_f		实际输送的气流速度
U_t		固体颗粒的自由沉降速度
$U_1,\ U_4$		弯管的物料最大速度
$U_2,\ U_3$		弯管的物料速度
V		体积
V_a		空气比容
V_o		底吹气体线速度
V_B		顶吹气体线速度
V_s		固相体积
V_l		液相体积
$\overline{v}$		气体分子平均速度
v_0''		工作蒸汽比容
v		熔炼速度
W		膨胀功，搅拌功，或底吹氧枪间的距离
$\sim w$		钢液循环流量
w_t	流体	实际　流速

w_j	第 j 段二冷的喷水密度
w_0	标准状态下的风速
$\overline{x}$	质量含气率
γ	压缩比
a	分布板开孔率，倾斜管与水平面夹角，马赫角，或回归系数
a'_g	经验常数
a_m	模子材料的热扩散系数
a_v	对流传热系数
β	常系数，或回归系数
ρ	密度
ρ_b	堆积密度
ρ_f	气体密度
ρ_L	液相密度
ρ_s	颗粒表观密度，或固体密度
ϕ	喷射截面比，功率函数，或物料与气流速度比
ϕ_m	最大物料与气流速度比
φ	吸入截面比
$\varphi°$	马赫数转角
ψ	阻力系数修正值
θ	转折角
λ	无因次速度比，或管道内流动的阻力系数
λ_f	纯空气阻力系数
λ_h	物料质量及悬浮造成的阻力系数
λ_{hv}	垂直管阻力系数
λ_{hz}	水平管阻力系数
$\lambda_{h\text{斜}}$	倾斜管阻力系数
λ_s	颗粒运动的摩擦阻力系数，或颗粒冲击管壁的摩擦阻力系数
λ_{sa}	颗粒加速的阻力系数
η	气体粘度，或风机和提升泵的效率
$\eta_{\text{喷}}$	喷射器效率
μ	引射系数
μ_S	固气输送比
σ	容积输送比，表面张力，或斯蒂芬—波尔兹曼常数
ζ	弯管空气阻力系数
ε_0	孔隙度
ε	铸坯表面黑度，噎塞时的临界孔隙率
$\dot{\varepsilon}$	比搅拌功率
τ	时间或混匀时间
ν	空气动粘度

绪　　言

冶金工程是复杂的高温生产过程，它包括炼铁、炼钢、连铸、压力加工以及原料和成品加工等。虽然它们都有不同的工艺过程，但是根据其过程的物理变化和化学变化的本质，概括和抽象出某些共同的原理，划分为单元设计和反应工程，成为冶金工程的两大支柱。

以冶金工业中的物理过程为研究对象，依据其物理变化的物理操作，将冶金工业划分为若干单元设计或单元操作。单元设计是应用动量、热量和质量传递原理来研究冶金过程中的物理操作及其装置的合理设计的工程理论和方法的学科。它是以传递原理和现代计算技术为基础的新学科。为冶金工程提供设计原理、计算方法、最佳设计和工艺参数选择，以便指导和控制冶金生产过程。

冶金单元设计的内容是非常广泛的，可以概括为动量、热量和质量传递在冶金工业中的应用。其基本内容包括流体流动、气固两相流、气液两相流、可压缩流体流动、分子流动、导热、对流和辐射传热以及沸腾传热等。本书主要介绍工业加热、流态化、气力输送、风机和喷射器、真空系统、冷却系统、搅拌、凝固和连铸等。

实际上，将一种冶金生产流程付诸实施，总是根据生产流程需要选择若干单元设计和组合，即应用传输原理进行过程设计，参数选择及其装置设计，并将各单元设计组合成生产流程。例如超高功率电弧炉的氧—燃料燃烧器助熔技术，利用燃料的燃烧热去加热炉内冷区炉料，加速熔化过程，达到节能、降耗、增产的目的。该技术由流态化、气力输送、燃烧器、冷却等单元构成，设计其单元装置，构成氧、燃料燃烧的助熔系统。并设计其工艺操作参数，包括燃烧所需工艺参数和电炉冶炼工艺参数的调整等。

冶金单元设计仍然是遵循"实验室—中间试验—工业生产"的技术开发研究的步骤，首先在试验室通过相似模拟探索方向，然后通过中间试验确定其技术经济的合理性，取得设计参数，最后，应用相似原理，包括几何尺寸、流动、混合、传热、传质等过程相似，进行工程放大。

冶金单元设计的研究方法，基于单元设计的主要任务是设计、放大或控制，必须就研究对象用数学语言定量描述，建立数学模型，运用动量、传热和传质的传递过程的基本方程。为此，经常对整个体系或其中一部分进行动量、能量和质量的平衡计算，可以得到参数间的关系式，有较大的实用价值。运用计算机进行数学模拟，以便确定其边界条件和数学模型中的系数，得到单元设计的基本参数。同时，应用模型和实验数据相匹配的方法，进行参数估计和最优化设计。

第 1 章　　单元设计方法

1.1　基本方法

冶金单元设计的基本方法应该是衡算，即一系列的由不同角度和要求出发的平衡计算。工程上最常用的设计衡算大体上有以下三个主要方面：

（1）物料平衡与热平衡。它一般用于解决燃料消耗、供热能力等问题。

（2）传热、传质速率平衡。它一般用于解决设备的大小和生产能力等问题。

（3）机械功的平衡。它一般用于解决泵送功率、马达配置等问题。这一切将在以下用实例来说明。

除了这类系列性的衡算所考虑的内容外，在实践中自觉锻炼掌握并运用工程知识和经验数据也是必要的。就理论逻辑讲，需要"再学习"，而不是简单的重复，温故而知新、熟能生巧。就方法讲，将引导初学者练习收集和选用资料，运用所学来解决工程问题，也是作者写此书的目的。

1.2　传热学问题举例

例 1-1： 设计一座小型试验用高炉的蓄热式石球热风炉(Pebble stove)，要求送风能力12m³/min，风温1000℃。用ϕ35mm的球形堆积体换热，燃烧柴油。初步设想球层直径为600mm。

数据取得与确定求解内容：

求解参数：

1）加热期的柴油用量G，kg/h；

2）所需球层体积V，m³；

3）送风期球层阻力ΔP，P_a和气体通过球层的功率N，kW。

球的几何参数：调查生产厂提出数据，高铝质ϕ35mm石球，密度2.6g/cm³，堆积密度1.67t/m³。计算球层的孔隙度$\varepsilon = 1 - \dfrac{1.67}{2.6} = 0.358$，计算球层的受热面（比表面积）

$$S = \frac{6(1-\varepsilon)}{d} = \frac{6(1-0.358)}{0.035} = 114 \text{m}^2/\text{m}^3 \text{球层}。$$

结构形式：两座热风炉轮换加热与送风，炉顶装有柴油燃烧器，燃烧器和燃烧空间下面则是自由堆积的球层。

解： 1）用热平衡衡算求柴油用量G：

由热风输出的热量　　　$12 \times 60 \times 1465.5$kJ　　　　　　　　　　　　(1-1)

由柴油燃烧获得热量　　　$G \times 41870 \times 0.55$kJ　　　　　　　　　　　(1-2)

显然这两者相等　　　　$\therefore G = 45.7$kg/h

式中1465.5kJ/m³是风加热到高温的热焓；41870kJ/kg是油的低发热值；0.55是总热效率。

2

2）用传热速率方程求球层体积 V：

按理应该用球层面积，但对于堆积床（Packed bed），用体积更方便实用，于是传热速率方程写成

$$Q = a_V \cdot V \cdot \Delta T \tag{1-3}$$

中心问题是寻求到按体积计算的对流传热系数 a_V。读者回顾过去所学，强制对流传热的两种常见过程的计算式，一是管内流，另一是管外的绕流（埋置于流体中的物体）。显然其过程和堆积层不同，要求自己去寻求。设计师的一种能力就是要平时积累资料和按要求查找资料。前苏联学者Китаеь的数据：

在球层中

$$a_V = \frac{12u_0 T^{0.3}}{d^{1.35}} \tag{1-4}$$

这里球层平均温度取 $T = 1000\mathrm{K}$，标况下风速

$$w_0 = \frac{12/60}{\frac{\pi}{4} \times 0.6^2} = 0.707 \quad \mathrm{m/s}$$

代入式（1-4）　　 $\therefore a_V = \dfrac{12 \times 0.707 \times 1000^{0.3}}{0.035^{1.35}} = 7210.9 \quad \mathrm{J/m^3 \cdot s \cdot K}$

考虑球自身传导传热的热阻，将 a 按0.8计算写成

总传热系数　　　　　　 $a_\Sigma = 0.8 \times 7210.9 = 5769 \quad \mathrm{J/m^3 \cdot s \cdot K}$

按经验考虑燃烧产物与风温的平均温差 $\Delta T = 150\mathrm{K}$，代入（1-3）式求得所需的球层体积

$$V = \frac{12 \times 1465.5 \times 1000 \times 1.3}{5769 \times 150 \times 60} = 0.44 \mathrm{m^3}$$

式中1.3为安全系数。相应的球层高度

$$H = \frac{0.44}{\frac{\pi}{4} \times 0.6^2} = 1.56 \mathrm{m}$$

3）用机械功平衡计算送风期穿过球层的鼓风功率 N：首先要求得到风通过床层的阻力损失。方法显然多样，有的办法也很复杂，但目前则是个特殊的散料层——球层，可利用图1-1最为简单，这是郭慕荪等人的算图。实际上利用这个图也可计算球体的落下端速度（terminal velocity）。它是由球层所处的 Re 数和孔隙度 ε 求出压降Archimedes数 $Ar_{\Delta P}$，从而算出流体通过床层的压降 ΔP。这里

实际流速　　 $u_t = 0.707\left(\dfrac{273+t}{273}\right) = 0.707\left(\dfrac{1000}{273}\right) = 2.59\mathrm{m/s}$

空气动粘度　　　　 $\nu_{1000\mathrm{K}} = 125 \times 10^{-6} \mathrm{m^2/s}$

$$d = 0.035\mathrm{m}$$

粒径　　　　 $\therefore Re = \dfrac{2.59 \times 0.035}{125 \times 10^{-6}} = 725$

孔隙度已知 $$\varepsilon_0 = 1 - \frac{1.67}{2.6} = 0.358$$

按已知 Re、ε_0 查图1-1，得到 $Ar_{\Delta P} = 2.2 \times 10^7$。按郭慕荪定义 $Ar_{\Delta P} = \dfrac{D^3 P_f}{\eta^2} \times \dfrac{\Delta P}{L(1-\varepsilon_0)}$

于是

$$2.2 = \frac{0.035^3 \times 0.36 \times 1.3}{(4.12 \times 10^{-5})^2(1-0.358)} \times \frac{\Delta P}{L}$$

$$\therefore \frac{\Delta P}{L} = 1194.8 \mathrm{Pa/m}$$

$$\therefore 阻损 \Delta P = 1194.8 \times 1.56 = 1864 \mathrm{Pa}$$

式中0.36是1000K空气密度，1.3是炉内绝对大气压力，4.2×10^{-6}为1000K空气粘度。

在阻力不是很大时，与克服阻力相应的功率可简单地使用流量和阻力的乘积。

$$\therefore 轴功率 N = \frac{12\mathrm{m^3/min} \times 1864 \mathrm{N/m^2}}{60 \mathrm{s/min} \times 1000 \mathrm{N \cdot m/s/kW}}$$

$$= 0.373 \mathrm{kW}$$

以上只是示意地用三个衡算计算出这个蓄热室的数据。这比采用经验数据（例如1m³高炉炉容要求多少格砖受热面）。要科学得多。当然，从方法上讲作者仍不忽视经验数值的重要性。值得注意的是，当作开发性的设计时，只照猫画虎，而不善于作单元设计方面的工程衡算，常常会出现问题。另外，对某个具体问题能事先对工程数据作出估计总比一无所知要好得多。

对上述示例还可作进一步分析，它仅仅表达了一个正确的程序化的思考路线，还有缺点（例如工程化不足等），实践起来会出现问题。该示例中由传热速率考虑了所需热交换器的受热面积，这是对的，也是最基本的工程考虑。计算的结果是只需要0.44m²的受热面，每分钟就可供给12m³、1000℃的热风，而且设计中还留了过大的潜力。如前述，可以作不同角度的衡算，如再作一换热周期内砖的蓄热能力与供热要求的热平衡，就会发现出问题。即在实用的周期内，例如20～40min，会出现过大的风温降落，亦即周期内球层的蓄热能力不足，从而达不到所要求的风温。

例如送风周期选用30min，计算送风期的热平衡，即

$$蓄热球层周期内拥有热量 = 周期内空气带走热量$$

于是风温降落

$$\Delta T_{30\mathrm{min}} = \frac{12 \times 30 \times 1465.5}{0.44 \times 1.67 \times 1000 \times 0.921} = 780℃$$

式中0.921为蓄热球的热容，显然，这么大的风温降，即使能供出热量，也供不出1000℃的风温！

而把送风周期减为5min，则风温降只有 $\dfrac{5}{30}$，即130℃，作业时将不会出问题。但如此短的送风期，在工程上却很难行得通。要实用化就只能增加蓄热球的数量，即按周期热

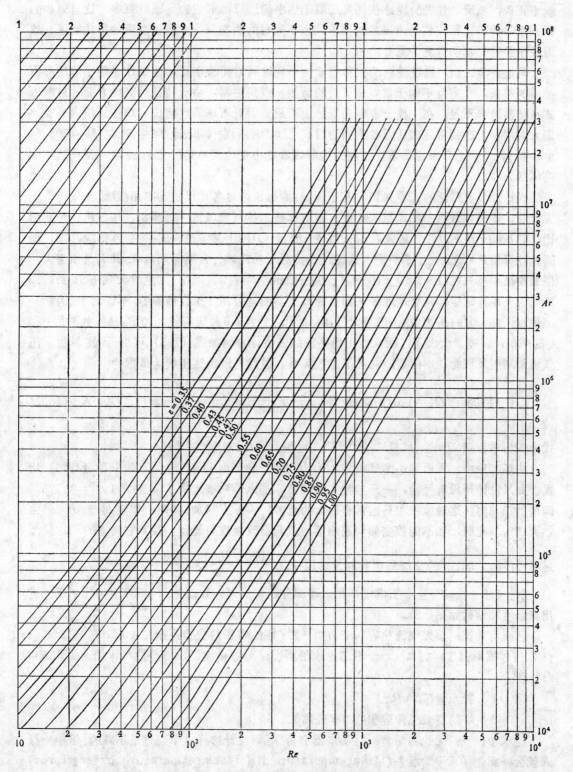

图 1-1 球层中 Ar 与 Re 的计算关系

平衡和允许的风温降来计算砖量才行。很明显,作者自己也不能说按传热速率计算的结果就不正确。相反,过去的设计往往只局限于热平衡计算,形成的问题就更多。这里强调的是一个好的设计师应该考虑诸多的因素,作不同目的的衡算,才会较全面地解决问题,这对缺少经验的初学者更为重要。

再进一步认识,通过受热面积和周期热平衡这两方面的衡算,使设计者能了解球形蓄热砖的特征。它完全不同于常规格子砖的蓄热室或换热器。格子砖在热交换方面的控制因素是传热速率不足,在工程上表现为受热面不足。而对石球蓄热室说,单位体积内的受热面大大增加,达到常规砖所无法达到的$114m^2/m^3$(而现代设计的格砖也只有$50\sim60$ m^2/m^3),于是对球来说,蓄热过程的控制因素就由受热面不足转化为砖量不足而达不到高风温。

设计师要有广泛的工程知识。基于例1-1的讨论,可考虑风机功率用流量与压力乘积来计算,还必须联系不同风机的特性。就气体被压缩(扇风机、鼓风机、压气机⋯⋯)而论,总是近于绝热过程,因此在压力(P)—流量(Q)图上常常是一近乎三角形的功图,而简化计算用$P\times Q$就成了个矩形,这就过高估算了功耗。但常见的扇风机,其风量相当大,但最高风压也只有$(1\sim1.5)\times10^4Pa(1000\sim1500mmH_2O$,即由1.0绝对大气压升到1.15绝对大气压)。以矩形代替那近乎三角形的真实功图是可用于工程估算的。不过对于(例如)高炉鼓风机,它的压力由1.0绝对大气压(10^5Pa)升到6.0大气压(6×10^5Pa)时,如再用P和Q的乘积,误差就太大了,而只能用绝热压缩去估计。例如式(1-5)可用于鼓风机、压气机等高压风机的功率估算,它有了指数关系,显然是以绝热压缩为依据的。

$$轴功率\quad N_K=1.0197\times10^{-9}\left\{\frac{K}{K-1}\frac{P_1V_1}{367200}\left[\left(\frac{P_2}{P_1}\right)^{\frac{K-1}{K}}-1\right]\right\}\qquad kW\quad(1-5)$$

式中压力单位用N/m^2,风量V_1用m^3/h,绝热系数K(对空气)为1.4。

实际工作中,常遇到小型风机增加出力问题,它可由风机定律(式5-13,14,15)出发。如果设计师没有经验,一开始就加转20%,那么轴功率就成了原来的$1.2^3=1.728$,即增加72.8%,这对风机和马达都有很大的危害。实际上只加转5%,相应地轴功率就会加大16%。此时,如不能搞变频调速的话,就只有改换皮带轮了。换其它转速的马达显然是不可能的。50Hz的交流马达其同步转速只有$\frac{3000}{1}$,$\frac{3000}{2}$,$\frac{3000}{3}$⋯。

例 1-2 设计一空心喷淋塔,用以冷却并净化煤气。处理量为$40000Nm^3/h$(煤气进出口温度和结构如图1-2)。

已获得数据:湿煤气比热容$1465J/m^3\cdot℃$;塔的容积热交换系数$K=9.3H_b^{1.3}J/m^3\cdot s\cdot℃$($H_b$喷淋强度,$t/m^2\cdot h$);不考虑水份蒸发;为防止液泛,塔径按气体流速$1.05Nm/s$计算。

解 1)耗水量G,t/h;

2)塔的有效工作容积V和有效高h。

提示和讨论:无论初学者对这类塔器有否了解,设计这样一个装置是不难的,但稍一深入就会碰到怎样求平均温差(Mean temperature difference, temperature driving force)的问题。是算术的平均还是对数的平均?按本题是:

$$\Delta T_{算术} = \frac{(250-50)+(40-35)}{2} = 102.5℃$$

还是

$$\Delta T_{对数} = \frac{(250-50)-(40-35)}{2.3\log(250-50)/(40-35)} = 53℃$$

用不同的温差得到的塔容将差一倍！为了简化讨论，在传热学上只用对数温差。由传热学可知，在温差大的部位（即塔的下部）传热过程强烈，温差迅速减小，反之在温差不大的部分，传热过程微弱，而温差变小的趋势不大。由图1-3可看出不论算术平均值 两端温差是否接近，平均温差总是个定值。而对数温差则表示出和传热学实际相近的结果，即两端温差相差大时，作为传热推动力的平均温差表现出较小的结果。

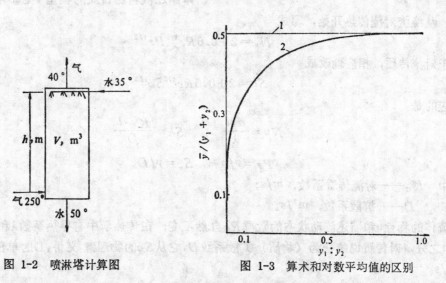

图 1-2 喷淋塔计算图   图 1-3 算术和对数平均值的区别

1—算术平均值；2—对数平均值；y_1, y_2—两端的温差；$\overline{y}$—平均温差

到此，既指出设计师的工作主要靠衡算，同时也指出工程经验和理论探讨的必要性。

1.3 传质学问题举例

过去,冶金行业很少应用传质计算,常由经验值去代替,在很多场合这是有效的。例如一座高炉应有多大容积和产量,焦比如何,凭经验可以估计相当准确。实际上, 燃烧焦炭的速率取决于氧传向焦炭的速率;焦比是由热平衡算出来的,估算产量又取决 于CO和H_2对铁矿的传质速率。原有教科书上常说的由于扩散快就有利于还原,这是个传质概念的定性表达！对于已积累了丰富经验的高炉工作者来说,设计上只凭经验办事也未尝不可。但如碰到新问题,例如要求估计直接还原用竖炉的海绵铁产量,估计高炉氧 煤 燃 烧器的能力,传质学的计算就有作用了。本世纪30年代发展起来的物理化学常把传质学简单地看成化学动力学中的扩散,因而常常只谈分子扩散而很少论述对流扩散。把传质学用于冶金单元设计,并非简单认为在一定温度下把铁矿和还原剂装入竖炉就产生海绵铁,也不认为只把粉煤和氧通入氧煤燃烧器就能在瞬间燃烧完毕,这些反应将取决于还原剂或氧向铁矿和煤粒的供应速率,在多相反应中流体通过散料床层的流速并不是它们向固体颗粒表面的供

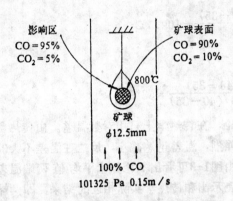

影响区
CO = 95%
CO₂ = 5%

矿球表面
CO = 90%
CO₂ = 10%

800℃

矿球
φ12.5mm

100% CO
101325 Pa 0.15m/s

图 1-4　CO对矿球对流传质的计算图

应速率。这就是设计师要研究，计算的内容

可供传质计算的公式、数据并不多，各种对流传递过程有其一般特性。可以借用某些熟知的对流传热公式于传质计算。

例1-2　如图1-4，用传质和传热的类似来估计CO对一铁矿球的传质 速率，该速率和热流相当称为质流(mass flow)。

提示与讨论：本题是用以估计直接还原用竖炉产量的初始计算，可作埋置物体的绕流传递来处理。进一步讨论则可改成还原气体穿过散料层传质的模型(见参考书P851)。

从绕流对流传热开始，写成

$$N_u = 2 + 0.6 Re^{1/2} Pr^{1/3} \tag{1-6}$$

用于对流传质，相应地改成

$$Sh = 2 + 0.6 Re^{1/2} Sc^{1/3} \tag{1-7}$$

对应的是

$$Nu = \frac{a \cdot l}{\lambda} \qquad Sh = \frac{K_C \cdot l}{D}$$

$$Pr = \nu/a \qquad Sc = \nu/D$$

式中　K_C——对流传质系数，m/s；

　　　D——扩散系数，m²/s。

而流体的物性ν和描述流动状态的数群Re自然不变；在传热学中有导热系数λ和热 扩散系数a之分，对传质说统一为（物质）扩散系数D，它从Sc的物理意 义讲，D的单位显然应是 m²/s。

整个计算中要注意传质计算用的单位。

解：　1）按95％CO和5％CO₂查表，得平均粘度：

$$\eta_{均} = 44 \times 10^{-6} \mathrm{Pa \cdot s}$$

$$\rho_{标况} = \frac{(28 \times 0.95) + (44 \times 0.05)}{22.4} = 1.285 \mathrm{kg/m^3}$$

$$\rho_{800°} = 1.285 \times 1 \times \frac{273}{1073} = 0.326 \mathrm{kg/m^3}$$

$$\therefore \quad Re = \frac{0.15 \times 0.0125 \times 0.326}{44 \times 10^{-6}} = 13.9$$

2）扩散系数和Sc计算：

$$D_{A,B} = \frac{(1 \times 10^3) T^{1.75}}{P(v_B^{1/3} + v_A^{1/3})^2} \sqrt{\frac{1}{M_A} + \frac{1}{M_B}} \quad \mathrm{cm^2/s}$$

代入有关参数　$\therefore D_{CO,CO_2} = 1.44 \times 10^{-4} \mathrm{m^2/s}$

而运动粘度　$$\nu = \frac{\eta}{\rho} = \frac{44 \times 10^{-6}}{0.326} = 135 \times 10^{-6} \mathrm{m^2/s}$$

$$\therefore \quad Sc = \frac{135 \times 10^{-6}}{1.44 \times 10^{-4}} = 0.94$$

3）代入式（1-6）计算 Sh 和对流传质系数 K_c

$$Sh = 2 + 0.6(13.9)^{1/2}(0.94)^{1/3} = 4.2$$

$$K_c = Sh \times \frac{D_{CO,CO_2}}{d}$$

$$= 4.2 \times \frac{1.44 \times 10^{-4}}{0.0125} = 0.048 \quad m/s$$

4）CO 对矿球的传质（供应）速率

$$CO质流 = K_c \cdot S \cdot \Delta C_c$$

$$= K_c \cdot \frac{\pi}{4} d^2 \left(\frac{\Delta P}{RT} \right)$$

$$= \left(0.048 \frac{m}{s} \times 3600 \, s/h \right) \left(0.785 \times 0.0125^2 \, m^2 \right) \left[\frac{1.0133 \times 10^5 N/m^2 (1.0 - 0.9)}{(8317 J/kg \cdot mol \cdot K)(1073K)} \right]$$

$$= 0.0258 \frac{mol}{h} CO = 2.58 \times 10^{-5} \frac{kmol}{h} CO$$

式中　　S——投影面积，m^2；

R——通用气体常数 $8317 J/kg \cdot mol \cdot K$；

P——标准大气压，$1.0133 \times 10^5 N/m^2$；

v_A, v_B——A、B 物质的扩散量

对于理想气体，服从 $\dfrac{\Delta P}{RT} = \dfrac{\Delta n}{V}$

1.4 设计的思考路线（方法）讨论

总之，设计一个过程或设备，就思考路线而言可以有：

1）传统的思路——顺行的思路；

2）优化设计——逆行的思路；

3）模拟设计——反复思路。

战后，由于最优化技术和计算机的广泛使用，后两种思考路线日益进入工程实践。下面仍以对流传热的 Dittus Boelter 公式 $Nu = 0.023 Re^{0.8} Pr^{0.4}$ 为例，对以上思考路线作对比说明。该公式表达的是 Nu 数、Re 数和 Pr 数三者的关联，适用于管流中 $Re = 10^4 \sim 1.2 \times 10^5$、$Pr = 0.7 \sim 120$ 的范围。

1.4.1 传统的思考路线

是由已知或设定条件算出的 Re 和 Pr 值代入基本公式求 Nu 值。这也可直观地表达如图1-5，按 Re 和 Pr 求出 Nu 值。

1.4.2 优化设计的思考路线

它首先考虑的是目标值，即要求的 Nu 值，并按这目标值确定决策方案。因而它的思路和传统的思路相反。这可表达如图1-6。它是按目标值 Nu 的"等高线（面）"绘成的，也可叫它"响应图"。它的用法是：1）由图1-6直接看到所要求的 Nu 值的合用范围，如

$Nu=200\sim300$。实际常可把数值标在对数坐标上则曲线直化而结果更 清晰。 2 ）由这一目标值可得知决策变量Re和Pr的搭配范围。 3 ）根据工程技术的许可确定决策变量Re和Pr的允许范围如$Re_1\leqslant Re\leqslant Re_2$和$Pr_1\leqslant Pr\leqslant Pr_2$，这在优化技术中称为约束条件(s.t)，由它限定的变量范围称为可行域。4 ）含有可行域的响应图可确定满足工程条件下单元达到的最大传热能力$Nu^*=Nu_{max}$及对应的Re^*和Pr^*值，该结果就构成了单元的最优化设计。

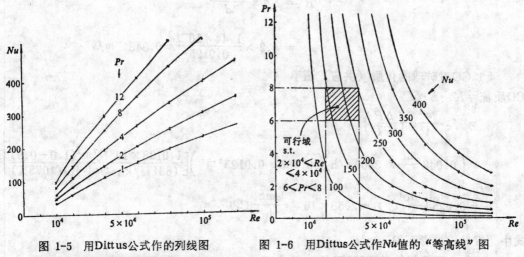

图 1-5　用Dittus公式作的列线图　　　　图 1-6　用Dittus公式作Nu值的"等高线"图

1.4.3 模拟设计的思考路线

优化设计的优点明显，但实际应用上常有技术困难(以后将讨论)，特别在变量多、函数形式复杂时使用几乎是不可能的。因而靠计算机发展起来的模拟方法更显实用。

如果说Dittus公式的形式非常复杂，难以通过方便的数学变换 得 到 如 图1-6的响应图。则可用数值方法将原式编制成或在计算机上做模拟计算的程序 或 软 件，并记作modNu，于是可用这软件作模拟计算，再通过模拟结果作单元设计，举例如下：

模拟设计方法Ⅰ：按已知工程条件求出Re、Pr值，再用modNu求出相应的Nu值，根据工程要求来判断Nu值是否合乎要求。这样反复计算、判断、直到合乎要求为止。

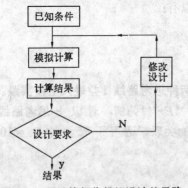

模拟设计方法Ⅱ：根据可能的工程条件，求出若干Re、Pr值的组合，然后用modNu求出相应的许多Nu值。这样也可得到图1-5和图1-6的结果，最终按这些结果做出合理的设计。

方法的灵活应用是多样的，但无论取那种模拟方法，从思路上都可归 纳 为 图1-7的辑过程。所以说这种方法是反复的顺向——

图 1-7　用计算机作模拟设计的思路

逆向过程。

1.5　设计过程的数学描述

一般的单元设计总可以抽象成如下的数学描述：

（1）有一定数量的自变量，记作$x_1,x_2,\cdots x_m$。或用线性代数中向量符号记为

$$x = \begin{bmatrix} x_1 \\ x_2 \\ \vdots \\ x_m \end{bmatrix} = (x_1, x_2 \cdots x_m)^T \tag{1-8}$$

式中 m——自变量个数。

在最优化技术中称向量 x 为决策向量。

（2）有个指标 y（有时有多个指标，亦可记为 向量 $\overline{Y}$，这里只简化取一个），指 标和各自变量之间存在确定的函数关系，记作

$$y = f(x_1, x_2, \cdots\cdots x_m) = f(X) \tag{1-9}$$

（3）按工程实际需要，一般可知指标的最优条件，记作

$$\mathrm{Opt}, y = f(X) \tag{1-10}$$

式（1-9）所给的问题，在最优化术语中称为无约束最优化问题。

（4）工程中对各自变量 $x_1, x_2, \cdots x_m$ 均有取值范围的规定和各种 技 术、经济要求，术语叫约束(条件)，记作(s.t)。能满足约束条件的 $x = (x_1, x_2, \cdots x_m)^T$ 的取值范围称之为可行域，记作 Ω，因此有约束的最优化问题的一般式是

$$\left.\begin{array}{l} \mathrm{Opt} \quad y = f(X) \\ \mathrm{s.t.} \quad x < \Omega < E^m \end{array}\right\} \tag{1-11}$$

式中 E^m——m 维的欧几里德空间。

（5）若目标函数 $f(X)$ 和各约束式均为线性代数方程式，这类优化问题称之为 线性规划问题，记作LP。LP有通用解法和标准的求解程序。一般地说变 量 个数 $m \leqslant 200$ 的LP问题，可用微机方便地求解。

（6）反之若目标函数和约束式中有一个不是线性代数式，这就成了非 线 性 规划问题，记作NLP。对这类问题，目前没有通用解法和计算程序，求解就 繁复 了。变量超过4～5个时求最优解已很困难。因此工程尽量用LP代替NLP，例如对基本公式 取对 数后就将NLP化成LP问题。

（7）由化学的、物理的或物理化学原理，将实际问题抽象得出的数学描述，它们经常是一组解析式，故单元设计中常见到的工程问题若归纳成数学模型均属于解析模型。

相当多的解析模型并不能用解析方法求解。故常用合适的数值方法改写 成 求 解 模型，有了这种模型，再根据所用计算工具，用适当的算法语言或软件包写成计算程序或软件，这样构成计算机模型才可能在机上运行求解或作模拟运算。

应该注意，"数学模型"实际上有三种含义，它们的差异和关系如图1-8所示。

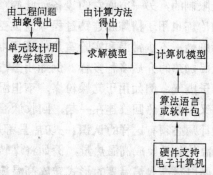

图 1-8 数学模型的计算机实现

（8）按每一个具体的冶金单元，开发一个合适的数模，是有价值的工作，这就更有利于随时按需要提出设计，也利于调整而作出改进。因数模也可模拟单元过程来 指导操作，这就是计算机辅助操作(computer added operation,CAO)。如用来指导设计则是计算机辅助设计(computer added design,CAD)。当然，对于机械设计说CAD还有作图功能。

第2章 工业加热

2.1 一般考虑

现代冶金过程加热大体上可分成三个温度水平。即高温的——2000℃以上，常温的——不超过2000℃和低温的——500℃以下，这也包括废热回收。

常温加热一般使用矿物燃料及其加工品。简单地说燃料的热值高则燃烧温度（火焰温温）高，从而得到较高炉温。但对高热值燃料而言也不全是这样。在燃烧温度不够时，可有两类途径去改善。第一是设法增加燃料和氧化剂自身的物理热；例如用换热器和蓄热室对它们进行预热。要强调的是这类换热装置不仅仅是用来回收烟气中的低温能量，也提高了燃烧的火焰温度，使炉温大幅度提高，这途径在冶金发展史中有过突出的贡献。平炉的出现就是个典型例子。它能把钢烧化并作大规模的熔炼。而平炉成功的根本技术在于使用蓄热室，把炉温一下子提高了300℃。当前单纯使用高炉煤气作燃料，高炉用的常规热风炉是无法将风温提到1150℃以上的；而利用热风炉自身对燃烧用空气预热（例如预热到600℃），即使用低热值煤气的热风炉的风温一下子就可跃升到1300℃，经济利益可想而知。第二是设法去减少燃烧过程的产物。例如用氧或富氧空气而减少了能稀释火焰的氮，火焰温度相应提高。近20～30年开发的新的冶金过程大部分都是基于氧煤法的。

高温加热可用矿物燃料和对常规氧化剂作超高温预热或用氧。高炉是个典型的例子，热风能预热到1000～1300℃，甚至借气体电弧之助可预热到1600℃，而焦炭则预热到1500℃才进入燃烧区，使火焰温度大幅度提高，热量集中于炉缸，冶炼效率很高。但预热总是有限的，而且燃烧产物 CO_2 和 H_2O 在超高温下（例如2000℃以上）是要分解吸热的。就好像用纯氧的炉子也难于把炉温提到3000℃。另外的途径——电加热，它显示了优越性。可以是常规电弧，也可以是等离子体电弧（气体电弧）。一方面它的温度水平几乎是不受限制的，另一方面它的设备如此简单而过程可控。其价格虽贵，但它不仅用于高温金属的冶炼也用于精炼和连铸过程等地位受限制的钢包或中间包加热。实际上由于电加热的无污染性，不少常温和实验室加热还用电阻热。

低温加热的介质多种多样。例如用蒸汽加热重油，既安全，无过热，方便。也可利用各种炉子废气，例如用于乾燥粉煤，不但温度低而且氧含量也低兼收安全之效。实际上低温加热又常和废热回收连在一起，回收低温废热最简单的形式是产生蒸汽和热水。

设计师必须有这样的认识：一切热量都是可以互相转换而加以利用的，利用又总是集中在把低温热量转换成高温热量，例如将煤转换成电，转换成电弧；用换热装置回收烟气中废热从而以提高火焰温度的形式转成高温热量等。转换过程取决于我们的基础知识和灵活设计。高效的能量转换，成了冶金工艺的一部分，低效的终被淘汰。没有这种认识，怎能面对激烈的竞争？

工业加热的途径也是多样的，这取决于地区能源供应条件和加热要求。按我国资源，应该首先选择煤，但它在现代技术中又是相对难于利用的。在大量耗用时可以专门投资以改造和利用煤，但在局部或小规模加热时就不能不作多种考虑。煤难于被利用主要是由于它的燃烧速率低，燃烧控制难，还容易污染环境和工艺产品。实际上当今对煤的一切加工改造如洗选、水煤浆、气化和液化，液态或固态排渣燃烧，粉煤，炼焦等等都是既贵而又是有效利用煤的投资的形式。

工业用油或气体燃料在使用上就方便多了，由于它们大都是矿物燃料的再制品，有个价格上的平衡。电是利用最方便、价格最贵的优质能源。矿物燃料和一切自然能源（水能、核能、风能、太阳能…）可能被加工利用的程度也是衡量一个国家工业发展的水平的。

讲工业加热，不能只是个容量因素，即单纯的能量供应。还要考虑强度因素，即能量在什么温度下存在。既要能量，还要温度。高温能量就比低温能量有更高的可资利用的程度。因而不只是"能"（energy），还有"㶲"（exergy），㶲可称为"可用能"。在工程热力学上如只考虑热量，则

$$\text{㶲} = \delta Q \left(1 - \frac{T_o}{T}\right)$$

式中 T 和 T_o 分别为系统和环境温度。对热利用而言，例如在当今技术水平下200℃以下的低温能量就难于利用，而4000℃的等离子体电弧气，其热利用率为 $\frac{3800}{4000} = 95\%$ （假设比热容不随温度变化），水煤浆或高炉煤气的燃烧产物只1300℃，则 $\eta = \frac{1100}{1300} = 85\%$。这种数字的概念有利于学者对高温能量的正确认识。高温能量常常是可以作梯级利用的，至少在高温时能用于冶炼到低温则能烧蒸汽以发电。可以说每焦耳的能量存在于电中比在焦炉煤气中值钱，比存在高炉煤气中更值钱，而存在于热水中则价值最低，因为它们在使用时依次只能达到较低的温度。很明显气体电弧的成本远比常规煤气贵，但它的热效率很高，而且它能得到超高温，以生产常规加热时不能得到的产品。例如用碳热法炼铝是极难的，但用气体电弧造成3000℃～6000℃的环境，由热力学考虑，CO的生成自由能就不会比铝、钙、铈、钛等的氧化物低！对这样的能源不应优质优价吗？讲能源管理和经济，在初期，冶金厂中二次能源每焦耳都以一样的价格结算，于是造成焦炉煤气不够用，而高炉煤气被放散的局面。轧钢加热炉全用焦炉气，造成火焰漂浮烧坏炉顶的处境。烧结机只使用高炉气而导致不能有效点火。一旦结算价格合理，工厂有了高、焦混合气的系统，能源经济将获得改善。

能源总要涉及热值，即单位质量或体积的燃料在完全燃烧后再冷却到常温能散发出的热量。工业上常用低热值（即燃烧产物中的水汽冷却到常温水蒸汽状态）。燃料热值大体上如表2-1所示，热值高的燃料意味着能量集中，相应的燃烧温度也高。特别对气体和固体燃料而言，那些热值低的，或者说被不可燃气体或灰分稀释了的燃料，燃烧温度低，热效率也低，从而限制了其使用范围。但对常见的高炉焦炉混合气并非热值配得愈高愈好，一般热值为8000kJ/Nm³以上就可达到一定的燃烧温度。实际上冶金工厂混合煤气配到7000kJ/Nm³的热值，已能满足大规模的常规加热。

就能源供应而言，矿物燃料总是要枯竭的。再加上政治及地理因素，70年代出现了以石油为中心的能源危机，同时焦煤价格上涨。目前高炉—转炉的钢铁冶金流程还占绝对地位，作为冶金厂一次能源供应，焦煤还占50%左右，因此以煤代焦的技术就成了发展中国家的技术战略。实际上大量用煤，以煤代油，以煤代焦，发展煤气化等方针已成为我国能源开发的国策。冶金业大量而直接用煤的中心问题，一是应加强煤的洗选，二是提高煤的燃

烧速率。例如，高炉风口前煤的气化只有 $10\sim20\,\mathrm{ms}$ 的短暂时间，从某种意义讲燃煤速率提高一倍，高炉用煤量也大致能提高一倍。强化煤的燃烧和气化是开拓性的研究工作。

冶金行业中直接用煤来加热的情况已逐渐减少。现代开发的强化过程的方法主要是氧煤法和电煤法（用这些办法来加速煤的燃烧）。例如在高炉上使用氧煤喷枪，将高浓度氧集中起来先用于快速烧粉煤。例如铁浴法是利用铁水熔池作为氧煤快速气化的反应器，这实际上是氧气转炉的延续，转炉炼钢成了可以外供燃料的过程，从而大大提高废钢比甚至全废钢炼钢，并得到品质极好的煤气。我国如果建立钢铁——化肥联合企业，那将是氧煤法的充分成熟的体现。电煤法的开拓是和等离子体气体加热器（非转移弧发生器）的开发连在一起的。它用超高温空气、富氧空气和氧一起去加速粉煤的燃烧，它和氧煤法比较其优点在于氧煤法只提高温度，氧并不带来能量，而电煤法中的电不但提供高温也供应能量，而且控制性能比氧煤法方便得多。工业上的电煤法可用气体电弧把高炉热风加热到例如 $1600\,°\mathrm{C}$，用高温空气把煤粉迅速气化，液体排渣，生成的高温还原气用以生产海绵铁、铬铁等产品。

2.2　常用矿物与气体燃料

冶金厂常用燃料的成分、热值示于表2-1，分成固、液、气三大类。

2.2.1　煤

按挥发分产率煤大体上分成无烟煤（$V\not>10\%$）、烟煤（$V=10\%\sim40\%$）更年青的褐煤和泥煤等（$V=40\%\sim60\%$）。图2-1示出煤种、碳化程度和成分的关系。从燃烧角度讲年青的煤是个活跃的煤种，点火和燃烧速率较高。焦煤只是烟煤的一部分，挥发分含量多为中等，高挥发分而不粘结的叫气煤，反之接近于无烟煤的部分叫瘦煤，也不能单独炼焦。炼焦工业必须用配煤的办法以焦煤、肥煤为主配入其他各种烟煤，来保证焦炭强度并扩大煤源。过去，炼焦配煤是先测定煤在加热后的胶质层厚度与膨胀度，再确定配煤方案。现代煤岩学的发展可以把每一种煤标绘在浸油反射率——流动性的坐标系中，只要把煤配到该系统的某一特定地区就能炼焦，大大简化了配煤过程。目前研究者希望能把煤的燃烧速率和某些煤岩学指标作出关联式。

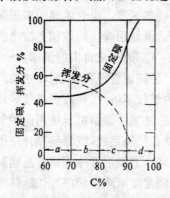

图 2-1　煤种、碳化程度和成分的关系
a—泥煤；b—褐煤；c—烟煤；d—无烟煤

煤的成分分析包括元素分析和工业分析（美国ASTM称之为Ultimate和Proximate analysis），前者分析C、H、O、N、S五元素外加分和水分，供燃烧计算和研究用，后者成分为水分（W）、灰分（A）、挥发分（V）和固定碳（C），供日常过程控制用。由于分析目的不同，成分上常加角标，说明不同的原始基率，如角标 y、f、g、r 分别表达应用基、分析基、干燥基和干燥无灰基（可燃基）。表2-1中煤的元素分析即为可燃基，即将水分和灰分除外，五元素之总和为100%。工业分析的挥发分（V^r）亦为可燃基，如表2-1a中龙凤气煤灰分 A^g 为10%，可燃基挥发分 $V^r=40.5\%$，则干燥基中的挥发分应为 $V^g=(100-10\%)\times40.5\%=36.45\%$。我国煤大多属于高灰分，经过洗选后，冶金工厂中使用的炼焦

表 2-1a　我国某些煤的成分与发热值

名　　称	工业分析		元　素　分　析，%					发热值
	W^f, %	V^r, %	C^r	H^r	N^r	O^r	S^r	Q^r_{DT}, MJ/kg
徐州C$_8$气煤	2.0	46.5	82.6	6.0	1.5	8.5	1.3	35.93
峰三肥煤	1.2	32.7	88.0	5.5	1.8	4.2	0.4	36.92
龙风气煤	3.3	40.5	81.6	5.8	2.0	10.3	0.7	34.45
四望嶂无烟煤	5.27	4.93	95.18	0.85	0.59	3.15	0.25	32.06

表 2-1b　气体燃料的成分与发热值

名称	成　　　　分，　　　　%										热值, kJ/m³
	CO_2	C_nH_m	O_2	CO	H_2	CH_4	C_2H_6	C_3H_8	C_4H_{10}	N_2	
高炉煤气	11~19			23~27	1.5~3.5	0~0.1				55~59	3000~3500
焦炉煤气	2.5~2.8	3.0~3.8	0.2~0.7	6.0~9.7	51~53	27~32				2.5~4.5	15000~17000
天然气						97.6	1.4	0.78	0.26		35000~40000

表 2-1c　重油的成分分析与发热值

名　　称	成　　　　分，　　　　%						热值, kJ/kg
	C^r	H^r	$O^r + N^r$	S^r	A用	W用	
重　油	87~89	10~12	0.5~1.0	<3	<0.3	<2	39000~42000

煤和高炉用煤，其灰分降到8%～20%。灰分属不可燃物质也是污染冶金过程的物质，必须尽量去除，而不能留待火法过程中处理。煤的热值主要受灰分影响，工业中常用标准煤这一概念每千克标煤的发热值为29300kJ。

　　冶金工厂用煤直接作为燃料的形式是粉煤和水煤浆。磨成煤粉主要是为了改善混合状况，加速燃烧。后者是为了储运和使用方便。但由于含水而不适用于要求高温高压的场合（例如高炉喷煤）。

2.2.2　液体燃料

　　有的冶金工厂使用渣油和重油。从燃烧或气化及混合过程看，它优于煤，劣于气体燃料。要求用高压或高压气体将油的流股粉碎成细粒（例如5～100μm的油滴），以便于燃烧。为了达到这一雾化水平，常将不同型号的重油或渣油（用蒸汽预热到80～100℃），使其恩氏粘度降达5～10°E。典型重油可燃基的工业分析：C=87%～89%，H=10%～12%，S≤1%～3%，O+N=0.5%～1.0%，还含有0.3%左右的灰分和2%左右的水分。我国重油分成20、60、100、200号等四级，牌号愈大则愈粘，含碳高而氢低，要有高的预热温度才能有效地装卸和在燃烧时雾化。

　　我国冶金工厂只在铁路运输系统和特殊的加热条件下才使用柴油。

2.2.3 气体燃料

这主要是冶金厂的二次能源，如高炉气、焦炉氧、转炉气和冶炼铁合金的炉气等。它也是冶金厂使用最方便、使用效率最高的可燃气，它常以混合煤气的形式被加压、输送，并由全厂统一管理。在一些地区也使用天然气或各种人造的煤气以补充本厂二次能源之不足。在一些生产周期不完整的工厂，其焦炉气多供民用（注意：高炉气中由于含CO高不允许供居民使用），并建立锅炉——发电系统以吸收多余的低热值可燃气，这对平衡我国紧张的电力供应和保证冶金生产是有益的。

常规煤气化是用空气或水蒸汽对煤进行不完全的燃烧——气化，以生产主要成分为CO、H_2和CH_4的可燃气或还原气。实际上CH_4只在高压与不超过1150℃下由C和H_2化合生成。一般地说常规煤气化过程只有下述四组基本反应：

$$C+O_2 \longrightarrow CO_2 + 395.4 kJ/mol$$
$$C+CO_2 \longrightarrow 2CO - 167.9 kJ/mol$$
$$C+H_2O \longrightarrow CO + H_2 - 135.7 kJ/mol$$
$$CO+H_2O \longrightarrow CO_2 + H_2 + 32.2 kJ/mol$$

过去都使用发生炉煤气或水煤气。但由于产品的热值低，或设备复杂、效率低而逐步被淘汰。当今，氧煤法与电煤法气化得到发展，在我国仍处于决策考虑阶段。它们具有代表性的过程如图2-2所示。

最近北京科技大学开发出发生炉煤气的改进型方法，它只使用空气和粉煤，也不用液体排渣。称为流态化分区气化法。它的周边为加热区，热量通过流态化床传给中心的气化区。周边的燃烧废气总体上不与产品气掺混，因而保证产品气的热值达到6700～8000kJ/Nm³，而且不要求块煤，其方法示意于图2-3。

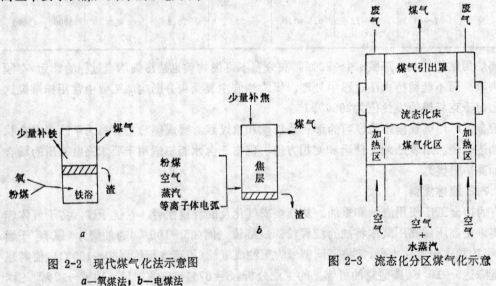

图 2-2　现代煤气化法示意图
a—氧煤法，b—电煤法

图 2-3　流态化分区煤气化示意

2.3　燃烧计算

本系列的计算都基于物料和热平衡，都是些常规化学反应，也称之为化学量计算（stoichiometric calculation）和热化学计算。实际上有了初等化学的计算基础就可完

成，但用起来却较为繁杂。例如按反应式

$$C + O_2 \longrightarrow CO_2 + 395.4kJ$$

即说明每1mol的碳与1mol的氧燃烧生成1molCO₂，同时放热395.4kJ。工程中用kg和kmol计算。12kg的碳和22.4Nm³氧烧成22.4Nm³CO₂，即1kg碳燃烧生成$\frac{22.4}{12}$m³CO₂，耗用氧$\frac{22.4}{12}$m³，折合空气8.89m³，放热$\frac{395400}{12} = 32950$kJ/kgC。这类计算常是各种冶金过程的起点，十分重要。

燃料的燃烧或气化计算大体上应包括以下几部分内容。重庆大学和西安冶院刘人达、蔡冶生等编的"冶金炉热工基础"（冶金出版社1980版）。一书中在这方面作了很好的描述，本书只在说明上作了简化，计算则引用了该书的示例和习题。

2.3.1 燃料的发热量（值）

这都是热化学计算，为了工程上的简化，作些半经验、半理论的调整后组成简单的计算式。对固体和液体燃料以1kg计的低发热值写成

$$Q_l = 339C^{用} + 1030H^{用} - 109(O^{用} - S^{用}) - 25W^{用} \quad kJ/kg$$

对气体燃料以1m³计写成

$$Q_l = 128CO^{溢} + 108H_2^{溢} + 360CH_4^{溢} + 599C_2H_4^{溢}$$
$$+ 231H_2S^{溢} \quad kJ/Nm^3$$

式中$C^{用}$，$H^{用}$等是燃料中这些元素百分数的绝对值；$CO^{溢}$，$H_2^{溢}$等是这些可燃物在泾煤气中体积或分子百分数的绝对值。可以看出和热化学明显的联系：如$339C^{用}$即表示1kg固定碳，燃烧热值为$339 \times 100 = 33900$kJ，与前节中用热化学数据32950kJ/kgC显然同出一辙，只作了小小的修正。式中只有氧用负值，即认为元素分析中的氧已固定了一部分可燃物，它们不能再放热故为负热值。

由气体燃料热值之计算式可明显看出，以不多的CO为主成分的高炉气的热值低于以H_2为主成分的焦炉气。而天然气（CH_4为主）和液化石油气丙烷有极高的热值。

2.3.2 空气或氧消耗量

按化学量计算，使之公式化。对气体燃料而言：

（1）每1m³燃料需氧量 $= \left[\frac{1}{2}CO^{溢} + \frac{1}{2}H_2^{溢} + 2CH_4^{溢} + \left(n + \frac{m}{4}\right)C_nH_m^{溢}\right.$
$$\left. + \frac{3}{2}H_2S^{溢} - O_2^{溢}\right]$$

（2）理论空气消耗量 $L_0 = \frac{4.762}{100}\left[\frac{1}{2}CO^{溢} + \frac{1}{2}H_2^{溢} + 2CH_4^{溢} + \left(n + \frac{m}{4}\right)C_nH_m^{溢}\right.$
$$\left. + \frac{3}{2}H_2S^{溢} - O_2^{溢}\right]Nm^3/Nm^3燃料$$

式中4.762是每$\frac{100}{21}$m³的空气提供1m³的氧。

（3）实际空气耗量$L_n = nL_0$ m³/m³燃料

式中n为空气（氧）过剩系数，称为化学量比（S.R.stoichiometric ratio）似更合适。

对燃烧过程而言，视燃料和燃烧装置不同 $n>1.0$ 以保证完全燃烧。n 值 常 在 1.05～1.5，前者适于混合条件良好，并使用气体燃料时。煤层燃烧则可能到最高值，粉煤会改善些。重油燃烧则处于中间值。当然使用富氧空气时 n 值可较小，当 n 值被迫提高，燃烧的 理 论温度和热效率都将降低。对煤气化说，如沿用燃烧（产品为 CO_2 说）的理论 n 值为 1.0，那么煤气化 $n=0.5$（产品为 CO）。然而以高炉喷煤为例，这是个煤气化过程，但由于粉煤的燃烧速率低，停留时间短，目前一般还没有降到 $n \leqslant 1.2$ 的实践。改善的途径是使用氧煤枪和可能细的粉煤和进一步的混合与改善点火条件。

（4）过剩空气量 $\Delta L = L_n - L_0 = (n-1)L_0$

对固体、液体燃料

$$L_0 = \frac{4.762 \times 22.4}{100}\left(\frac{C^{用}}{12} + \frac{H^{用}}{2} + \frac{S^{用}}{32} - \frac{O^{用}}{32}\right)$$

其余类推。

2.3.3 燃烧产物量、成份和密度

对气体燃料而言：

（1）理论燃烧 产 物 量 $V_0 = \left[CO^{湿} + H_2^{湿} + 3CH_4^{湿} + \left(n + \dfrac{m}{2}\right)C_nH_m^{湿} + CO_2^{湿} + \right.$

$$\left. 2H_2S^{湿} + N_2^{湿} + SO_2^{湿} + H_2O^{湿}\right]\frac{1}{100} + \frac{79}{100}L_0 \quad \frac{m^3}{m^3}燃料$$

式中有些系数，如 1、3、2 等，是燃烧反应式中的系数。

（2）实际燃烧产物量 V_n。氮量和过剩氧量因有过剩空气而增多，只将上式后项 $\dfrac{79}{100}L_0$

改成 $\left(n - \dfrac{21}{100}\right)L_0$ 即可。于是这两者的关系就是 $V_n + (n-1)L_0 \ m^3/m^3$ 燃料，故常用 此式计算。

（3）实际产物成份。完全燃烧生成物只有 CO_2'，H_2O'，SO_2'，N_2' 和 O_2'，其中有些来自化学反应，有些是空气带入的。写成

$$CO_2' = \frac{V_{CO_2}}{V_n} \times 100\% = \frac{(CO^{湿} + CH_4^{湿} + nC_nH_m^{湿} + CO_2^{湿})\ \dfrac{1}{100}}{V_n} \times 100\%$$

$$H_2O' = \frac{V_{H_2O}}{V_n} \times 100\%$$

$$= \frac{(H_2^{湿} + 2CH_4^{湿} + \dfrac{m}{2}C_nH_m^{湿} + H_2S^{湿} + H_2O^{湿})}{V_n} \times 100\%$$

$$SO_2' = \frac{V_{SO_2}}{V_n} \times 100\% = \frac{(H_2S^{湿} + SO_2^{湿})\ \dfrac{1}{100}}{V_n} \times 100\%$$

$$N_2' = \frac{V_{N_2}}{V_n} \times 100\% = \frac{\dfrac{N_2^{湿}}{100} + 0.79L_n}{V_n} \times 100\%$$

$$O_2' = \frac{V_{O_2}}{V_n} \times 100\% = \frac{0.21(n-1)L_0}{V_n} \times 100\%$$

（4）产物密度只要经过成份换算，即每摩尔气体的质量即为其分子量，故用成分分率 $\times \dfrac{\text{分子量}}{22.4}$。于是

$$\text{密度}\gamma_0 = \frac{1}{22.4 \times 100}[44CO_2' + 18H_2O' + 64SO_2' + 28N_2' + 32O_2'] \quad \text{kg/m}^3$$

同理，对固、液体燃料可写成：

（1）理论燃烧产物量 $V_0 = \dfrac{22.4}{100}\left(\dfrac{C^{用}}{12} + \dfrac{H^{用}}{2} + \dfrac{S^{用}}{32} + \dfrac{N^{用}}{28} + \dfrac{W^{用}}{18}\right) + 0.79L_0$ m³/kg 燃料

（2）实际燃烧产物量 $V_n = V_0 + (n-1)L_0 \text{Nm}^3/\text{kg}$ 燃料

（3）燃烧产物成份： $\quad CO_2' = \dfrac{1}{V_n}\left(\dfrac{22.4}{100} \times \dfrac{C^{用}}{12}\right) \times 100\%$

$$H_2O' = \frac{1}{V_n}\left[\frac{22.4}{100}\left(\frac{H^{用}}{2} + \frac{W^{用}}{18}\right)\right] \times 100\%$$

$$SO_2' = \frac{1}{V_n}\left(\frac{22.4}{100} \times \frac{S^{用}}{32}\right) \times 100\%$$

$$N_2' = \frac{1}{V_n}\left(\frac{22.4}{100} \times \frac{N^{用}}{28} + 0.79L_n\right) \times 100\%$$

$$O_2' = \frac{1}{V_n}[0.21(n-1)L_0] \times 100\%$$

（4）产物密度和气体燃料的计算相同，从物料平衡讲可写成

$$\gamma_0 = \frac{(1-A^{用}) + 1.293L_n}{V_n} \quad \text{kg/Nm}^3 \text{产物}$$

式中 $A^{用}$ 是灰分分率，kg/kg，1.293 是空气密度 kg/m³，意即单位燃料中可气化的物料与所消耗空气的质量构成了全部产物的总质量，它被总体积除得到产物的密度。

3.3.2 和 3.3.3 两节中的计算是化学量计算，虽繁杂但理论上没有误差。在工程上常有很多简化了的半经验式和图表，它们常以热值（ Q_1 ）为基础，使用十分方便。实际上一些有经验的设计人员头脑中常贮存一些误差不大的实用数据，例如每 1000×4.18kJ 热值的燃料燃烧，理论耗风 1m^3，再加上过剩系数 n 值，再在风量上加 1m^3，就差不多是实际产物量了。

2.3.4 理论燃烧温度

既是加热，总要问烧到多少度？这不但受燃料制约也受燃烧技术和炉子结构和功能制约。工程上总是要求尽量排除那些外围影响，并在某种一般条件下来估计燃烧温度，这叫理论燃烧温度。给它一个较确切的定义，可说是绝热火焰温度（ AFT, adiabatic flame temp.）。设想由完全燃烧带来的全部热量（无论是化学热，还是物理热，还是有什么副反应造成的热效应），在绝热的条件下，全被燃烧产物吸收，从而使产物达到一定的温度。对工程而言这是个可望而不可及的温度，但又是个有用的特征温度。工程上设计的"炉温"常常就是用这一理论温度乘上一经验系数——炉温系数。

作这个AFT的计算，显然可用绝热火焰的热平衡。由定义出发可写出火焰的热平衡式：

$$AFT \cdot V_n \cdot C_p = Q_1 \cdot L_n C_a t_a + C_f t_f - Q_d$$

式中C_p，C_a，C_f分别为燃烧产物、空气和燃料的比热，t_a和t_f为空气和燃料的温度，Q_d为某些产物分解吸热。在一般温度条件下，例如$\geqslant 2000℃$，CO能完全烧成CO_2，而放出热量；但是，例如到3000℃则产物中将保持高的CO成份，或者说产物CO_2将部份分解而吸热。H_2也有类似现象，因此常规燃料的火焰温度是不容易达到3000℃以上的。

以上的热平衡式中唯一不能准确获得的数据是燃烧产品的比热，因为它也是随产品温度（AFT）而变化的。这可稍作加工；先计算出燃烧产物的焓值

$$i_p = C_p \cdot AFT$$

于是上式可写成

$$i_p = \frac{Q_1 \cdot L_n C_a t_a + C_f t_f}{V_n}$$

这里先考虑常规燃烧，温度不是太高，Q_d忽略不计，通过图2-4可直接求得AFT。由图2-4也可看出，高热值燃料、高预热温度，提高空气中氧含量，在保证完全燃烧的前提下降低空气过剩系数n，都将有利于提高燃烧温度。

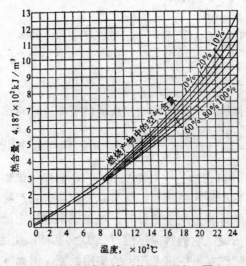

图 2-4　求理论燃烧温度的i—t图

对于冶金工业，人们有兴趣的是风口前循环区的理论燃烧温度（$RAFT$），它不好测量却又影响高炉顺行，操作中影响$RAFT$的变动因素又多，可以排出了计算机程序，由值班室操作人员经常计算。下面是G.H.Geiger对方法的说明，图2-5是计算框图。

计算步骤：

燃烧过程反应

$$C + \frac{1}{2}O_2 \longrightarrow CO$$

$$H_2O_{(g)} + C \longrightarrow CO + H_2$$

$$CH_{4(g)} + \frac{1}{2}O_2 \longrightarrow CO + 2H_2$$

并有过剩的碳存在，防止CO_2的形成。

已知或假设条件（输入计算机程序）：

1）风中各成份的摩尔数：$\dot{n}_{O_2}$、$\dot{n}_{N_2}$、$\dot{n}_{H_2O}$（在鼓风温度T_B下）；

2）喷射燃料中各成份的摩尔数：$\dot{n}_{煤气}$、$\dot{n}_{油}$、$\dot{n}_{煤}$（在298K下）

3）焦炭温度：$T_焦$

基准温度：

用298K作基准温度，查出298K下上述三个反应的反应热ΔH_R。在任何时刻热平衡关系如下：

$$\Delta \dot{H}_1 + \Delta \dot{H}_2 + \Sigma \Delta H_{R,298} + \Delta \dot{H}_3 = 0$$

式中：$\Delta \dot{H}_1$、$\Delta \dot{H}_2$、$\Delta \dot{H}_3$——鼓风、焦炭和风口前燃烧产物的物理热。

计算$RAFT$的大纲：

1）读入鼓风中每分钟O_2、N_2、H_2O的摩尔数：$\dot{n}_{O_2}$、$\dot{n}_{N_2}$、$\dot{n}_{H_2O}$；

2）读入鼓风温度T_B，焦炭温度T_c；

3）读入室温下每分钟喷射的氧气及燃料中O_2、CH_4、C的摩尔数：$\dot{n}'_{O_2}$、$\dot{n}'_{CH_4}$、$\dot{n}'_C$；

4）计算炉腹生成煤气的组成（设有剩碳存在）：

按O_2平衡：$\dot{n}_{CO} = 2\dot{n}_{O_2} + \dot{n}_{FeO} + 2\dot{n}'_{O_2}$

按N_2平衡：$\dot{n}_{N_2} = \dot{n}_{N_2}$

按H_2平衡：$\dot{n}_{H_2} = \dot{n}_{H_2O} + 2\dot{n}_{CH_4}$

5）计算碳消耗量。

$$\dot{n}_C(风口燃烧焦炭中碳的摩尔数) = \dot{n}_{CO} - \dot{n}'_C - \dot{n}_{CH_4}$$

6）计算鼓风热焓。

$$\Delta H_1 = \dot{n}'_{O_2} \int_{T_B}^{293} C_{P,O_2} dT + \dot{n}_{N_2} \int_{T_B}^{298} C_{P,N_2} dT + \dot{n}_{H_2O} \int_{T_B}^{298} C_{P,H_2O} dT$$

7）计算焦炭热焓。

$$\Delta H_2 = \dot{n}_C \int_{T_C}^{298} C_{P,C} dT$$

8）计算反应热。

$$\Sigma \Delta H_{R,298} = (\dot{n}_C + \dot{n}'_C - \dot{n}_{H_2O}) \cdot \Delta H_{R(a),298} + \dot{n}_{H_2} \cdot \Delta H_{R(b),298}$$
$$+ \dot{n}_{CH_4} \cdot \Delta H_{R(C),298}$$

9）计算炉腹煤气热焓。

$$\Delta H_3 = \Delta H + \Delta H + \Sigma \Delta H_{R,298}$$

10）按热焓方程计算炉腹煤气焓值方程。

$$\Delta H'_3 = \int_{298}^{AFT} [\dot{n}_{CO}(a + bT + cT^{-2})_{CO} + \dot{n}_{H_2}(a + bT$$
$$+ cT^{-2})_{H_2} + \dot{n}_{N_2}(a + bT + cT^{-2})_{N_2}] \cdot dT$$
$$= (\dot{n}_{CO}a_{CO} + \dot{n}_{H_2}a_{H_2} + n_{N_2}a_{N_2}) \cdot (AFT - 298)$$

$$+ \frac{1}{2}(\dot{n}_{CO}b_{OO} + \dot{n}_{H_2}b_{H_2} + \dot{n}_{N_2}b_{N_2}) \cdot (AFT^2 - 298^2)$$

$$- (\dot{n}_{CO}C_{CO} + \dot{n}_{H_2}C_{H_2} + \dot{n}_{N_2} \cdot C_{N_2}) \cdot \left(\frac{1}{AFT} - \frac{1}{298}\right)$$

$$= A(AFT - 298) + B \cdot (AFT^2 - 298^2)$$

$$- C\left(\frac{1}{AFT} - \frac{1}{298}\right)$$

$$= A \cdot (AFT) + B \cdot (AFT)^2 - \frac{C}{AFT} + D$$

1）令 $\Delta H'_3 = -\Delta H_3$，即 $\Delta H'_3 = -(\Delta H_1 + \Delta H_2 + \Sigma \Delta H_{R,298})$，从而列出方程，可求出 AFT 值。但得到的方程不是线性或二次方的，故只能用逐步逼近法在计算机上求解。求解过程是：

　　a．含 $B = C = 0$，得 $AFT1 = (\Delta H_3 - D)/A$；

　　b．计算 $B \cdot (AFT1)^2$ 和 $C/AFT1$；

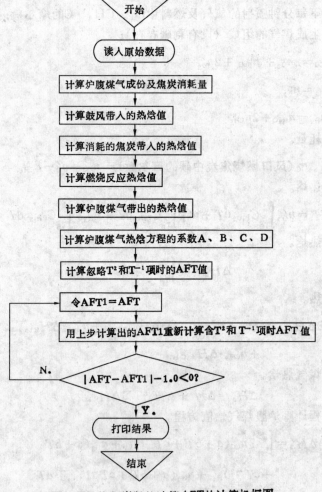

图 2-5　烧焦炭竖炉计算 AFT 的计算机框图

c. 解 $AFT = [\Delta H_3 - D - B \cdot (AFT1)^2 - C/AFT1]/A$

d. 比较 AFT 和 $AFT1$，如相差不超过一定限度，如1K，那么 AFT 就为计算结果。如果超过了，再令 $AFT1 = AFT$，重新由第11c步计算。直到得到满意的结果。

用上述方法，计算一喷吹煤粉的高炉风口理论燃烧温度。已知煤粉成份：

C	O	H₂O	N	H
78.4%	1.54%	3.0%	3.0%	3.8%

风口处焦炭温度1500℃，焦炭中固定碳含量85%。计算结果示于图2-6～图2-8。

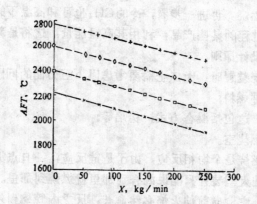

图 2-6 不同鼓风氧含量下喷煤粉量对 AFT 的影响

风温 $T_a = 1000℃$；鼓风湿度=2.5%，各曲线的鼓风氧含量自上而下分别为35%、30%、25%及21%

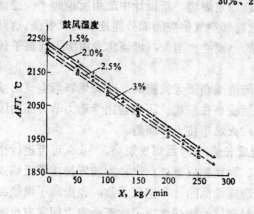

图 2-7 不同鼓风湿度下，喷煤粉量对 AFT 的影响

风温 $T_a = 1000℃$

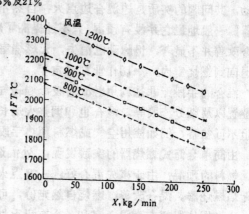

图 2-8 不同鼓风温度下喷煤粉量对 AFT 的影响

空气中氧量=21%；空气湿度=2.5%

例题2-1：高炉煤气使用时的成分为 $H_2 = 3.07\%$，$CH_4 = 0.19\%$，$CO_2 = 14.1\%$，$O_2 = 0.19\%$，$N_2 = 52.2\%$，$H_2O = 4.19\%$，计算它的低发热值（答：3731kJ/Nm³）；当空气过剩系数 $n = 1.2$ 时，它燃烧的理论和实际空气需要量？（答：0.705Nm³/Nm³，0.846Nm³/Nm³）；理论和实际燃烧产物量？（答：1.56和1.70Nm³/Nm³）；燃烧产物成份（答：$CO_2 = 23.8\%$，$N_2 = 69.98\%$……）；燃烧产物密度（1.42kg/Nm³）和绝热火焰温度？

2.4 燃烧与气化装置

燃烧是指把燃料氧化到最高级的氧化物（如CO_2、H_2O等），以求充分利用其化学热。过去气化常常不被人们重视，而且认为只是煤的气化，而只和城市煤气连在一起，但和冶金关系甚少，这是片面的。此外，气化也不局限于固体燃料。高炉风口就是个气化的典例，它是把固体燃料全部气化成CO和H_2。再者，从甲烷的部份氧化来制造还原气：

$$CH_4 + \frac{1}{2}O_2 \longrightarrow CO + 2H_2$$

这显然不是常规的燃烧。再进一步看，冷的CH_4也可和高温下的CO_2、H_2O等反应生成还原气，并冷却冶金过程的某些产品，利用其高温能量，这将是新一代的冶金过程。

2.4.1 装置的设计原则

设计、修改燃烧装置时，大体上需要考虑以下三方面的问题：

（1）使用何种燃料；

（2）燃烧器，这包括混合方式，稳焰等；

（3）炉子和燃烧室。

对于气体燃料燃烧是个均相反应，由于是链反应，一旦点火速率极快。因此燃烧速率取决于混合，特别是大型装置只能说混合到那里就燃烧到那里。以最简单的套管燃烧器而论，内套管供煤气，它愈向前伸火焰必然愈长，反之内管缩到外套管之中，则在出口处形成部份内混，火焰则极短，亦即燃烧速率极高。老式的热风炉，使用功率达数万千瓦的高炉煤气套管燃烧器，相应地要求有容积巨大的燃烧室起混合室的作用，但燃烧过程还常有脉动，其问题的实质是边混合边点火，自然不能稳定燃烧。新设计中改用所谓的"陶瓷燃烧器"，一般地说它并没有预混，只不过提高了燃料和空气供应的细分程度和交义射流。这种混合改善并不显著，但脉动已消失，大燃烧室的必要性也消失，燃烧焦点由深入到格子砖内退回到燃烧室内，一切作业都稳定了。

混合的手段无非是利用射流卷吸，旋转气流造成负压区或旋涡，改变燃料与空气的接触位置以及细分流股等。混合也和调整火焰长短联系在一起。还有些化学动力学方面的因素也不可忽略，例如使用空气或燃料预热手段，火焰也将大大缩短。

由简单套筒式燃烧器的实践发现，外混造成长焰，内混则成短焰。那么可否进行空气、燃料的预混？由于事先混合好，一旦点火、瞬间完成燃烧，这样的装置就成了无焰或半无焰燃烧器。混合改善，燃烧自然充份，可造成最低的过剩空气系数，也提高了燃烧温度。这类燃烧器都有个混合室和一个有耐火材料砌筑的燃烧坑道，这两个室之间常有个缩口以提高气流速度（或称消除管路周边的低速气流），这体现了燃烧器消除回火和断火的一般原则。对燃烧器的混合燃气而言，存在一个火焰扩张速度，也有个喷出速度，如前者大于后者则可能产生回火的危险；反之后者过大，即当大幅度提高设计出力时，也会使火焰断火，即吹熄了。不同的气体燃料，它的火焰扩张速度不同，高炉煤气型最慢，高氢含量的焦炉气火焰扩张则快得多，要十分注意。基于这种考虑，即使非预混燃烧器，使用高炉煤气，为安全计，煤气喷出速度也常大于$12\sim15$m/s。

设计燃烧器时最经常遇到的不同的要求就是调整火焰长度。实际上可以由一个细长的同轴火焰（火焰长：燃烧器直径$=10\sim50$），例如用于回转窑，到逐步有旋流、交义等作用而降低火焰长度，直到用强离心力和大张角烧嘴砖展开的将火焰几乎能平摊在炉墙上的平焰燃烧器（图2-9）。使一个室状炉能均匀受热。

对于粉煤燃烧器或喷枪，它是两相的混合，燃烧条件就比气体燃料坏得多。因此对这类装置也要努力造成近似于气体燃料的燃烧条件。于是要设法把煤磨细并改善混合，一般地说总要磨到60～90%通过200目筛网（筛孔0.074mm）。要设法使用高温热风或富氧空气

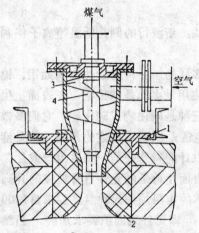

图 2-9 有强旋流的平焰燃烧器

1—烧嘴板；2—烧嘴砖；3—旋流叶片；4—煤气喷口

以至局部全氧来加速煤粒燃烧。这类燃烧器对稳定火焰、点火和燃烧空气都有较高要求。基本办法是造成喷出口前的负压区，这可用旋流喷出（离心器效应）或前置钝体造成。使离燃烧器较远的高温燃烧产物回流形成点火的条件，也稳定燃烧。为了保证点火时的条件，又保证完全的混合和燃烧，它也常用二次空气。一次风着眼于点火，占总风量的20～40%，对不好点火的煤低限，造成一次风速低，火焰不易被吹断，能有少量的氧或热风也尽量用于一次风以保证点火。当然，在某些火焰不稳定或启动大型装置时，可用油或燃气的小型明火燃烧器或用非转移弧的等离子体火炬来保证点火或稳定燃烧。使用一次、二次甚至三次空气不只用于烧粉煤，对各种燃料都有改善混合和燃烧的效果。

和烧粉煤相联系的是一套复杂的制粉系统，全系统的电耗平均在30～60kWh/t煤。这取决于煤的可磨性（Hardgrove grinding index）和抽风系统与磨机的合理设计。粉煤制备系统常用工业废烟气或人造废烟气，干燥与磨煤同时进行，磨煤都采用闭路循环，粉煤分离常用离心器与袋式分离器进行多级分离，使废气排放含尘不超过150mg/m³。系统负压运行以免煤尘逸出。系统安全主要是检测氧含量（一般≥10%～12%）和温度（一般视煤种不同，干燥用废气出口不超过180℃左右。贮罐充氮，但粉煤运输管路则可用空气。

介乎气体燃料与固体燃料间的是液体燃料，它有个雾化问题，虽达不到均相燃烧，但油被雾化后的细粒（10～50μm）其气化总比煤快得多，而雾化过程则远比制粉简单得多。油的雾化基本上有两种方式：一种是高压下喷出，叫压力雾化；另一种是用少量的雾化剂，例如高压空气或蒸汽将油股击碎。一般说雾化剂的压力高，速度快，油自身温度高，粘度低，表面张力小则雾化效果好。当然也有各种特殊的雾化方法，如最常见的是转杯法雾化，即把油喷到高速的旋转体上，借离心力的作用把油甩成细雾。

油和煤燃烧时都在火焰中夹有大量的碳粒子，它有很高的辐射能力，表现出明亮的火

焰，称为辉焰。一般地说这种火焰的辐射率比气体燃料成倍提高。所以在某些条件下在气体燃料的火焰中常喷入少量油品，造成辉焰改善火焰的传热。反之，这类燃料的问题是在燃烧产物中常形成没有燃烧的烟碳。高温燃烧室和富氧空气或氧—燃料燃烧器会改善这种情况。

2.5 电加热

最常用的方法是电阻热法，新流行的则是低温等离子体加热。

2.5.1 电阻热法

电阻热法的发热元件是多样的。一种是耐热金属如钼、钨等；第二种是耐热的合金，以铬、镍等元素为主，我国使用最多的是铁铬铝，在表面上生成致密的氧化物薄膜而保护金属在高温下不被氧化；第三种是碳化物或硅化物，它们多做成棒状。

设计这类电加热时要注意的是制造厂规定的最高元件温度，而一般地说最高炉温也只能低于元件温度50℃左右。设计的特殊处是一根电阻丝或片、管、棒等元件所能承担的功率不是恒定的，加热元件的表面负荷是随元件自身温度的升高而下降的，这种特性示于图2-10。可以看出一个相同功率的电阻炉如元件温度要求自1000℃提到1200℃时，表面负荷（W/cm²）要求下降约50%，即元件表面积要求加倍。当然在元件完全裸露时可承受的表面负荷要高得多，即相同炉温，元件温度可低得多。因此在设计上不允许元件的局部被绝热材料包围。

基于这样的表面负荷的概念，电阻炉在低温时可施加较大功率，反之则相反。另外电热元件的电阻也随温度而变化，因此它们的电源常用调压变压器来控制加热。电阻炉也常做成罩炉（马弗炉muffle furnace）把元件与被加热物体完全隔离。

2.5.2 等离子体（气体电弧）加热

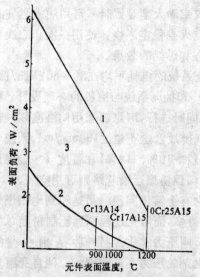

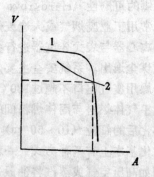

图 2-10 国产铁铬铝电热元件表面温度与负荷的关系

1—元件敞露；2—元件封闭；3—实际工作区

图 2-11 等离子发生器与外电源配合的伏—安特性

1—外电源的陡降特性；2—等离子发生器的特性

气体电弧不但可以获得超高温，而且气氛可控。从工程上说它可以极为简易地用一个电弧去代替常规的三相电弧炉。当今小型钢包加热和连铸的中间包加热都采用等离子体供热，以等离子体进行煤的气化来还原和冶炼各种金属的方法都是有前途的。只需要常规的电炉用直流电源，即高压电抗器—主电路开关—炉用变压器—二极管全波整流器—等离子发生器。其电源和电焊机电源极为相似，具有陡降特性，电源和发生器配合的特性如图2-11所示。等离子发生器一旦导通，电阻只有$1.0 \sim 0.1 \Omega$，电流加大则电源的电压迅速下降以维持发生器的稳定工作。通常的发生器只有两种模式，即转移弧和非转移弧，如图2-12。转移弧实质是个熔池加热器，即熔池常作为阳极存在。非转移弧实质是个气体加热器。由于这两种基本模式，演化成各种各样的工程式样。其电极也是多样的，一类是水冷铜电极，一类是耐高温的钨电极。目前世界各工业国都在为生产长寿的兆瓦级的工业用发生器而努力。

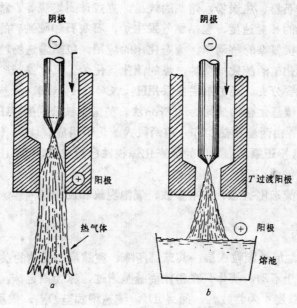

图 2-12 等离子体发生器的两种基本模式
a—非转移弧；b—转移弧

第 3 章 流 态 化

流态化是将气体或液体通入固体颗粒床层，使颗粒层具有似液体的易于流动的悬浮状态。因此，增大固体颗粒与流体间的接触，加速其传热、传质和化学反应过程，有利于提高生产效率。

流态化技术首先用于工业的是温克勒（Fritz Winkler）粉煤气化炉，1922年取得专利，继而，先后建成石油催化裂化和硫化矿焙烧的工业装置等。这些成就继续推动流态化技术的研究和发展，扩大其应用领域，包括化工、冶金、能源、运输、食品等工业部门。

冶金工业应用该技术领域较宽广，包括固定床、移动床、流化床和喷射床。固定床包括石球热风炉、矿石粉、焦炭粉、熔剂的烧结、立式球团焙烧等。移动床是固体颗粒散料层对容器具有较低的相对速度，包括煤气发生炉，石灰石和硫铁矿的焙烧炉，炼铁高炉的风口上部至炉顶是极复杂的移动床。流态化床的应用，包括输送粉粒料，石灰石、白云石及煤等的干燥，硫化矿的流化焙烧炉，煤的流化气化炉。氧化铁精矿粉流态化还原炼铁法是直接炼铁法的重要分支，还原剂主要采用H_2、CO、H_2/CO、天然气等。该法已经应用于工业的包括美国碳氢化合物公司的H-Iron法。美国钢铁公司的HIB法（Hot Iron Briquette）的还原装置由两座预热炉和一座两段式流化炉组成。埃索（ESSO）公司多层反应器的FIOR法氢直接还原法。我国的流态化炼铁法已趋成熟，而且发展了流态化预还原——熔融还原炼铁法。

本章主要介绍流态化状态、基本参数、气泡现象和设计等内容。

3.1 流态化现象

流体自下而上地流过颗粒床层，其床层压降、空隙度与流速的关系如图3.1所示。流速较低时，颗粒静止不动，流体只在颗粒间缝隙通过，称为固定床。其床层压降与流速关系如AD所示，空隙度ε为常数ε_0，如$A'D'$。流速增加至D点，床层压降ΔP_2等于颗粒的质量$L_0(\rho_s - \rho_f)(1 - \varepsilon_0)g$，因此，颗粒不再由分布板所支承，全部由流体的摩擦力所承托。单个颗粒不再依靠其它邻近的颗粒接触而维持其空间位置，每个颗粒可在床层内自由运动。此时，整个床层的颗粒具有流体的特性，可以在容器内倾倒流动，床层上部具有一个水平界面。因此，这种状态被称之为流态化。D点流速为流态化的最低速度，称临界流化速度u_{mf}。继续增加气流速度，床层压降ΔP_2将不变化如DE，但整个床层不断膨胀，由固定床层高度L_0增至L，其空隙度亦随之增加，如D'_1所示。空隙度与流速间的关系如$D'E'$所示。

流速继续增加，床层继续膨胀，使颗粒从容器上部溢出。但是，若容器高度为无穷大，继续膨胀的床层压降将依旧不变，此时，每个颗粒悬浮于无穷大的空间中，其空隙度视为1.0。由于容器不可能具有无限高度，实际床层压强将下降至零，此时的流速基本上达到了单颗粒的自由沉降速度u_t。此时流态化状态为理想流态化，其特征有：

（1）当流体速度达到临界流化速度u_{mf}时，颗粒床层开始流态化；

（2）流态化床层压降为一常数；

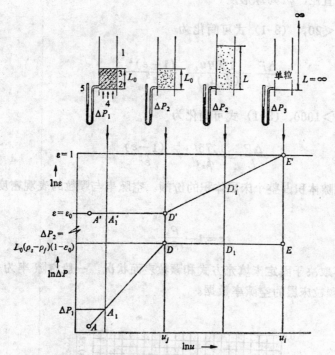

图 3-1 理想流态化床的压降、空隙率与流速的关系

（3）具有平稳的流态化的上界面；

（4）在任何流速下，流态化床层的空隙度都具有一个代表性的均匀值，沿 $D'E'$ 变化。

流态化分为散式流态化和聚式流态化两类。散式流态化是指在液固系统中，固体颗粒均匀地分散于液体床层内，具有上述四个特征，因此，是理想流态化。一般气固流态化，气体以气泡形式通过颗粒层，床层内分成两相，一相是固体颗粒浓度大、床层内空隙度小的气固均匀混合物的连续相，称乳化相或密相；另一相是夹带少量固体颗粒的气泡的不连续相，称为气泡相或稀相。由于气泡在床层上界面破裂，所以上界面是以某种频率上下波动的，床层压降也随之波动，这种流态化称为聚式流态化。该床层内，由于颗粒床层结构不均匀，颗粒表面特性引起的内聚现象，以及气泡聚并等原因，常会造成沟流，腾涌等不正常流态化。

3.2 固定床的压强

高炉、煤气发生炉、烧结机等均为固定床，固体散料层分为固定散料层和缓慢移动的散料层。石球热风炉属固定散料层，高炉等为缓慢移动散料层。

Ergun根据固定床压强的理论分析，提出适用于全部流型的固定床的压降公式，包括粘性项和惯性项：

$$\frac{\Delta P}{L} = \frac{150\eta u_0}{(\phi_s d_s)^2} \cdot \frac{(1-\varepsilon)^2}{\varepsilon^3} + 1.75 \frac{\rho u_0^2}{(\phi_s d_s)} \frac{(1-\varepsilon)}{\varepsilon^3} \tag{3-1}$$

式中 L 为床层高度；ΔP 为床层压降；u_0 为空管速度，η 为气体粘度，ρ 为气体密度，ε

为空隙率，d_s 为颗粒直径，ϕ_s 为球形度。

当 $Re=\dfrac{\rho u d_s}{\eta}<20$，(3-1) 式可简化为

$$\frac{\Delta P}{L}=\frac{150\eta u_0}{(\phi_s d_s)^2}\;\frac{(1-\varepsilon)^2}{\varepsilon^3}\tag{3-2}$$

当 $Re=\dfrac{\rho u d_s}{\eta}>1000$，(3-1) 式可简化为

$$\frac{\Delta P}{L}=\frac{1.75\rho u_0^2}{\phi_s d_s}\;\frac{(1-\varepsilon)}{\varepsilon^3}\tag{3-3}$$

空隙率：表示空隙体积占整个床层体积的份额。空隙率与颗粒的表观密度 ρ_s、堆积密度 ρ_b 之间的关系为

$$\varepsilon=1-\frac{\rho_b}{\rho_s}\tag{3-4}$$

空隙率大小主要取决于固定床填充方式和颗粒表面状况，一般空隙率为 0.35～0.5 之间，图3-2给出各种颗粒床层的空隙率数据。

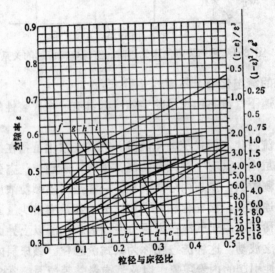

图 3-2　固定床空隙率

平均颗粒直径 d_s 用颗粒的比表面平均直径表示

$$\overline{d_s}=\frac{1}{\displaystyle\sum_{i=1}^{n}\frac{x_i}{d_i}}\tag{3-5}$$

式中　x_i 为 i 粒度间隔内的物料质量分率；

$d_i=\sqrt{d_1 d_2}$，d_1，d_2 为相邻筛网筛孔尺寸，mm。

球形度：任意形状颗粒相同的球体表面积 A_s 与颗粒表面积 A 之比。

$$\phi_s=\frac{A_s}{A}=\frac{V^{2/3}}{0.207A}\tag{3-6}$$

式中V为颗粒的体积。颗粒的球形度可用空隙率法、压降法及临界流化速度法测定。表 3-1列出颗粒球形度参考数据，可依此估计。

表 3-1 非球形颗粒的形状系数[①]

物 料	性 状	ϕ_s	物 料	性 状	ϕ_s
鞍形填料	一	0.3	砂	平均值	0.75
拉西环	一	0.3	硬砂	尖角状	0.65
天然煤粉	大至10mm	0.65	硬砂	尖片状	0.43
破碎煤粉	一	0.73	渥太华砂	接近球形	0.95
烟道飞尘	融熔球状	0.85	砂	无棱角	0.83
烟道飞尘	融熔聚集状	0.55	砂	有棱角	0.73
碎玻璃屑	尖角状	0.65	钨粉		0.89

①摘自Perry J.H.Chemical Engineers' Hand book 4th ed, P.5-50

例3-1： 烧结铁矿粉是一项重要的冶金过程，现计算点火前温度为16℃的空气，以$u_0 = 0.25$m/s的速度通过0.305m的烧结层（$\varepsilon = 0.39$）流动时的压差，颗粒直径0.0012m，空气密度$\rho_a = 1.23$kg/m^3，16℃空气粘度为1.78×10^{-5}N·s/m^2，

解： 利用 （3-1） 式

$$\frac{\Delta P}{L} = \frac{150\eta u_0}{(\phi_s d_s)^2} \frac{(1-\varepsilon)^2}{\varepsilon^3} + \frac{1.75\rho u_0^2}{\phi_s \tilde{d}_s} \frac{1-\varepsilon}{\varepsilon^3}$$

设$\phi_s = 1$，则

$$\frac{\Delta P}{L} = \frac{(150)(1.78 \times 10^{-5})(0.25)}{(0.00012)^2} \frac{(1-0.39)^2}{(0.39)^3}$$

$$+ \frac{(1.75)(1.23) \times (0.25)^2}{0.00012} \frac{(1-0.39)}{(0.39)^3}$$

$$= 302300\text{Pa/m料层}$$

3.3 临界流态化参数

3.3.1 流态化床的压降

流态化床开始流化时，颗粒和流体间的摩擦力与其质量力相平衡，通过床层任一截面的压降近似等于该截面颗粒和流体的质量

$$\binom{通过床层}{的\ 压\ 降}\binom{流化床}{截面积} = \binom{床层}{体积}\binom{固体颗粒}{的\ 分\ 率}\binom{固体颗粒}{的\ 密\ 度}$$

$$\Delta P = L_{mf}(1-\varepsilon_{mf})(\rho_s - \rho_f)g \tag{3-7}$$

Ergun方程表示固定床压降与气流近似正比关系，其压降小于床层静压，当气体速度增加至流态化速度时，床层空隙度增至ε_{mf}，结果床层压降等于床层静压。当气流速度超过临界流化速度时，其床层压降保持不变，其压降与气流速度的关系见图3-3。

3.3.2 临界流化速度U_{mf}

临界流化速度是流态化床操作的最低流速，也是流态化床基本参数之一。确定临界流化速度，最好是实验测定。

应用urgun方程和临界流态化的压降公式，且应用Wen和Yu提出的球形度 与临 界流

化空隙率ε_{mf}的经验公式，$\dfrac{(1-\varepsilon_{mf})}{\phi_s\varepsilon_{mf}^3}\approx11$，$\dfrac{1}{\phi_s\varepsilon_{mf}}\approx14$，得到

$$Re_{mf}=\sqrt{(33.7)^2+0.0408A}-33.7 \qquad (3-8)$$

阿基米德准数（Archimides）

$$Ar=\frac{d_s^3(\rho_s-\rho_f)\rho_f g}{\eta^2} \qquad (3-9)$$

$$Re_{mf}=\frac{\rho_f U_{mf}d_s}{\eta}$$

对于小颗粒$Re<20$

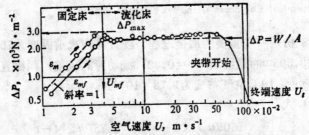

图 3-3 均匀粒度床层的压降与气速的关系

$$U_{mf}=\frac{d_s^2(\rho_s-\rho_f)g}{1650\eta} \qquad (3-10)$$

对于大颗粒$Re>1000$

$$U_{mf}=\sqrt{\frac{d_s(\rho_s-\rho_f)g}{24.5\rho_f}} \qquad (3-11)$$

例3-2：计算FCC催化剂的临界流态化速度，$\rho_f=1.205\mathrm{kg/m^3}$，$\eta=1.78\times10^{-5}\mathrm{kg/}$
$\mathrm{m\cdot s}$，$\varepsilon_{mf}=0.49$，$\rho_s=1200\mathrm{kg/m^3}$，$d_s=5.8\times10^{-5}\mathrm{m}$，$\phi_s=0.8$

解：用 (3-9) 式，（3-8）式

$$Ar=\frac{d_s^3(\rho_s-\rho_f)\rho_f g}{\eta^2}=\frac{9.8(5.8\times10^{-5})^3(1200-1.205)(1.205)}{(1.78\times10^{-5})^2}$$

$$=8.73$$

$$Re_{mf}=\sqrt{(33.7)^2+0.0408Ar}-33.7$$

$$=\sqrt{(33.7)^2+0.0408(8.73)}-33.7$$

$$=0.00528$$

$$U_{mf}=Re_{mf}\frac{\eta}{d_s\rho_f}$$

$$=(0.00528)\frac{(1.78\times10^{-5})}{(5.8\times10^{-5})(1.205)}$$

$$=0.0014\mathrm{m/s}$$

3.4 颗粒的终端速度

通过流态化床的气体流量，一方面受临界流态化速度的限制，另一方面受颗粒扬析所限制。理想流化床中，气体流量的上限近似于颗粒的终端速度或自由沉降速度。

颗粒在流体中沉降，决定着颗粒运动的力将是重力、浮力和流体对颗粒的阻力三者的向量和。颗粒受力状况确定后，它的运动速度、加速度和所处的位置都不难确定。当流体对颗粒的阻力、重力、浮力之间出现平衡时，颗粒就以等速度降落，这个速度称为颗粒的终端速度。以此推导出计算颗粒终端速度公式

$$U_t = \sqrt{\frac{4}{3} \frac{d_s(\rho_s - \rho_f)g}{C_D \rho_f}} \qquad (3-12)$$

$$Re_t = \frac{d_s U_t \rho_f}{\eta}$$

式中　U_t——颗粒的终端速度，m/s；

　　g——重力加速度，m/s^2；

　　d_s——粒径，m；

　　ρ_f——流体密度，kg/m^3；

　　ρ_s——颗粒表观密度，kg/m^3；

　　C_D——曳力系数，C_D是雷诺数的函数。

图3-4和表3-2表示球形颗粒C_D与Re的关系，曲线划分为三个区域：

（1）滞流区。$Re_t < 2$，C_D与Re在双对数坐标上成线性关系；

$$C_D = \frac{24}{Re_t} \qquad (3-13)$$

（2）过渡区。$Re_t = 2 \sim 500$

$$C_D = \frac{18.5}{Re_t^{0.6}} \qquad (3-14)$$

（3）湍流区。$Re_t = 500 \sim 150000$，C_D趋于常数。

$$C_D \approx 0.44 \qquad (3-15)$$

表 3-2　球形颗粒曳力系数的平均值

Re_t	C_D	Re_t	C_D	Re_t	C_D	Re_t	C_D
0.1	240.0	7	5.4	500	0.55	30000	0.47
0.2	120.0	10	4.1	700	0.50	50000	0.49
0.3	80.0	20	2.55	1000	0.46	70000	0.50
0.5	49.5	30	2.00	2000	0.42	100000	0.48
0.7	36.5	50	1.50	3000	0.40	200000	0.42
1	26.5	70	1.27	5000	0.385	300000	0.20
2	14.4	100	1.07	7000	0.390	400000	0.084
3	10.4	200	0.77	10000	0.405	600000	0.10
5	6.9	300	0.65	20000	0.45	1000000	0.13

将曳力系数C_D与Re_t的关系式代入（3-12）式，得

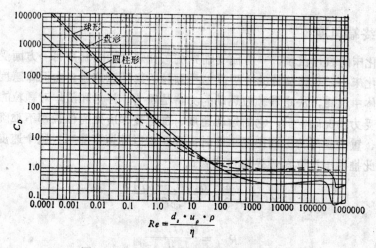

图 3-4 球形、盘形和圆柱体颗粒的曳力系数

$$Re_t < 2 \qquad U_t = \frac{g(\rho_s - \rho_f)d_s^2}{18\eta} \tag{3-16}$$

$$Re_t = 2 \sim 500 \qquad U_t = 0.153\frac{g^{0.71}d_s^{1.14}(\rho_s - \rho_f)^{0.7}}{\rho_f^{0.29}\eta^{0.43}} \tag{3-17}$$

$$Re_t = 500 \sim 150000 \qquad U_t = 1.74\left[\frac{gd_s(\rho_s - \rho_f)}{\rho_f}\right]^{0.5} \tag{3-18}$$

计算非球形颗粒终端速度时需修正上式。

当 $Re < 0.05$ 时

$$U_t' = K_1\frac{g(\rho_s - \rho_f)d_s^2}{18\eta} \tag{3-19}$$

$$K_1 = 0.843\lg\frac{\phi_s}{0.065} \tag{3-20}$$

当 $Re = 2000 \sim 200000$

$$U_t' = 1.74\left[\frac{gd_s(\rho_s - \rho_f)}{K_2\rho_f}\right]^{1/2} \tag{3-21}$$

$$K_2 = 5.31 - 4.88\phi_s \tag{3-22}$$

当 $Re = 0.05 \sim 2000$ 时

$$U_t' = \left[\frac{4}{3}\frac{gd_s(\rho_s - \rho_f)}{C_D\rho_f}\right]^{1/2} \tag{3-23}$$

式中 C_D 可由表3-3查得。ϕ_s 的试验范围为 $0.670 \sim 1.0$。

至此本节仅讨论单颗粒的无限大的流体介质中的沉降。显然，容器边界效应，将会减缓颗粒的自由沉降速度。对于边界效应，可作如下修正。

$$C_{D实际值} = C_w C_{D计算值}$$

$$d_s/D < 0.1 \qquad C_w = \left(1 + 2.104\frac{d_s}{D}\right)$$

表 3-3　非球形颗粒的曳力系数C_D

ϕ_s	$Re_t = \dfrac{dU_t\rho_f}{\mu}$				
	1	10	100	400	1000
0.670	28	6	2.2	2.0	2.0
0.806	27	5	1.3	1.0	1.1
0.846	27	4.5	1.2	0.9	1.0
0.946	27.5	4.5	1.1	0.8	0.8
1.000	26.5	4.1	1.07	0.6	0.46

$$d_s/D > 0.1 \qquad C_w = [1 - d_s/D]^{-2.5}$$

式中　C_w——边界效应修正系数。

3.5　颗粒终端速度与临界流化速度关系

临界流化速度可利用 (3-10) 和 (3-11) 式转换为临界雷诺数Re_{mf}与阿基米德准数间的关系，也可将终端速度的计算式 (3-16)、(3-17)、(3-18) 转为雷诺数Re_t与阿基米德准数间的关系，分别表示

$$Ar = 150\frac{1-\varepsilon_{mf}}{\varepsilon_{mf}^3}Re_{mf} + 1.75\frac{Re_{mf}}{\varepsilon_{mf}^3}$$

$$Re_t < 2 \qquad\qquad Ar = 18Re_t \qquad\qquad (3\text{-}24)$$

$$Re_t = 2\sim500 \qquad\qquad Ar = 13.9Re_t^{1.4} \qquad\qquad (3\text{-}25)$$

$$Re_t = 500-150000 \qquad\qquad Ar = \frac{1}{3}Re_t^2 \qquad\qquad (3\text{-}26)$$

若临界流化点的空隙率可知，则上述方程分别联立可计算出U_t/U_{mf}，其结果 表示于图3-5，球形粒子的U_{mf}取自以下作者：

　　○ $Rowe\ \&\ Partridge$ (1965)；　　□ $Pinchbeck\ \&\ Popper$ (1956)；

　　△ $Richardson\ \&\ Zaki$ (1954)；　　▽ $Wilhelm\ \&\ Kwauk$ (1948)；

　　× $Godard\ \&\ Richardson$ (1968)；○ $Rowe$ (1961)。

粗颗粒　$Ar > 10^6$ 　　　　　　　　$U_t/U_{mf} = 7\sim8$

细颗粒　$Ar \ll 1$ 　　　　　　　　$U_t/U_{mf} \approx 64\sim92$

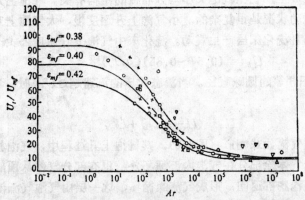

图 3-5　终端速度与临界流态化速度的比值与阿基米德数之间的关系

例3-3：计算粒径为10μm，100μm，1000μm的微球形催化剂在下列条件下的终端速度。颗粒$\rho_s = 2500\text{kg/m}^3$，$\phi_s = 1$，流体$\rho_f = 1.2\text{kg/m}^3$，$\eta = 1.8 \times 10^{-5}\text{kg/m·s}$。

1）$d_s = 10\mu\text{m} = 10^{-5}\text{m}$

解：$W_t = \dfrac{g(\rho_s - \rho_f)d^2}{18\eta} = \dfrac{9.8(2500-1.2)(10^{-5})^2}{18(1.8 \times 10^{-5})}$

$$= 0.00756\text{m/s}$$

$$Re_t = \dfrac{d_s U_t \rho_f}{\eta} = \dfrac{(10^{-5})(0.00756)(1.2)}{1.8 \times 10^{-5}}$$

$$= 0.005 < 2$$

2）$d_s = 100\mu\text{m} = 10^{-4}\text{m}$

解：

$$U_t = \dfrac{0.153g^{0.71}d_s^{1.14}(\rho_s - \rho_f)^{0.7}}{\rho_f^{0.29}\eta^{0.43}}$$

$$= \dfrac{(0.153)(9.8)^{0.71}(10^{-4})^{1.14}(2500-1.2)^{0.7}}{(1.2)^{0.29}(1.8 \times 10^{-5})^{0.43}}$$

$$= 0.53\text{m/s}$$

$$Re_t = \dfrac{d_s U_t \rho_f}{\eta} = \dfrac{(10^{-4})(0.53)(1.2)}{(1.8 \times 10^{-5})} = 3.5 > 2$$

3）$d_s = 1000\mu\text{m} = 10^{-3}\text{m}$

解：$U_t = 1.74\left[\dfrac{gd_s(\rho_s - \rho_f)}{\rho_f}\right]^{0.5} = 1.74\left[\dfrac{(9.8)(10^{-3})(2500-1.2)}{1.2}\right]^{0.5}$

$$= 7.86\text{m/s}$$

$$Re_t = \dfrac{d_s U_t \rho_f}{\eta} = \dfrac{(10^{-3})(7.86)(1.2)}{1.8 \times 10^{-5}} = 524 > 500$$

3.6 聚式流态化床中的气泡现象

气固流态化通常为聚式流化形式，当气体的空管速度达到临界流化速度U_{mf}，床层开始松动。继续提高气速，床层均匀膨胀，达到某一速度U_{mb}，床层开始出现气泡，进一步提高气流速度，则床层气泡增多、长大，床层出现不均匀膨胀。

气泡在分布板上产生，初生气泡大小与分布板的结构有关。气泡上升过程中，会相互合并，聚集长大，运动状况是很复杂的。小气泡上升速度慢，大气泡上升速度快，气泡上升至密相顶部崩裂，且流化床层产生震动。流化床中气泡上升速度公式：

$$U_{br} = (0.57 \sim 0.85)(gD_b)^{1/2} \tag{3-27}$$

式中D_b为与气泡体积相等的圆球直径。当流态化床的流速超过U_{mf}时，气泡群在床层中的上升速度

$$U_b = (U - U_{mf}) + U_{br} \tag{3-28}$$

流化床中的典型气泡如球帽形（图3-6），其气泡上升过程中，气泡相的气体并非处于静止状态。气泡中的气体除部分在气泡内部循环外，也有部分气体从顶部逸出，透过气泡周围的乳化相，从气泡底部返回，形成气流的循环，这一层由气泡气流渗透的乳化相称为气泡晕。同时，气泡在密相区上升过程中，由于附面层脱离现象，气泡底部出现尾流区称

为尾迹。尾迹中的固体颗粒被循环的气流所流化，当夹带入尾迹中的颗粒增至一定量后，这些固体颗粒进入尾迹区，尾迹区的体积为气泡体积的20～30％。

气泡晕的半径计算

$$\frac{R_c^3}{R_b^3} = \frac{U_b r + 2U_{mf}/\varepsilon_{mf}}{U_b r - 2U_{mf}/\varepsilon_{mf}} \tag{3-29}$$

式中R_c、R_b分别为气泡晕和气泡半径（见图3-6），气体通过气泡的穿流量可用下式计算

$$q = 3U_{mf}\pi R_b^2 \tag{3-30}$$

该式说明，在气泡的最大截面处，通过气泡的穿流速度为$3U_{mf}$。图3-7形象地表示气泡外围的气体流型。此流型仅与气泡相对速度$U_b r$及气体在乳相中相对速度U_{mf}/ε_{mf}有关。对小气泡，当$U_b r < U_{mf}/\varepsilon_{mf}$时，气体渗过乳化相向上运动的速度较气泡快，因此，气体通过床层，利用气泡作为方便的捷径，由气泡底部进入，由顶部离去。然而，确有一部分气体环绕着气泡循环，并伴随着气泡一起向上运动。伴随的气体量随气泡速度加大而增多。对大气泡，$U_b r > U_{mf}/\varepsilon_{mf}$，气体由气泡底部进入，于顶部离去。然而，这部分气体又被扫下并返回气泡。气泡被这一循环气体所渗透的区域称为气泡晕。气泡中的气体只能与气泡晕中的气体进行交换。气泡上升速度愈大，气泡晕愈薄。对于特大气泡，$U_b r \gg U_{mf}/\varepsilon_{mf}$时，气泡晕可以忽略，气泡中的气体仅在气泡内循环，不与外界发生交换。

气泡与晕迹间的气体交换，除通过晕的循环，尚有部分通过与晕的扩散。晕和迹是气泡相和乳化相之间发生交换的媒介，气泡相是通过晕和迹建立与密相的联系。

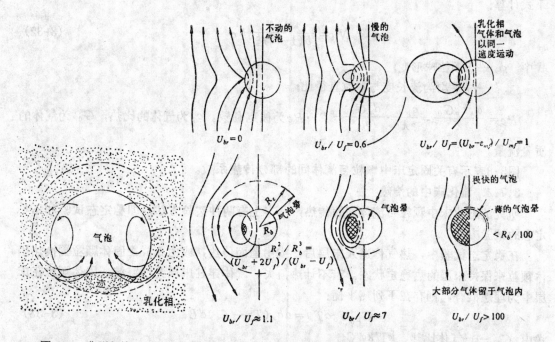

图 3-6　典型气泡　　　图 3-7　按Darldson模型算得的单个上升气泡附近的气体流线

当气泡与尾迹以相同速度到达床的顶端，气泡运动具有一定动量，在端面处气泡以气泡尾部开始破裂，尾迹会向喷泉似地喷向稀相区。由于固体颗粒大小不同，喷射高度不同，然后，固体颗粒又落回床面。床层内气流运动是颗粒向上运动牵引力的来源，气体流

动引起颗粒运动，同时，形成气泡尾迹会卷吸颗粒随气泡运动。所有这些内容对于了解流化床机理是重要的。

3.7 流化床中的传热

流态化床中颗粒与流体间的传热和传质与许多因素有关，如流化床中的颗粒加热、冷却、干燥、浸取以及催化反应等。流态化床中颗粒与流体间的传热和传质，不仅传递机理相似，而且二个过程同时进行。如干燥操作中，既有气体将热量传递给固体的传热过程，同时，也有固体中水分传递至气体的传质过程。所以，对它们可用相似方法讨论。

一般流化床中的固体颗粒较小，内部阻力可忽略，故流态化床中颗粒与流体间的传热、传质主要讨论外部传递问题。

3.7.1 固定床中的传热

研究固定床中颗粒与流体间的传热，对合理设计有热效应的固定床反应器有着重大的意义。根据颗粒与流体间的传热系数，可以计算床层中的温度分布，从而可控制反应温度，避免局部过热。

根据大量的研究工作，Ranz综合实验结果，按下式计算固定床颗粒与流体间的传热系数：

$$Nu = 2 + 1.8 Pr^{1/2} Re^{1/2} \tag{3-31}$$

此式适于雷诺数 $Re > 100$ 的条件。当 $Re < 100$ 时，Kunii和Suzuki提出沟流模型，建议用下式计算：

$$Nu = \frac{\phi_s}{b(1-\varepsilon)\xi} Pe \tag{3-32}$$

式中　ϕ_s——颗粒球形变；

　　　ξ——平均沟流长度与颗粒直径比；

$$Pe = \frac{d_s c_p G_0}{\lambda} = \frac{c_p \eta}{\lambda} \cdot \frac{d_s G_0}{\eta} = Pr \cdot Pe \text{为彼克利数。} c_p \text{为气体的比热，} G_0 \text{为气体的}$$

质量流量。

图3-8表示有关固定床中颗粒与流体间的部分传热系数。

3.7.2 流化床中的传热

研究流态化床中颗粒与流体间的传热，基本上有两种实验方法，即稳定态试验和不稳定态的试验方法。

在稳定态试验中，热气体进入床层后，或由壁面传热，或由新鲜冷固体颗粒置换热固体颗粒来保持床层的热稳定状态。若不计热损失，气体穿过床层为活塞流，固体颗粒在床层中为理想混合，则存在下列热平衡：

$$-C_{pg} G_0 dT_g = a h_v (T_g - T_s) dL \tag{3-33}$$

式中　C_{pg}——气体比热，kJ/kg℃；

　　　G_0——气体质量流量，kg/m²·h；

　　　T_g——气体温度，℃；

　　　T_s——固体颗粒温度，℃；

　　　L——床层高度，m；

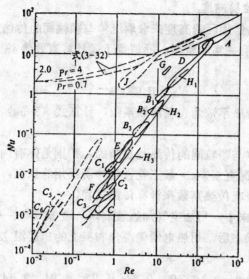

图 3-8 固定床中颗粒与流体间的传热

C_5、C_6、I、J为水，其余为空气

   a —— 单位床层体积中的颗粒表面积，m^2/m^3；

   h_v —— 传热系数，$kJ/m^2 \cdot h \cdot ℃$。

上式经积分得到

$$\ln\frac{T_g - T_s}{T_{gin} - T_s} = -\frac{a h_v L}{G_0 C_{p_g}} \tag{3-34}$$

在不稳定态试验中，进口热气体温度T_{gin}已知，出口气体温度随时间变化。根据热量衡算可求得固体颗粒在任何时间的温度T_s，由此求出传热系数h_v。

若不考虑热损失，气体通过床层失去的热量等于气体传递给固体颗粒的热量，在任何时间τ的热量衡算如下：

$$C_{p_g} G_0 (T_{gin} - T_{gout}) = G_s C_{p_s} L d T_s \tag{3-35}$$

若气体在床层中为理想混合，且温度等于出口温度，则气体通过床层的热量损失等于气体传给固体的热量。

$$C_{p_g} G_0 (T_{gin} - T_{gout}) = a h_v L (T_{gout} - T_s) \tag{3-36}$$

将（3-35）式微分后代入（3-34）式消除T_s，并加以积分，得到

$$\ln\frac{(T_{gin} - T_{gout})_0}{(T_{gin} - T_{gout})_\tau} = \frac{a h_v C_{p_g} G_0 \tau}{G_s C_{p_s} (a h_v L + C_{p_g} G_0)} \tag{3-37}$$

由于流体和颗粒间传热只在分布板很短区域内进行，实际流态化的工作高度比此区域高，所以，流态化床的上部，流体与颗粒间已达到热平衡，不再传热。这样，若按整个床层求取传热系数的公式（3-34）和（3-37）计算，必然引起较大误差，其传热系数不代表流体与颗粒间真实传热情况，石炎福等根据不同作者的实验数据，整理成如下传热系数公式：

$$Nu = 0.25 Re \frac{d_s}{L_m} \tag{3-38}$$

式中L_m为$\varepsilon=0$时床层中颗粒层高度。

若根据流态化床中传热作用区的高度来求取流体与颗粒间的传热系数,该传热系数称有效传热系数。图3-9汇总有关实验数据,近似用下式计算有效传热系数,用来估计传热作用区域的高度。

$$Nu=0.03Re^{1.3} \tag{3-39}$$

计算式(3-38)求出传热系数为表观传热系数,计算式(3-39)求出传热系数为有效传热系数。

实际上,流态化床流体与颗粒间的传热是复杂的,特别是伴有内部热阻,化学反应或存在对床层的辐射热流,情况更复杂。一般工业设备中所采用的床高,足以使流体与颗粒间达到平衡,因此,建议用表观传热系数来计算传热过程。

例3-4: 设在一流态化床中,用热空气加热玻璃球。玻璃球以一定的流率流进或流出流态化床,当达到热稳定状态后,用热电偶测得分布板上的床层温度变化(例图3-4)如下:

分布板上的距离mm	0	0.64	1.27	1.91	2.54	3.81
温度℃	66.5	64.7	62.0	60.6	60.3	60.2

试计算气体与颗粒间的有效传热系数。

已知:气体流量$=0.2kg/m^2 \cdot s$,空气比热$0.88kJ/kg℃$,粘度$2.0 \times 10^{-5}kg/m \cdot s$,导热系数$0.109kJ/m \cdot ℃ \cdot h$,床层空隙率$\varepsilon=0.57$。

解: 由(3-33)式

$$-C_{p_q}G_0 dT_g = ah_v(T_g-T_s)dL$$

积分得

$$C_{p_q}G_0(T_{gin}-T_{gout}) = ah_v\int_0^L (T_g-T_s)dL$$

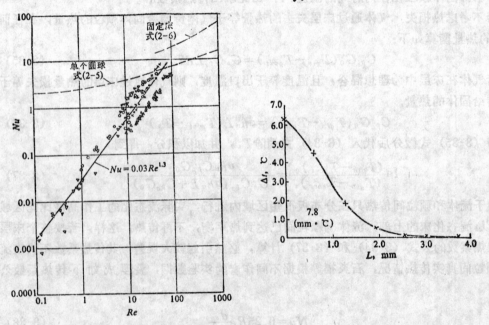

图 3-9 流态化床中流体与颗粒间的有效传热系数   例题 3-4 图

假定颗粒的温度等于气体的出口温度，则可由图解积分法求得 $\int_0^L (T_g - T_s)dL$，曲线下面的面积为 $7.8 \times 10^{-3} \text{m} \cdot \text{℃}$。$\varepsilon = 0.57$，故单位床层体积（$1\text{m}^3$）中颗粒表面积 a 为：

1）床层中颗粒的总体积

$$\Sigma V = (1 - 0.57) = 0.43 \text{m}^3$$

2）单颗粒的体积

$$V = \frac{\pi}{6}d_s^3 = \frac{\pi}{6}(0.25 \times 10^{-3})^3 = 8.18 \times 10^{-12}\text{m}^3$$

3）单位床层体积中颗粒数目

$$n = \frac{(1 - \varepsilon)}{V} = \frac{0.43}{8.18 \times 10^{-12}} = 5.26 \times 10^{10}$$

4）单位床层中颗粒的表面积：

$$a = n\pi d_s^2 = 5.26 \times 10^{10}\pi(0.25 \times 10^{-3})$$

$$= 1.03 \times 10^4 \text{m}^2/\text{m}^3$$

由式（3-33）：

$$ah_v\int_0^L (T_g - T_s)dL = C_{pg}G_0(T_{gin} - T_{gout})$$

$$h_v = \frac{C_{pg}G_0(T_{gin} - T_{gout})}{a\int_0^L (T_g - T_s)dL} = \frac{(0.88)(0.2)3600(66.5 - 60.2)}{(1.03 \times 10^4)(7.8 \times 10^{-3})}$$

$$= 49.83 \text{kJ/m}^2 \cdot \text{h℃}$$

5）按式（3-39）计算有效传热效率：

$$Nu = 0.03R^{1.3}$$

$$Re = \frac{G_0 d_s}{\eta} = \frac{(0.2)(0.25 \times 10^{-3})}{(2.0 \times 10^{-5})} = 2.5$$

$$Nu = 0.03(2.5)^{1.3} = 0.099$$

$$h_v = Nu\frac{\lambda}{d_s} = 0.099\frac{0.109}{0.25 \times 10^{-3}} = 43.16 \text{kJ/m}^2 \cdot \text{h} \cdot \text{℃}$$

计算表明稳态和非稳态的传热系数较接近。

3.8 流化床中的传质

流态化床内的颗粒与流体间的传质本质上是和颗粒与流体间的传热相似，所用模型也相同，因此，可以用相似方法处理。

3.8.1 固定床中的传质

固定床中颗粒与流体间的传质与传热相似，在雷诺数大的区域内，用Ranz的公式计算传质系数：

$$Sh = 2.0 + 1.8Sc^{1/3}Re^{1/2} \tag{3-40}$$

式中 Sh ——修伍德准数，$Sh = \frac{Kd_s}{D_A}$;

Sc——施密特准数，$Sc = \dfrac{\eta}{\rho_g D_A}$；

K——传质系数，m/h；

D_A——分子扩数系数，m^2/h。

（3-40）式与（3-31）式传热公式相似，只是用 Sh 数代替 Nu 数，用 Sc 数代替 Pr 数。

小雷诺数区域采用 $Gamson$ 等提出的传质因数计算公式。

$$Re < 40 \qquad j_d = 16.8 Re^{-1} \tag{3-41}$$

$$Re < 350 \qquad j_d = 0.989 Re^{-0.41} \tag{3-42}$$

式中

$$j_d = \frac{K}{u} Sc^{2/3} = Sh \cdot Re^{-1} \cdot Sc^{-\frac{1}{3}}$$

3.8.2 流化床中的传质

气体流态化床的颗粒与流体的传质仅在气体沿床层通过一个到几个颗粒高度就已达平衡，其修伍德准数 $Sh \approx 1$，液体流态化床，其传质达到平衡的床层高度远高过气固流态化床，$Sh \approx 10^3$。因此，液体流态化床的传质系数较易测定，所得传质系数也较可靠。

由图3-10所示实验结果可知，传质中的 Sh 数随 Re 数的变化和传热中的 Nu 数随 Re 数的变化是相似的。在小雷诺数区，Sh 数急剧下降，且远小于理论上最小的 $Sh = 2$。此外，固定床和流态化床的传质系数，在不同的雷诺数区，基本相近。根据Richardson和Szekely的实验结果，其流态化床颗粒与气体间的传质系数由下式计算：

$$0.1 < Re < 15 \qquad Sh = 0.37 Re^{1.8} \tag{3-43}$$

$$15 < Re < 250 \qquad Sh = 2.01 Re^{0.5} \tag{3-44}$$

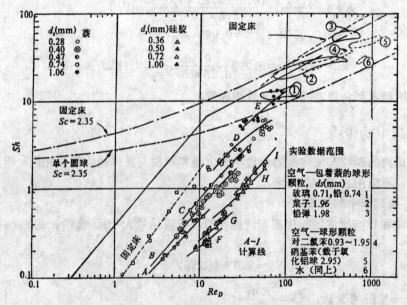

图 3-10　气体流态化系统传质实验结果

朱汝瑾等用传质因数 j_d 对修正的雷诺数 $Re_* = \dfrac{\rho u d s}{\eta(1-\varepsilon)}$ 关联，将不同研究者在液固系统和气固系统中测得的固定床和流化床传质数据统一关联成一条曲线，如图3-11，曲线近似用下述方程表示。

$$1 < Re_* < 30 \qquad j_d = 5.7 Re_*^{-0.78} \qquad\qquad (3-45)$$

$$30 < Re_* < 5000 \qquad j_d = 1.77 Re_*^{-0.44} \qquad\qquad (3-46)$$

图3-11所列传质数据均为 Re 数较高时的数据，当 Re 数较低时，流态化床与固定床的传质系数有明显区别。

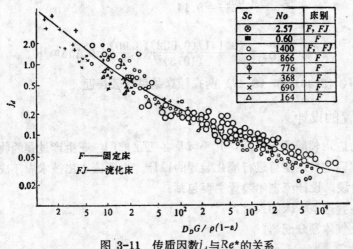

图 3-11 传质因数 j_d 与 $Re*$ 的关系

最近Dwivedi和Upadhyay 提出适于固定床和流态化床的气固系统和液固系统传质计算式，适于 $Re > 10$ 的范围。

$$\varepsilon \cdot j_d = \frac{0.765}{Re^{0.82}} + \frac{0.365}{Re^{0.38 5}} \qquad\qquad (3-47)$$

例3-5：内径为0.05m的圆筒中，装苯甲酸球，直径0.002m，水从筒底引入，流量 $G=228$kg/h，水粘度 $\eta=10^{-3}$kg/m·s，床层空隙率 $\varepsilon=0.7$，该系统 $Sc=1073$，求传质因数 j_d 和传质系数 K。

解：1）计算雷诺数：

$$G = \frac{\pi}{4} D^2 u \rho_f$$

$$u = \frac{G}{\frac{\pi}{4} D^2 \rho_f} = \frac{\left(\dfrac{328}{3600}\right)}{\dfrac{\pi}{4}(0.05)^2(1000)} = 0.032 \,\text{m/s}$$

$$Re_* = \frac{\rho u d_s}{\eta(1-\varepsilon)} = \frac{(1000)(0.023)(0.002)}{10^{-3}(1-0.7)} = 213$$

2）传质因数 j_d：用（3-46）式

$$j_d = 1.77 Re_*^{-0.44} = 1.77(213)^{-0.44} = 0.167$$

又 $\because j_d = \dfrac{K}{u} Sc^{2/3}$ $\therefore K = \dfrac{j_d u}{Sc^{2/3}} = \dfrac{(0.167)(0.032)(3600)}{(1073)^{2/3}} = 0.183 \text{m/h}$

3）由（3-47）式计算传质系数：

$$Re = Re_* (1-\varepsilon) = 213(1-0.7) = 63.9$$

$$\varepsilon j_d = \frac{0.765}{Re^{0.82}} + \frac{0.365}{Re^{0.386}} = \frac{0.765}{(63.9)^{0.82}} + \frac{0.365}{(63.9)^{0.386}}$$

$$= 0.0986$$

$$j_d = \frac{\varepsilon j_d}{\varepsilon} = \frac{0.0986}{0.7} = 0.141$$

$$K = \frac{j_d u}{Sc^{2/3}} = \frac{(0.141)(0.032)(3600)}{(1073)^{2/3}} = 0.155 \text{m/h}$$

计算结果表明，（3-46）和（3-47）两式计算结果比较接近。

3.9　流态化装置的设计

流态化技术的应用领域非常广泛，几乎涉及各工业部门。在生产过程的物料条件、工艺流程和生产规模确定后，便可进行流化装置的设计。由于流态化技术尚不成熟，大部分设计还处于经验阶段。设计流态化装置主要包括：

1）流态化装置选型、床的尺寸；

2）分布板及气体预分配器；

3）内部构件；

4）系统设计。

本节主要介绍流态化床主要尺寸和分布板的设计等。

3.9.1　流态化装置的主要尺寸

流态化装置主要包括流态化室或流态化塔、流态化分布板、气体预分配器、内部构件、固体加料器、出料器、气固分离器以及管路系统和风机等。流化装置根据操作分为物理操作和化学操作两大类，流态化床又分为单层和多层，单器和双器，单室和多室。根据流态化床内部构件又分为自由床和限制床，还可根据床形分为圆柱和圆锥形等。一般设计者根据工艺过程的特点，依其主要要求选择流态化装置的型式。

流态化装置的主要尺寸包括直径和高度，高度要依膨胀高度和分离高度来确定。

（1）膨胀高度。在固定床阶段，直至达到临界流态化速度 u_{mf} 时，床层空隙度为 ε_{mf}，床层高度 L_{mf}。在流态化阶段，随着气流速度 u 的增大，床层空隙度 ε_f 增加，$\varepsilon_f > \varepsilon_{mf}$，床层膨胀高度 L_f 亦增加，因此，$L_f > L_{mf}$。对床层内以固体颗粒实际占有空间为基准换算，可得到床层膨胀高度与空隙率间的关系。

$$\frac{L_f}{L_{mf}} = \frac{1-\varepsilon_{mf}}{1-\varepsilon_f} \tag{3-48}$$

其中 $R = \dfrac{L_f}{L_{mf}}$ 称为膨胀比。

对于聚式流化床，由于料层上界面剧烈地起伏波动，且这种波动又随床层直径和气流速度变化，因此，上界面难以准确确定。同时，密相区的空隙率随气泡通过床层的频率、大小和气流速度而变化，最终确定床层空隙度，完全取决于流化床气泡的研究。目前，尚无理想的定量关系，故常依靠试验测定或选择经验公式确定。

床层膨胀高度经验公式，杨贵林等在 $D_t = 0.3m$、$0.5m$ 及 $1m$ 装置中，用空气流化微球形硅胶，得到关联式

$$e_f = 2.33 \left(\frac{u_f}{u_{mf}}\right)^{0.07} \left(\frac{u^2_{mf}}{Dg}\right)^{0.01} \left(\frac{Ly}{Ar}\right)^{0.1075} \tag{3-49}$$

式中　$Ly = \dfrac{u_f^3 \rho_f^3}{\eta_g(\rho_s - \rho_f)}$ 称李森科准数

$$Ar = \frac{d_s^3 \rho_f \cdot g(\rho_s - \rho_f)}{\eta^2} \text{称阿基米德准数}$$

（3-49）式表示随着气流速度 u_f 的增加，流化装置的直径减小，床层空隙率增大，从而床层膨胀比增大。

加藤邦夫等在 $0.2 \times 0.5 \times 1.8m$ 的长方形床里，用常温常压空气流化砂子和玻璃球，颗粒的 $u_{mf} = 0.5 \sim 30cm/s$，$u_f = 2 \sim 70cm/s$，床内设置 $\phi 1.28 \sim 4.8cm$ 水平管群，管间的水平和垂直间距分别为 $2.5 \sim 10cm$ 和 $5 \sim 10cm$，获得如下关联式：

$$\frac{L_f - L_{mf}}{L_{mf}} = 0.55 u_{mf}^{0.58} \left(\frac{u_f - u_{mf}}{u_{mf}}\right)^c \tag{3-50}$$

式中　$c = 0.48 D_c^{-0.12}$

$$D_c = 4 \left[\frac{a \cdot b - n \cdot D_w \cdot b}{2(a - nd_s) + 2(n+1) \cdot b} \right]$$

a、b 分别为床层宽度和长度；D_w 为水平管直径；D_c 为床的当量直径，以〔m〕为单位；n 为水平面的管数。

（3-50）式可用于室状流态化装置或流态化燃烧装置的膨胀高度的估计。

例3-6： 在常温常压下，用空气流态化硅钛胶催化剂。已知 $\rho_s = 1350kg/m^3$，$d_s = 760\mu m$，$u_{mf} = 0.0365m/s$，$\varepsilon_{mf} = 0.42$，$L_{mf} = 5m$，$\rho_f = 1.205kg/m^3$，$\eta = 1.81 \times 10^{-5}$ kg/m·s，$D_c = 1m$，$\rho_{b,mf} = 780kg/m^3$（临界流化床层密度），求膨胀高度比和床层密度。

解： 1) 计算 $d_s = 760\mu m = 7.6 \times 10^{-4} m$：

选择（3-17）式：

$$u_t = 0.153 \frac{g^{0.71} d_s^{1.14} (\rho_s - \rho_f)^{0.7}}{\rho_f^{0.29} \eta^{0.43}}$$

$$= 0.153 \frac{(9.8)^{0.71}(7.6 \times 10^{-4})^{1.14}(1350 - 1.205)^{0.7}}{(1.205)^{0.29}(1.81 \times 10^{-5})^{0.43}}$$

$$= 3.46 m/s$$

$$Re = \frac{\rho_f u_t d_s}{\eta} = \frac{(1.205)(3.46)(7.6 \times 10^{-4})}{1.81 \times 10^{-5}} = 175 < 500$$

2) 用（3-50）式计算床膨胀高度（选 $u_f = 1.5m/s$）：

$$\frac{L_f - L_{mf}}{L_{mf}} = 0.55 u_{mf}^{0.58} \left(\frac{u_f - u_{mf}}{u_{mf}}\right)^c$$

$$C = 0.48 D_c^{-0.12} = 0.48(1)^{-0.12} = 0.48$$

$$\frac{L_f - L_{mf}}{L_{mf}} = 0.55(0.0365)^{0.58}\left(\frac{1.5 - 0.0365}{0.0365}\right)^{0.48}$$

$$= 0.47$$

$$L_f = 0.47(L_{mf}) + L_{mf} = 7.35\text{m}$$

3）计算膨胀的密度 ρ_b：

$$R = \frac{L_f}{L_{mf}} = \frac{7.35}{5} = 1.47$$

$$\rho_b = \rho_{b,mf}/R = 780/1.47 = 530\text{kg/m}^3$$

（2）分离高度。一个流态化容器通常包括两个区域，见图3-12，一个密相的鼓泡相，它上面是一个稀相或分散相，两者有一个或多或少的明显的界面所分割。密相表面和流化气体离开容器之间的这一段容器称为自由空域，其高度被称为自由空域高度。设置自由空域高度达到一个高度，过此高度后，排出气体中夹带的固体颗粒的浓度成为一个常数，此高度即通称的输送分离高度 TDH。

设计流态化装置，需要确定其高度，则必须了解从床层中出来的固体颗粒夹带速度、夹带固体的颗粒分布和床层内的粒度分布间的关系，以及这两个数值随逸出气流的位置的变化关系。为此，介绍夹带和扬析二个概念。

1）夹带：夹带是指单一颗粒或多组分系统中，气体从床层夹带走固体颗粒的现象。当自由空域高度低于输送分离高度时，自由空域内固体颗粒分布随位置而变。同时，在自由空域高度接近于输送分离高度时，夹带量减小。当气流在夹带分离高度以上离开容器时，粒度分布和夹带速率都变为常数，其值由气流在气力输送条件下的饱和携带能力而定。

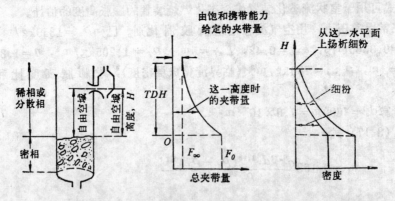

图 3-12 用来说明从床层中带走颗粒现象各种术语的图解

气流夹带的颗粒主要来源于气泡在流化床层表面破裂时，尾迹携带的固体颗粒和床层表面的细颗粒。Zenz和Weil认为在流化床层表面存在着高速射流，随着自由空域高度的增加，射流将扩散消失，这样，气流速度愈高，夹带固体颗粒量愈高。

当气泡破裂时被抛出的粒子，它们在床层界面以上获得向上运动的初速度，其中较大颗粒(指 u_t 大于 u_f 的)上升过程中逐渐减速，最后折回又复回到床层内，而较小的颗粒则被气流带出。由于大颗粒在一段距离内得到分离回到密相区，因此，再向上的稀相中只有细小颗粒，气相中固体颗粒浓度也就不再变化了，如图3-13所示，允许较大颗粒从气体中得到分离的距离即分离高度。

显然，影响夹带的因素主要是固体颗粒密度、形状、粒径分布、气流速度、流化装置直径、自由空域的高度、分布板结构及内部构件等。

夹带速率计算公式：

夹带速率是确定流化装置自由空域高度的主要依据，现在介绍张琪、王尊孝等计算公式，该式依据的实验条件接近工业规模，其分布板直径和自由空域高度也远较前人的大，且影响夹带的主要因素仅有操作速度u_f和自由空域高度H，计算很方便，可供设计应用。

实验条件：在$\phi0.5\times5m$，$\phi0.5\times7m$及$\phi0.5\times10m$的有机玻璃塔里，用常温常压容器流化微球型硅胶（$\bar{d}_s=189\mu m$）和FCC催化剂（$\bar{d}_s=58\mu m$），在无内部构件和有内部构件时，测定夹带速率沿自由空域高度的变化关系，得到夹带速率计算式：

A、自由床夹带速率计算：颗粒为微球型硅胶（$\rho=1700kg/m^3$），FCC催化剂（$\rho=1200kg/m^3$），$u_f=0.2m/s$，$H=3.5-8.0m$，其夹带速率公式

$$F=0.12u_f\cdot\exp(-0.167H) \tag{3-51}$$

微球型硅胶 $u_f=0.3\sim0.5m/s$；$H=3.5\sim5.5m$

$$F=2.54u_f^{2.896}\cdot\exp[-(0.0633u_f^{-0.769})\cdot H] \tag{3-52}$$

FCC催化剂 $u_f=0.25\sim0.7m/s$；$H=5.5m$

$$F=340.8u_f^{4.08}\cdot\exp[-(0.1842u_f^{-0.423})\cdot H] \tag{3-53}$$

$$u_f=0.3\sim0.7m/s \qquad H=8.0m$$

$$F=(92.3+160\log u_f)u_f\cdot\exp[-0.37(1-u_f)\cdot H] \tag{3-54}$$

B、限制床：床层内设置斜片挡板，垂直管束等，得到通用的夹带速率公式

$$F=(90.82+158\log u_f)\cdot u_f\cdot\exp[-(0.304$$
$$-0.207u_f)\cdot H] \tag{3-55}$$

可根据设计条件选择与上述实验条件接近的公式计算。式中F为夹带速率$[kg/m^2\cdot s]$。

例3-7：常温常压下空气流化硅胶，$\rho_f=1.2kg/m^3$，$\eta=1.81\times10^{-5}kg/m\cdot s$，$\rho_s=760kg/m^3$，$\varepsilon=0.42$，$u_{mf}=0.0104m/s$，$\bar{d}_s=189\mu m(90\%>110\mu m)u_f=0.45m/s$，$H=3.5\sim5.5m$，试求由空域为1～5m的夹带速率。

解：用(3-52)式$F=2.54u_f^{2.896}\cdot\exp[-(0.0633u_f^{-0.769})\cdot H]$

$H=1m$ $F_1=2.54(0.45)^{2.896}\exp[-(0.0633)(0.45)^{-0.769})\cdot1]=0.224kg/m^2\cdot s$

$H=2m$ $F_2=2.54(0.45)^{2.896}\exp[-(0.0633)(0.45)^{-0.769})\cdot2]=0.199kg/m^2\cdot s$

$H=3m$ $F_3=0.177kg/m^2\cdot s$

$H=4m$ $F_4=0.158kg/m^2\cdot s$

$H=5m$ $F_5=0.140kg/m^2\cdot s$

计算结果表明，随自由空域增高，其夹带速率降低，其降低幅度愈来愈大，当$H=4m$，即可选为分离高度，从而可依此设计。

分离高度的图解法：

分离高度计算很重要，合理确定气体出口，可以减轻分离器的工作负担，可避免设备过高，增加投资。

分离高度可利用图3-14确定，图中横坐标为床层直径，纵坐标为分离高度TDH/D。根据操作气流速度查出TDH/D，进而确定TDH。图3-14系根据无床内构件的床层作出，对于有构件的流化床，TDH可适当降低。

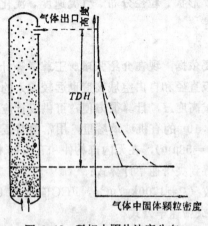

图 3-13 稀相中固体浓度分布　　　　　图 3-14　TDH的经验关联

2）扬析：扬析表示从气固混合物中分离和带走的细粉，这种现象不论低于或高于分离高度TDH时均存在。就是说，由于床表面气体射流和气泡破裂，有大量不能被带走的粒子也被抛掷到自由空域里去了。所以，在低于TDH点以下的自由空域里，也有个扬析过程，此时，夹带量大于扬析量。至于在分离高度TDH以上，夹带量与扬析量是相等的。因此，可用夹带量估计扬析量。

3.9.2　分布板的设计

气体分布板是保证流化床具有良好而稳定的流态化状态的重要构件。对于气固流化床，由于其固有的不均匀和不稳定特性，合理设计气体分布板显得尤为重要。

（1）气体分布板的作用。分布板可以支承固体颗粒床层、防止漏料，具有均匀地分布流体、产生较小气泡的作用，以保证具有良好的起始流态化状态，造成良好的气固接触条件。

分布板对整个流化床的直接作用范围仅为0.2～0.3m，然而它对整个床层的流态化状态却有决定性的影响。若设计不合理，气流分布不均匀，则造成沟流和死区，使床层不能正常流态化。

（2）分布板的型式。概括起来常用的分布板型式大致可分为密孔分布板（包括直流式，见图3-15a、b、c）、填充式分布板（图3-15d）、侧流式（图3-15e、f）旋流式喷嘴（图3-15g）等。

选择分布板型式主要靠经验。一般说来，在高温下或处于腐蚀介质中操作的分布板，结构力求简单，且能补偿热膨胀产生的应力。在干燥作业中，对气流均匀分布要求不高，因此，分布板开孔率一般都偏大，以减少整个系统的动力消耗。催化反应过程对分布板要求较严，压降较大，但气体离开分布板的速度不宜太高，其压降主要控制在风帽立管内，侧孔或侧缝则根据工艺要求的速度设计。

（3）分布板的设计。分布板之所以能够均匀分布气体，创造一个良好的起始流态化条件，并能长期稳定地保持下去，最重要的原因是它对于通过的流体具有一定的阻力或压

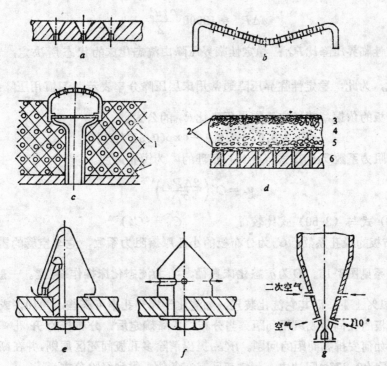

图 3-15　分布板型式

a—直流式；*b*—凹形；*c*—直孔泡帽；*d*—填充式；*e*—侧缝式锥帽；

f—侧孔式锥帽；*g*—旋流式

1—耐火材料；2—金属网；3—卵石；4—石英砂；5—卵石；6—多孔板或栅板

降。只有当此阻力大于气体流股沿整个床截面重新排列的阻力时，分布板才能起到破坏流股而均匀分布气体的作用；也只有当分布板阻力大到足以克服聚式流态化床原生不稳定性的引发时，分布板才有可能将已经建立的良好起始流态化条件稳定下来。因此，其它条件相同时，增大分布板压降均能起到改善分布气体和增加稳定性的作用。但是压降过大将引起无谓的消耗动力，这样就引入了分布板临界压降的概念。

所谓临界压降包括分布板能起到均匀分布气体和良好流态化稳定性的最小压降，称布气临界压降和稳定性临界压降。

1）分布板的压降 ΔP_d：流体通过分布板的压降，可用流化床中的空管速度 u_0 的动压倍数表示。

$$\Delta P_d = C_d = \frac{\rho_f u_0}{\alpha^2 2} \tag{3-56}$$

式中　C_d 为通过小孔的摩擦阻力系数，α 为分布板的开孔率。

2）分布板的临界压降：

A．布气临界压降 ΔP_{dc}：王尊孝测定了直径 $0.5 \sim 1.0$ m 的不同开孔率的多孔板（空床层）的径向速度分布，发现多孔板径向速度分布仅与分布板开孔率有关。当开孔率 $\leqslant 1\%$ 时，径向速度趋于均匀，将试验所用多孔板的阻力系数和开孔率代入式（3-56），得到布气临界压力。

$$\Delta P \cong 18000 \frac{\rho_f u_o^2}{2} \tag{3-57}$$

B. 稳定性临界压降比P_{dc}：稳定性临界压降由流态化床的状态所决定，它将随床层的变化而变化，为此，稳定性临界压降通常用床层压降分率表示。习惯用压降比$R = \frac{\Delta P_d}{\Delta P_B}$作为选择分布板的依据，其稳定性临界压降比$R_{dc}$的公式。

$$R_{dc} \geqslant 0.01 + 0.2[1 - \exp(0.5D/L)] \tag{3-58}$$

3）摩擦阻力系数C_d：由式（2-45）整理的u_r为锐孔速度。

$$u_r = C_d' \left(\frac{2\Delta P_d}{\rho_f} \right)^{1/2} \tag{3-59}$$

由（3-56）式与（3-59）式比较得 $\qquad C_d = (C_d')^{-2}$ $\qquad$ (3-60)

C_d'为分布板的锐孔系数，C_d为分布板的小孔摩擦阻力系数，它与空管的雷诺数$Re = \frac{\rho_f u_o D}{\eta}$的关系见图3-16。$D$为流态化床直径，$u_o$为流态化床操作速度。一般工业反应器开孔率多在1%上下，而其它流化装置，如流化干燥开孔率可高些，为10%或更高。

4）分布板的孔间距或风帽间距：当分布板压降确定后，分布板的开孔率也就确定了，下一步是如何安排孔间距的问题。Wen提出消除多孔板间死区原则，并在断面$0.012 \times 0.305 m^2$和直径为$0.276m$圆柱床，测定死区存在条件，得到经验公式：

$$u - u_{mf} = 1.55N(S - d_r)^{1.22 d_s^{-0.18}} \times D^{-2} \tag{3-61}$$

式中除平均粒径为μm单位外，其余均为c·g·s制。

若分布板的小孔呈三角形分布见图（3-17），小孔中心距S，分布板孔数N，则分布板开孔率

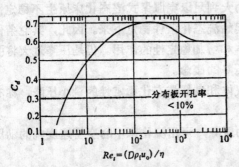

图 3-16 锐孔系数与基于进气室
直径的雷诺数间关系

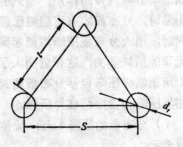

图 3-17 多孔板小孔排列的
几何关系

$$a = N\left(\frac{d_r}{D}\right)^2 \tag{3-62}$$

$$S = 0.952 \frac{d_r}{\sqrt{2}} \tag{3-63}$$

$$d_r = \frac{t\sqrt{a}}{0.952 - \sqrt{a}} \tag{3-64}$$

式中 t 为小孔间有效距离，由式（3-62）和式（3-63）得到开孔数

$$N = \left[(0.952 - \sqrt{a}\,) \frac{D}{t} \right]^{1/2} \tag{3-65}$$

5）分布板小孔的临界速度：对于直流式分布板，为防止直孔为粒子堵塞，直孔气速必须大于颗粒的噎塞速度，其噎塞速度为小孔的临界速度$u_{噎}$。

$$u_{噎} = 565 \frac{\rho_s}{\rho_s + 1000} (d_{s\,max})^{0.3} \tag{3-66}$$

设计时，锐孔速度$u_r > (2-10)u_{噎}$。

例 3-8：设计一个流态化床反应器的多孔板型气体分布板（见例3-8图），反应器直径$D_t = 1$m，粒子密度$\rho_s = 2500$kg/m³，$\bar{d}_s = 2.27 \times 10^{-4}$m，$d_{s\,max} = 3.54 \times 10^{-4}$m，气体密度$\rho_t = 1.2$kg/m³，粘度$\eta = 1.8 \times 10^{-5}$kg/m·s，床层高度$L_{mf} = 0.6$m，空隙度$e_{mf} = 0.42$，$u_{mf} = 0.026$m/s，操作速度$u_f = 0.35$m/s，流态化床浓相高度$L = 0.75$m。

解：

1）布气临界压降，由（3-57）式

$$\Delta P_{dc} \cong 18000 \frac{\rho_f u_o^2}{2} = 18000 \frac{1.2 \times 0.35^2}{2} = 1323 \mathrm{Pa}$$

2）稳定性临界压降，由（3-58）式

$$R_{dc} = 0.01 + 0.2[1 - \exp(-0.5D/L)]$$

$$= 0.01 + 0.2\left[1 - \exp\left(\frac{-0.5(1)}{0.75} \right) \right] = 0.108$$

$$\Delta P_B = L_{mf}(1 - e_{mf})(\rho_s - \rho_f)g = (0.6)(1 - 0.42)(2500 - 1.2)9.8$$

$$= 8526 \mathrm{Pa}$$

$$\Delta P_d = R_{dc}\Delta P_B = 0.108(8526) = 912.28 \mathrm{Pa}$$

由于分布板布气临界压降大于稳定性临界压降，故应取分布板压降等于布气临界压降，1323Pa。

3）多孔板开孔率，由（3-56）

$$\Delta P_d = C_d \frac{\rho_f u_f}{a^2 2}$$

$$Re = \frac{\rho_f u_f D}{\eta} = \frac{(1.2)(0.35)(1)}{1.8 \times 10^{-5}} = 2.3 \times 10^4,$$

查图3-16得$C_d' = 0.6$，则$C_d = (0.6)^{-2} = 2.77$

$$\therefore a = \left[C_d \frac{\rho_f u_f^2}{2\Delta P_d} \right]^{1/2} = \left[(2.77)\frac{(1.2)(0.35)^2}{2(1323)} \right]^{1/2} = 0.0124 = 1.24\%$$

4）孔数和孔间距，由式（3-62）及式（3-63），假设$d_r = 0.002$m

$$N = a\left(\frac{D}{d_r} \right)^2 = 0.0124\left(\frac{1.0}{0.002} \right)^2 = 3100 \text{孔/m}^2$$

$$S = 0.952 \frac{d_r}{\sqrt{a}} = 0.952 \frac{0.002}{\sqrt{0.0124}} = 0.017 \mathrm{m}$$

5）锐孔气流速度u_r：

$$u_r = \frac{u_f}{\alpha} = \frac{0.35}{0.0124} = 28.23 \text{m/s}$$

6）校核噎塞速度，由式（3-66）

$$u_噎 = 565 \frac{\rho_s}{\rho_s + 1000} d_{Smax}^{0.6} = 565 \frac{2500}{2500 + 1000}$$

$$(3.54 \times 10^{-4})^{0.6} = 3.43 \text{m/s}$$

$u_r = 28.23$ $u_噎$ 满足 $u_r > (2 \sim 10)u_噎$ 条件，故假定 $d_r = 0.002$m 是符合要求的。

7）校核多孔板是否存在死区，由式（3-61）

$$u_f - u_{mf} = 155.4 N (S - d_r)^{4.22 \overline{d}_s^{-0.18}} \times (D)^{-2}$$

$$35 - 2.6 = (155.4)(3100)(S' - 0.2)^{4.22(227)^{-0.18}} \times (100)^{-2}$$

$$S' = 0.979 \text{cm}(0.00979\text{m})$$

∵$S' < S$，为了防止死区，扩大板面孔径为10mm，使板面孔间距缩小到$t = 10$mm，见例3-8图。

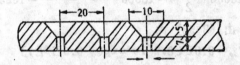

例 3-8图　多孔板结构

习　题　三

1. 用球型卵石（直径30mm）堆成的粒柱，其高为6m。温度538℃的气体从料柱上部输入，并以同样的温度从底部排出，料柱底部的气体压力为0.14MPa，孔隙度0.40，温度为538℃，压力为0.1MPa条件下，气体粘度4×10^{-5}Pa·s，密度为5000kg/m³，若以95kg/s的流速流过，试问入口压力？

2. 气体通过断面为3×3m，长为14m的堆料层流动。当气体温度为93℃，其流量为90.7kg/h，其输出压力为0.105MPa（绝对压力）。已知颗粒直径为3.05cm，粘度2×10^{-5}Pa·s，在93℃温度，绝对压力为0.105MPa时，密度为1kg/m³，试估计此堆料层的孔隙度。（若孔隙度在$0 < \omega < 0.6$范围内）。

3. 密度为2200kg/m³的球形颗粒，烟气的密度0.275kg/m³，粘度48.36×10^{-6}Pa·s，当球形颗粒在静止烟气中，处于极限降落状态，试求符合阻力系数$\xi = 24/\text{Re}$的粒径范围内的极限沉降速度。

4. 粒度为$50 \sim 175\mu$m的非均匀固体颗粒，平均直径为98μm 今欲将该固体颗粒流化，若必须避免颗粒带出，试求床层中允许表观气速的最小和最大值。已知数据：$\rho_s = 1000$kg/m³，$\phi_s = 1$，$\varepsilon_{mf} = 0.4$，$\varepsilon_f = 0.5$（整个床层），流化空气在0.15MPa下进入料层，并在20℃，0.1MPa下离去；空气密度$\rho = 1.204$kg/m³，粘度$\eta = 1.78 \times 10^{-5}$Pa·s。

5. 计算下列物料用空气流化时的最小空床气速，且防止带出的最大允许气速。已知离开床层的空气温度20℃，0.1MPa，粘度$\eta = 1.78 \times 10^5$Pa·s，$\rho = 1.204$kg/m³，固体颗粒$\rho_s = 1000$kg/m³，$\phi_s = 1$，$\varepsilon_{mf} = 0.4$、$\varepsilon_f = 0.5$，其粒度分布：

360 g 样品中的累积质量	0	60	150	270	330	360
最大直径 d_s（μm）	50	75	100	125	150	175

6. 某流化床锻烧炉直径1m，操作过程测得底部和顶部压强差为4250Pa(N/m²)，距底0.3m处与底部压强差为1500Pa，通过床层的气体量为843m³/h，气体密度1.165kg/m³，粘度2.08×10⁻⁶Pa·s，颗粒密度1250kg/m³，堆积密度为645kg/m³试计算

1）床层中颗粒物料量；

2）操作状况下床层空隙率、膨胀比，流化床高度；

3）气体带走的最大颗粒直径。

7. 计算气体流化颗粒床层的临界流化速度。数据：固体颗粒$\rho_s = 5000kg/m³$，直径$d_s = 100\mu m$，$\phi_s = 0.63$，空隙率$\varepsilon_{mf} = 0.60$，气体的密度$\rho_g = 1.2kg/m³$，粘度$\eta = 1.8 \times 10^{-5}Pa·s$。

8. 计算直径$10\mu m$、$100\mu m$的球状催化剂，在下述条件下的终端速度。固体颗粒$\rho_s = 2500kg/m³$，$\phi_s = 1$；流体的$\rho_g = 1.2kg/m³$，$\eta = 1.8 \times 10^{-5}Pa·s$。

9. 流化床反应器需一多孔分布板，试确定所需开孔率以及孔径和单位面积孔数间的关系。

固体颗粒：$\rho_s = 2500kg/m³$，$\varepsilon_{mf} = 0.48$，$L_{mf} = 3m$，气体的密度$\rho_g = 2kg/m³$，$\eta = 2 \times 10^{-5}Pa·s$，进口气体总压为0.2MPa，空管流速$u_o = 0.8m/s$，容器直径$D = 6m$。

10. 设计下列流化床多孔分布板。数据：分布板直径$D = 5m$，静止床层高度$L_{mf} = 3m$，$\rho_s = 3000kg/m³$，$\rho_g = 1kg/m³$，$\varepsilon_{mf} = 0.48$，操作气速$u = 0.4m/s$。

第4章 气力输送

在管道中，借助空气的静压能或动能，使物料按规定的路线输送，就是气力输送。气力输送技术始于1810年，1866年正式用于输送棉花和砂等散装物料。最初，气力输送仅用于码头上的装卸，直至本世纪初才用于工厂内部的粉料和颗粒料输送，包括水泥、石灰、煤、矿石、型砂、食品等。因此，它广泛用于化工、冶金等工业部门。

近十年来，气力输送技术发展异常迅速，其特点是低气速、高浓度输送装置的出现。喷射冶金技术发展，使单纯输送物料的工具，已经发展成冶金工艺设备的一部分。这样，就促使散装物料气力输送技术进入一个崭新阶段，同时，成件货物的集装化气力输送也得到较大的发展。本章主要介绍颗粒系统气力输送。

4.1 气力输送状态相图

曾兹（Zenze）等人提出了气流速度和压降的对数座标图，即状态图。它将描述不同参数下，气力输送过程中的气固两相的流动状态和特征，从而揭示出气力输送的实质。

根据实验得到的垂直系统状态相图4-1和水平系统状态相图4-3，以及相应的物料运动状态图4-2和图4-4。相图的横座标为气流速度的对数座标，纵座标为系统压降的对数座标。相图表示气固两相流动过程中，气速与压降的关系及其相应的物料状态。

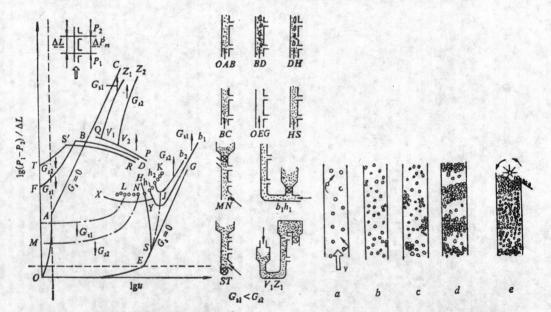

图 4-1 垂直气力输送状态相图[5]　　　　图 4-2 垂直气力输送物料运动状态[4]

垂直和水平气力输送状态相图基本相似，主要介绍垂直输送状态相图。从图4-1和4-3可知，$CBDHS$线将其划分为左右两个部分，处于连线左边的状态为气固两相流中，物料在气流中的下沉区，处于连线右边的为物料向上输送区。OAB为填充床状态，BD为流化床状态，DH为不稳定的栓流区，SJ为经济速度线，其右侧为稀相输送，左侧为浓相输送。$ALHSE$为稳定的栓流区。QP线以上为向上柱流区，$S'R$以下为向下柱流区。

当气速自零点增至H点后，呈稳定的栓状气力输送。随气速增加，气流中的物料浓度很快被稀释，其压力损失急剧降低，沿HS线变化至S点，HS线为稀释线。当气速超过S点，其压降沿EG线变化，这是物料流率$G_s=0$的空载特性曲线。b_1h_1，b_2h_2……线表示气固混合物以物料流率G_{s1}，G_{s2}……流过垂直系统压降，表示随气速变化的压降特性。该曲线簇中，不同G_s条件下，bh线均有最低点，其连线SJ为经济速度线，相应的速度称为经济速度u_c。当气速$u_f > u_c$，物料呈悬浮状态，图4-2之a、b，图4-1的b_1h_1所示。当$u_f \leqslant u_c$时，物料呈不稳定状态，如图4-2中c、d所示。气速降至h_1、h_2，管路开始堵塞，如图4-2e所示。因此，h_1h_2……点连线LNK为噎塞速度线，h_1，h_2……为噎塞点，其气速为噎塞速度。Hh_1h_2K线为上噎塞点轨迹，其右边区为浓相动压输送，左边区为浓相静压输送。

MN线为沉积线，以加料流率为G_{s1}，G_{s2}自上部引入，空气自下部向上流动的垂直系统。若气速$u_f < u_t$，物料沉积，物料流率G_{s1}，G_{s2}的压降随气速沿AL和MN线变化，如图4-1的MN和图4-2c、d所示。L、N为向下流噎塞点，此时，管道被物料堵塞。HNL称下噎塞点轨迹，LNK为总噎塞点轨迹。

稳定的栓流区处于LNH线以下的$ALHSE$范围内，XY线为栓流区特性曲线，该区域利用节制气流的方法构成人为稳定栓流区，如图4-2d，为静压浓相输送。

柱流区的向上流起始线QV_1V_2P，向下流起始线$S'R$，相应在$G_s=0$，G_{s1}，G_{s2}加料速率下，其特性曲线分别为BC线，V_1Z_1线和V_2Z_2线。静压柱流输送的气速低，压损大，TS'、FB线分别为向下流的，相应为G_{s1}，G_{s2}的柱流特性曲线，其气速和静压远小于向上流的柱流，它是浓相静压输送。

水平气力输送系统状态相图4-3和运动状态图4-4，均与垂直气力输送系统极为相似。

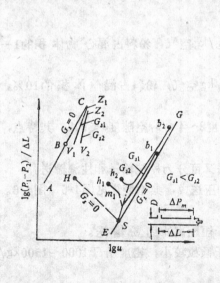

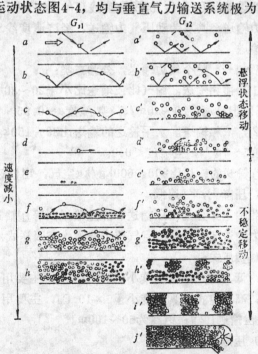

图 4-3　水平气力输送状态相图[4]　　　　图 4-4　水平气力输送物料运动状态图[4]

相图说明可以简化。

当加料流率很小（$G_s \to 0$）时，其过程按 HS 变化，其空管特性为 EG。当物料流率为 G_{s1}、G_{s2} 时，气流速度与压降关系将沿 $b_1 h_1$、$b_1 h_2$ 变化，当气速降低时，压降出现最低点，最低点连线 SJ 为经济速度线。其右侧相应为均匀流动状态，示于图 4-4$a \sim b$ 及 $a' \sim b'$ 流动形态。其左侧，当气流速度稍小于物料终端速度时，颗粒立即沉积，不同加料流率下，其运动状态，如图 4-4$e' \sim j'$。当物料流率较小时，其过程沿 $b_1 h_1$ 变化，流动状态如图 4-4e、f、g 所示。颗粒沉积呈现不稳定输送，达 h_1 点管道堵塞。加料流率较大时，过程沿 $b_2 h_2$ 变化，如图 4-4d'、e'、f'、g' 示。呈非均匀流动，当气速继续降低至 h_2 后，出现沙丘式堆料沉积，管底形成料栓，如图 4-4h'。因此，h_1、h_2 分别为不同物料流率的沉积速度，$H h_1 h_2$ 为沉积速度线。实验证明，均匀颗粒系统垂直系统的噎塞速度与水平系统沉积速度相同，而非均匀颗粒系统，噎塞速度仅为沉积速度的 1/3～1/5。

栓流区 $h_1 V_1$，$h_2 V_2$，由不稳定输送状态转为栓流区，如图 4-4i' 所示。

栓流区 $V_1 Z_1$，$V_2 Z_2$，料栓聚为料柱，呈柱流状态如图 4-4j' 所示。在 BC 的左边，料柱不再流动。

4.2 气力输送分类

根据状态相图分析可知，气固两相流动时，物料运动状态主要依气流速度大小而变化。高速时，物料悬浮呈均匀流动。气速降低，物料开始聚积，由于部分物料在管道中聚积，呈腾涌状态流动。继续降低气速，物料堵塞管道，形成不稳定料栓，呈不稳定的栓状流动。再降低气速，不稳定栓状流动转为稳定的柱状流动。

经济速度线 SJ 为稀相和浓相输送的分界线，其右为稀相，左边为浓相。

噎塞速度线 LHK，沉积速度线 $H h_1 h_2$ 是划分浓相静压和动压输送的分界线。其左为静压气力输送，其右为动压气力输送。经济速度线 SJ 的右侧为稀相动压输送，左侧为浓相动压输送。

概括起来，整个气力输送，分为二类：

（1）稀相输送。固气比或输送比小于 20～80kg/kg 空气，粉料占混合物体积的 1—3%，气体出口速度 20～40m/s，空隙度 $\varepsilon \approx 0.95$。

（2）浓相输送。水平输送的输送比 80～150kg/kg 空气，粉料占混合体积的 10%，出口速度 5～7m/s，空隙度 < 0.9。

垂直输送的输送比 200～600kg/kg 空气，出口速度 2～4m/s，空隙度 ε < 0.8。其特点，功耗高，压降大，气速低。

浓相输送又分为动压输送和静压输送，静压输送又可分为栓流输送和柱流输送。

气力输送装置还可按空气压力分类，有吸送式和压送式，典型装置见图 4-5，图 4-6。

1）负压式：

A. 低真空式，真空度小于 8×10^4Pa，主要用于短距离的细粉输送。

B. 高真空式，真空度小于 5×10^4Pa，主要用于颗粒较小，密度介于 1000～1500kg/m³ 的颗粒输送，输送距离为 50～100m。

2）压送式：

A. 低压式，气源压力小于 0.05MPa，适于粉状和粒状输送。

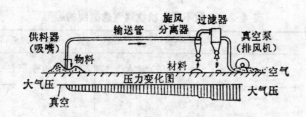

图 4-5 负压式空气输送设备布置

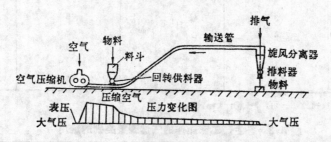

图 4-6 正压式空气输送设备布置

B.高压式，气源压力小于0.2～0.7MPa，适于输送密度大，距离长的颗粒物料，输送距离可达1000m。

各类输送装置的流动特性见表4-1。

表 4-1 各类气送装置流动特性

装置类别				使用压力		压气机械	料、气输送比 kg/kg	空气速度 m/s	常用最大输送距离 m	磨损大小
类别	输送机理	流动特征	料、气掺和方法	使用方法	压力范围 MN/m²					
稀相	动压	悬浮流	供料法或混料法	低真空吸送 低压压送	−0.02以下 <0.05	离心风机 罗茨风机	1～5 5～10	10～40	50～100	大
		脉动集团流或流态化	供气法	高真空吸送 高压压送	−0.02～−0.05 0.05～0.7	罗茨风机或水环泵空压机	10～30 30～60	8～15	1000	中
密相	静压	柱状流	柱流法	高压压送	0.2～0.6	空压机	30～300	0.2～2	50	极小
		栓状流	栓流法	中压压送	0.15～0.3	空压机	30～300	1.5～9	100	小
		筒式输送	栓流法	低真空吸送或低压压送	0.05	叶片或罗茨风机		10～40	3500	小

选择气力输送装置时，可以根据物料形状、粒度、密度、物性以及生产工艺过程特征进行。参见表4-2，表4-3。

气力输送装置具有设备简单、操作方便、占地面积小等优点。且输送系统是密闭的，可防止输送物料受潮，避免粉尘污染环境。输送过程可以对输送物料加热、冷却、混合、粉碎、干燥等。

气力输送的缺点是所需动力较大，易输送（颗粒小于30mm的物料，不易输送），易粘结，带静电，有爆炸性的物料。

表 4-2 各类不同形状物料气送类别的选用

表 4-2 各类不同形状物料气送类别的选用

输送物形状	输 送 装 置 类 别			
	稀相气送	密相动压、流态化气送	柱流密相静压气送	栓流密相静压气送
块状	2	4	3	2
圆柱形颗粒	2	3	2	2
球形颗粒	2	3	2	2
方形结晶颗粒	3	2	1	2
微细粒子	3	2	3	1
粉末	3	1	3	1
纤维状物料	1	4	4	4
叶片状物料	1	4	4	4
形状不一的粉粒混合物	3	2	3	1

注：性能比较等级：1—好；2—可；3—差；4—不适。

表 4-3 各生产工艺操作的气送装置类别的选用

装置型式		工 艺 操 作					
		混和	分级	收集	分配	干燥	冷却
稀 相	吸 送	2	1	1	1	1	1
	压 送	2	3	2	1	2	1
密 相	动 压	1	4	4	1	4	3
	栓 流	1	4	4	1	4	3
	柱 流	1	4	4	1	4	3
简 式		4	4	4	4	4	4

注：性能比较等级：1—好；2—可；3—差；4—不能。

4.3 稀相气力输送

气力输送系统设计，主要是压力损失和所需空气量的计算，其计算结果将关系到气力输送装置优劣、投资、生产费用及风机等附属设备的选用。

稀相输送属于颗粒悬浮输送，粉粒体在管内分布较均匀，通常采用气速约$12\sim14$m/s，固气力输送比在$1\sim5$之间，对颗粒物料，最大可取15。稀相气力输送至今仍在气力输送装置中占绝大多数，但设计计算却停留在经验方法基础上，因此，装置设计的优劣相差悬殊。其主要原因在于参数选择，装置选型及操作等有关，这说明系统的设计计算已经成为设计的关键。

通常输送的物料，距离和流量是已知量，由于气流速度和管径决定着管道压降，管径又由输送量决定。所以，主要参数的选择关键是气速u_f和固气比或称输送比μ_s的选择。

4.3.1 输送气流速度

一般地说，只要输送的气流速度u_f大于固体颗粒的自由沉降速度u_t，就可以将颗粒吹走。但是，在实际气力输送装置中，由于颗粒之间和颗粒与器壁之间的相互摩擦、碰撞或粘附作用，以及输送管内气流速度分布不均匀，存在边界层等因素的影响，因此，在输送粒状物料时，所需的气流速度要比它们的沉降度大几倍；而输送细粉状物料时，所需的气流速度比它们的沉降速度大几十倍。

输送气流速度的选择是非常重要的，若输送气流速度过大，必然增大功率消耗，气流速度过小，则引起输送管路的堵塞。因此，需要选择保证均匀输送物料所需的最小气流速度。它与物料性质、固气输送比、供料方式、输送管的直径、长度和布置方式有关。以下介绍水平、垂直、倾斜管的输送最小气流速度。

（1）水平输送时的最小气流速度（沉积速度）。水平输送的状态如相图4-3所示，SJ为经济速度线（见前图4-1），相应的气速为经济速度u_c。当气流速度高于经济速度（$u_f > u_c$）时，输送管内呈稀相输送，当$u_f < u_c$，输送管内呈不稳定输送，直至堵塞。因此，水平输送的最小气流速度u_{cs}称为临界输送速度。

巴思（Barth）用内径20～40mm管道进行小麦试验，博内脱（Bahnet）根据水平输送烟灰的实验结果，寻找固气比与临界堵塞的弗劳德（Frode）准数之间的关系示于图4-7。其不发生堵塞的临界条件和临界输送速度u_{cs}为：

Barth公式（适于粒状料）

$$\mu_s \leqslant 0.31\left(\frac{Fr}{10}\right)^4 \tag{4-1}$$

$$u_{cs} \geqslant 42\mu_s^{1/4}D^{1/2}$$

Bohnet公式（适于粉料）

$$\mu_s \leqslant 0.41\left(\frac{Fr}{10}\right)^3 \tag{4-2}$$

$$u_{cs} \geqslant 42.2\mu_s^{1/3}D^{1/2}$$

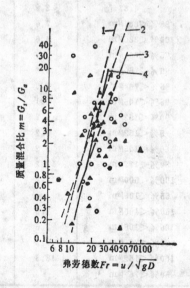

图 4-7　堵塞的临界曲线

1—小麦，$m = 0.31\left(\frac{Fr}{10}\right)^4$；2—烟灰，$m = 0.41\left(\frac{Fr}{10}\right)^3$；3—粉料的上限；4—粒料的上限

○压送粉料；△压送粒料；●吸送粉料。▲吸送粒料

实际输送的气流速度的选择,应为

$$u_f \geqslant (1.1 \sim 1.3) u_{cs} \tag{4-3}$$

（2）垂直输送的最小气流速度u_{ch}。垂直输送的状态如相图4-1所示,LNK为噎塞速度线,其相应速度为噎塞速度u_{ch},该点为浓相和稀相输送的分界点,噎塞速度用下式估算

$$G_{ch} = P_s(1 - \varepsilon_{ch})(u_{ch} - u_t) \tag{4-4}$$

式中G_{ch}为固体颗粒的临界质量流率;ε_{ch}为噎塞时的临界孔隙度;粒度为$0.17 \sim 1.68$mm范围内,仅与固体颗粒密度有密切关系,其近似计算式为

$$\varepsilon_{ch} = 0.91 + 0.03\rho_s \tag{4-5}$$

曾兹（Zenz）和奥思默（Othmer）还提出,对于均匀颗粒的固体物料,其噎塞速度近似等于沉积速度,对于混合粒度的固体物料,其噎塞速度只是沉积速度的$1/3 \sim 1/5$,

$$u_{ch} = \left(\frac{1}{3} \sim \frac{1}{5}\right) u_{cs}$$

因此,采用沉积速度u_{cs}来估计垂直管路的噎塞速度是安全估计。气力输送的安全输送的气流速度见表4-4。

表 4-4 气力输送的安全数值

物　料	平均松密度 kg·m⁻¹	近似粒度 1mm=1000μm	最小的安全输送气体速度 m·s⁻¹		保证流动的最大安全密度 kg·m⁻³	
			水平的	垂直的	水平的	垂直的
煤	720	<12.7mm	15.3	12.2	12	16
煤	720	<6.35mm	12.2	9.2	16	24
小　麦	750	4.67mm	12.2	9.2	24	32
水　泥	1040~1440	95%<88 μm	7.6	1.5	160	960
煤　粉	560	100%<380μm 75%<76 μm	4.6	1.5	110	320
灰　粉	720	90%<150μm	4.6	1.5	160	480
膨润土	770~1040	95%<76 μm	7.6	1.5	160	480
硅石粉	800~960	95%<105μm	6.1	1.5	80	320
磷酸盐岩	1280	90%<152μm	9.2	3.1	110	320
食　盐	1360	5%<152μm	9.2	3.1	80	240
纯碱（轻质）	560	66%<105μm	9.2	3.1	80	240
纯碱（重质）	1040	50%<177μm	12.2	3.1	48	160
硫酸钠	1280~1440	100%<500μm 55%<105μm	12.2	3.1	80	240
磨细的铁矾土	1440	100%<105μm	7.6	1.5	130	640
铝　土	930	100%<105μm	7.6	1.5	96	480
菱苦土	1600	80%<76 μm	9.2	3.1	160	480
二氧化铀	3520	100%<152μm 50%<76 μm	18.3	6.1	160	960

（3）倾斜输送时的最小气流速度。曾兹和奥思默实验研究了在倾斜管中,输送粒度为0.29mm的精矿粉,结果发现如果输送管与水平夹角在10°以内,以及与垂直线的夹角8°以内,其沉积速度u_{cs}和噎塞速度u_{ch}无明显变化。但是,当倾斜角度超过上述范围时,其沉积速度比水平输送时大$1.5 \sim 3$m/s。

倾斜输送时的沉积速度大于水平输送的沉积速度，必须采用较大的气流速度才能进行倾斜管稳定输送。因此，气力输送系统设计过程中，应尽量减少使用倾斜管路。

4.3.2 气力输送的固体颗粒的运动速度

物料进入管道内，其初速度为零。此时，气流与颗粒之间相对速度为最大值，即相对速度等于气速 u_f，因而，颗粒不断被气流所加速。经过一段时间后，作用于物料的空气阻力 F_R，与物料对管壁的摩擦和物料相互碰撞的阻力 F_s 以及物料质量在运动方向分力 F_g 之和相平衡。因而，物料处于等速运动状态。此时，物料的速度称为物料最大平均速度 u_m，可视为颗粒的悬浮速度。dG_s 物料量的运动方程

$$dF_R - dF_g - dF_s = dG_s \cdot \frac{du}{dt} \tag{4-6}$$

引入物料与气流速度比 $\dfrac{u_s}{u_f} = \phi$，当物料呈等速运动状态，其物料与气流速度比达最大，$\phi_m = \left(\dfrac{u_s}{u_f}\right)_m$，此时 $\dfrac{du}{dt} = 0$，由（4-6）式得到：

（1）粉状物料的最大速度比 ϕ_m。管道内的 $Re < 1$，受斯托克斯阻力，按下式计算。

水平直管

$$\phi_m = \frac{\sqrt{1 + 2\lambda_s\, Fr \cdot Fr_t} - 1}{\lambda_s\, Fr Fr_t} \tag{4-7}$$

垂直管

$$\phi_m = \frac{\sqrt{\left(\dfrac{Fr}{Fr_t}\right)^2 - 2\lambda_s\, Fr^2\left[1 - \left(\dfrac{Fr}{Fr_t}\right)\right]} - \dfrac{Fr}{Fr_t}}{\lambda_s\, Fr^2} \tag{4-8}$$

倾斜管的料气速度比即为垂直管的料气速度比与 $\sin\alpha$ 的乘积，α 为与水平面的夹角。

（2）粒状物料的最大速度比 ϕ_m。

水平管

$$\phi_m = \frac{1 - \sqrt{1 - \left[1 - \dfrac{\lambda_s}{2}(Fr_t)^2\right]\left[1 - \left(\dfrac{Fr_t}{Fr}\right)^3\right]}}{1 - \dfrac{\lambda_s}{2}(Fr_t)^2} \tag{4-9}$$

垂直管

$$\phi_m = \frac{1 - \dfrac{Fr_t}{Fr}\sqrt{1 + \dfrac{\lambda_s}{2}\left[Fr^2 - Fr_t^3\right]}}{1 - \dfrac{\lambda_s}{2}(Fr_t)^2} \tag{4-10}$$

倾斜管

$$\phi_m = \frac{1 - \sqrt{1 - \left[1 - \dfrac{\lambda_s}{2}(Fr_t)^2\right]\left[1 - \left(\dfrac{Fr_t}{Fr}\right)^2 \sin\alpha\right]}}{1 - \dfrac{\lambda_s}{2}(Fr_t)^2} \tag{4-11}$$

式中 λ_s 为颗粒与管壁的摩擦阻力系数，$Fr = \dfrac{u_f^2}{gD}$，$Fr_t = \dfrac{u_t^2}{gD}$，分别以气流速度和终

端速度为基准的弗劳德准数。

（3）弯管中物料运动的最小速度和最大速度。颗粒进入弯管时，由于运动方向变化产生对管壁的冲击，引起管壁的摩擦，其部位发生在 $\theta_2=22°$（外侧），$\theta=45°$（内侧），和 $\theta_3=75\sim85°$（外侧）三处，见图4-8，弯管出口处物料速度应等于进口处速度，$u_4=u_1$ 为最大速度，物料最低速度应为图中②和③点，即 u_2 或 u_3。

1）由垂直转为水平的弯管内的物料速度：

$$u_{2(3)}=\mathrm{e}^{-f_w\theta_{2(3)}}\sqrt{u_1^2+\frac{2gR_0}{4f_w^2+1}\{3f_w+\mathrm{e}^{2f^2_w\theta_{2(3)}}[(2f_w^2-1)\sin\theta_{2(3)}-3f_w\cos\theta_{2(3)}]\}}$$

(4-12)

2）由水平转为垂直的弯管内的物料速度：

$$u_{2(3)}=\mathrm{e}^{-f_w\theta_{2(3)}}\sqrt{u_1^2+\frac{2gR_0}{4f_w^2+1}\{2f_w^2-1-\mathrm{e}^{2f_w\theta_{2(3)}}[3f_w\sin\theta_{2(3)}+(2f_w^2-1)\cos\theta_{2(3)}]\}}$$

(4-13)

3）在水平面内的弯管的物料速度：

$$\frac{u_{2(3)}}{u_1}=\mathrm{e}^{-\theta_{2(3)}f}$$

(4-14)

式中物料对管壁的滑动摩擦系数 f_w 由实验测得，在水平面内的弯管 $f_w=0.36$，$\theta_2=22°=0.384$弧度，$\theta_3=75°=1.31$弧度，以弧度为单位。

例 4-1：已知颗粒输送量4000kg/h，终端速度 $u_t=8$m/s，平均粒度 $\overline{d_s}=3.5\sim4.2$mm，密度 $\rho_s=1320$kg/m^3，固气输送比 $\mu_s=5.5$，颗粒对管壁的摩擦阻力系数 $f_w=0.36$，颗粒冲击摩擦管壁的阻力系数 $\lambda_s=0.0024$，空气密度1.2kg/m^3，垂直管1.2m高度由垂直转向水平管，试求弯管颗粒的最小速度和最大速度？

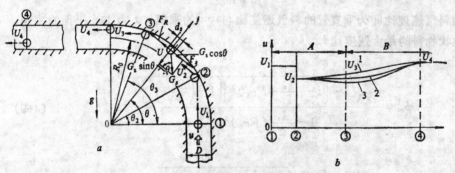

图 4-8 弯管内颗粒的运动模型（VS_1）

a—颗粒的运动模型，b—颗粒运动的速度变化曲线

解：1）采用颗粒状物料，其临界输送速度应选用(4-1)式

$$\mu_s=0.31\left(\frac{Fr_c}{10}\right)^4$$

$$Fr_c=10\sqrt[4]{\frac{\mu_s}{0.31}}=10\sqrt[4]{\frac{5.5}{0.31}}=20.52$$

$$u_c=Fr_c\sqrt{gD}=20.52\sqrt{(9.8)(0.1)}=20.31\text{m/s}$$

2）弯管最大输送速度：垂直管的输送速度或水平管的输送速度，分别是弯管的最大

输送速度，本题选择计算垂直管的输送速度，选择(4-10)式计算最大固气速度比：

$$\phi_m = \frac{1-\dfrac{Fr_t}{Fr}\sqrt{1+\dfrac{\lambda_s}{2}\left[Fr^2-Fr_t^2\right]}}{1-\dfrac{\lambda_s}{2}(Fr_t)^2}$$

$$Fr = \frac{u_c}{\sqrt{gD}} = \frac{20.31}{\sqrt{9.8\times0.1}} = 20.52$$

$$Fr_t = \frac{u_t}{\sqrt{gD}} = \frac{8}{\sqrt{9.8\times0.1}} = 8.08$$

$$\phi_m = \frac{1-\dfrac{8.08}{20.52}\sqrt{1+\dfrac{0.0024}{2}(20.52-8.08)}}{1-\dfrac{0.0024}{2}(8.08)^2} = 0.654$$

$$\frac{(u_s)_m}{u_f} = \phi_m$$

$$(u_s)_m = \phi_m u_f = \phi_m u_c = 0.654(20.52) = 13.42 \text{m/s}$$

$$(u_s)_m = u_t$$

3）弯管最小输送速度：应用式(4-12)计算 $\theta_2 = 22° = 0.384$ 弧度，$\theta_3 = 75° = 1.309$ 弧度

$$u_{2\atop(3)} = e^{-f_w\theta_{2(3)}}\sqrt{u_1^2+\frac{2gR_0}{4f_w^2+1}\{3f_w+e^{2f_w\theta_{2(3)}}\left[(2f_w^2-1)\sin\theta_{2\atop(3)}-3f_w\cos\theta_{2\atop(3)}\right]\}}$$

$$u_2 = e^{-0.36(0.384)}$$

$$\times\sqrt{13.42^2+\frac{2(9.8)(0.6)}{4(0.36)^2+1}\{3(0.36)+e^{2(0.36)(0.384)}\left[(2(0.36)^2-1)\sin22-3(0.36)\cos22\right]\}}$$

$$= 11.534 \text{m/s}$$

$$u_3 = e^{-0.36(0.384)}$$

$$\times\sqrt{13.42^2+\frac{2\times9.8\times0.6}{4(0.36)^2+1}\{3(0.36)+e^{2(0.36\times0.384)}\left[(2(0.36)^2-1)\sin75-3(0.36)\cos75\right]\}}$$

$$= 11.62 \text{m/s}$$

4.3.3 稀相输送压降

物料在输送管道中运动时，由于管道处于垂直、水平、倾斜等位置不同，物料在管道中的运动速度和条件也会发生变化，因而，物料运动时的压力损失也是各不相同的。

（1）沿管道长度上的压力变化。图4-9为典型的稀相吸送系统，由两个水平管段、一个垂直管段和两个弯管组成，物料自加料口7向有一定速度的气流中加入。物料运动时沿管道长度方向上的压力变化，如图4-10所示。其试验条件为管径0.15m的管道中输送小麦，固气输送比一定，气流速度u为20～30m/s。

从图4-10可见，对于同一气流速度，沿管道长度的压力损失，包括自加料口起0～5m之间的水平管道段，气流速度将物料加速到某一定值，即曲线A段。其后，物料处于稳定

运动的曲线 B 段。物料通过水平转为垂直向上的弯管进入垂直管，经垂直管转为水平弯管进入上方水平管。在这过程中（即曲线 C），物料由稳定运动经弯管减速变为不稳定运动。在垂直管段中物料又得到气流加速出现稳定运动。当进入垂直转向水平弯管时，则又出现物料减速。而后在上方水平管段物料再被气流加速，该过程为曲线 C 段。最后出现水平稳定运动段，曲线 D 段。因此，物料在管道运动包括三种不同的运动管段。

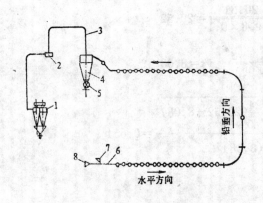

图 4-9　稀相吸送实验装置

1—除尘器；2—风机；3—含尘空气管；4—分离
器；5—出料器；6—输送管；7—加料口；8—空气入口

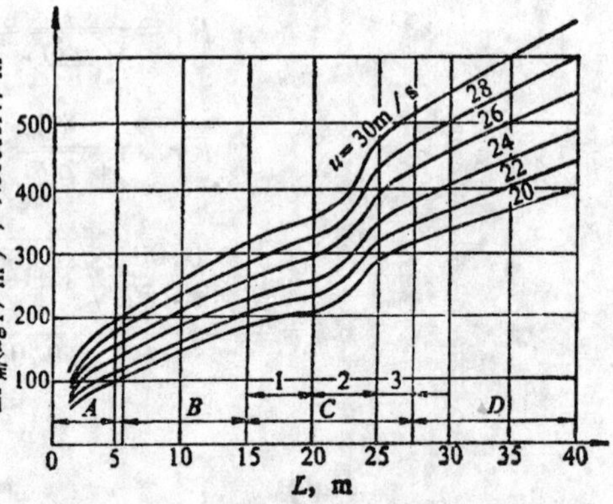

图 4-10　沿管长的压力变化

A—加速段；B—等速段；C—减速、
加速段；D—等速段

　　1）加速段：物料初入管道时的加速度和经系统管件（如弯管）减速后再加速的加速段；

　　2）等速段：物料经加速后的稳定段；

　　3）减速段：物料经管件（主要是弯管）而减速的减速段。

　　通常加速段和等速段均发生在直线管段，减速段主要是指弯管。直线管段分为垂直、水平和倾斜管段。

　　（2）直管段压降。直管段的压降以垂直管压损最为典型，如图4-11。图中横座标为空气速度、物料速度和压力损失。速度从左边零点算起，压降从右边零点算起，纵座标为管长。图中曲线 1、2 分别为纯空气和固气两相流的压降线，曲线 3、4 分别为纯空气和物料运动速度线。由曲线 4 可见，物料沿管长有一最大速度 u_m，通常将 u_m 前的管段称为加速段，u_m 后的管段称为恒速段。在加速段，两相流压降随着料速增加呈曲线变化，恒速段内，曲线变成倾斜直线，称等速运动压降线。由曲线 2 可知，固气两相流压降，包括颗粒加速所需压降 ΔP_{sa} 与恒速运动所需压降 ΔP_m。恒速段压降又分为纯气流压降 ΔP_f 和物料运动附加压降 ΔP_z 两部分。因此，直管段总压降为：

$$\Delta P_{mt} = \Delta P_{sa} + \Delta P_m = \Delta P_{sa} + \Delta P_f + \Delta P_z \qquad (4-15)$$

纯气体流动压降 ΔP_f 计算已经十分成熟，这里重点介绍物料流动产生的压降。

　　1）加速段压降：从气固两相运动分析，加速段压降应包括固体颗粒加速压降、固体颗粒质量压降及气体摩擦压降。由于在加速段内颗粒的运动速度随管长度变化，因此，固体颗粒运动造成的压降应用积分计算，给计算带来麻烦。所以，在较长距离的输送中，一般除颗粒加速压降以外的各项压降均当作恒速段压降考虑，这样，就大大地简化计算而又不会造成较大偏差。加速段压降就是指固体颗粒加速引起的压降。

64

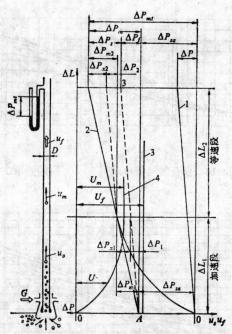

图 4-11　垂直管中固—气两相流压力分布（吸送时）

从动量守恒原理出发，得到固体颗粒的加速压降ΔP_{sa}的计算式：

动量定律：　$\Delta P_{sa} = \dfrac{G_s}{A}\Delta u_s$

固气输送比：　$\mu_s = \dfrac{G_s}{G_f} = \dfrac{G_s}{\rho_f Q_f}$

$$\Delta P_{sa} = 2\frac{\Delta u_s}{u_f} \cdot \mu_s \cdot \frac{\rho_f u_f^2}{2} \tag{4-16}$$

式中：加速的阻力系数 $\lambda_{sa} = 2\dfrac{\Delta u_s}{u_f}$，$\dfrac{\Delta u_s}{u_f} = \left(\dfrac{u_s}{u_f}\right)_m - \dfrac{u_{s0}}{u_f}$

加速管段的速度比 $\phi = \dfrac{u_s}{u_f}$，应用图解法求解。垂直管的线解如 图4-12，求解时可先求出气流速度与悬浮速度之比$\dfrac{u_f}{u_t}$，由横座标m_1值与相应 $\dfrac{u_f}{u_t}$ 曲线交点，对应$\dfrac{u_s}{u_f}$值即为加速段速度比。

$$m_1 = \frac{2gh}{u_t^2} \tag{4-17}$$

水平管加速段的速度比线解如图4-13。求解时，先估计最大速度比 $\phi_m = \left(\dfrac{u_s}{u_f}\right)_m$，由横座标的 $m_2 = \dfrac{2gL}{u_t^2}$值与相应$\dfrac{u_s}{u_m}$曲线的交点，找出相应的$\dfrac{u_s}{u_f}$的值。

$$m_2 = \frac{2gL}{u_t^2} \tag{4-18}$$

式中h，L分别为垂直和水平加速管的长度。

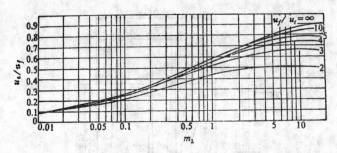

图 4-12 垂直加速管 m_1 与 $\dfrac{u_s}{u_f}$，$\dfrac{u_t}{u_t}$ 的关系曲线

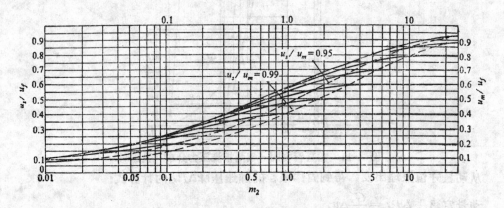

图 4-13 水平加速中 m_2 与 $\dfrac{u_s}{u_f}$，$\dfrac{u_m}{u_f}$ 的关系曲线

倾斜管加速段，可先求垂直加速段的速度比，将其乘以 $\sin\alpha$ 求得。

2）恒速段压降：当物料速度达最大平均速度 u_m 时，物料处于等速运动状态，称为稳定输送，其速度 u_m 称为该段的物料速度。

等速段的压降 ΔP_m 为纯气体流动压降和颗粒物料的附加压降之和，后者又等于颗粒质量及悬浮造成的压降 ΔP_h、颗粒冲击摩擦管壁产生的压降 ΔP_s 及颗粒与颗粒碰撞产生的压降 ΔP_{ss} 之和，亦即 ΔP_m 应写成：

$$\Delta P_m = \Delta P_f + \Delta P_z = \Delta P_f + (\Delta P_h + \Delta P_s + \Delta P_{ss})$$

仿照纯气体流动时的压降计算式，则上式写成

$$\Delta P_m = [\lambda_f + (\lambda_h + \lambda_s + \lambda_{ss})]\phi_m \mu_s] \frac{L}{D} \frac{\rho_t u_f^2}{2} \tag{4-19}$$

式中　λ_f——纯气体流动阻力系数；

　　　λ_h——物料质量及悬浮造成的阻力系数。

垂直管的阻力系数 λ_{hv}

$$\lambda_{hv} = \frac{2}{\phi_m^2 Fr^2} \tag{4-20}$$

水平管的阻力系数 λ_{ht}

$$\lambda_{ht} = \frac{2Fr_t}{\phi_m^2 Fr^2} \tag{4-21}$$

倾斜管的阻力系数 λ_{ht}

$$\lambda_{h \text{钢料}} = \frac{2\left(\dfrac{Fr_t}{Fr} + \phi_m\right)\sin\alpha}{\phi_m^2 Fr^2} \tag{4-22}$$

λ_s 为物料运动时与管壁的冲击的摩擦阻力系数，见表4-5，λ_{ss} 为颗粒间碰撞引起的摩擦阻力系数，当固气输送比较小时，粒度较均匀，气流速度较小时，λ_{ss} 可忽略。

表 4-5 物料冲击回转圆盘时测得的 λ_s

物料，mm	圆　　盘　　材　　料			
	淬火钢板	普通钢板	硬质铝板	软质铜板
	λ_s			
玻璃球，$d_s = 4$	0.0025	0.0032	0.0051	0.0053
小麦	0.0032	0.0024	0.0032	0.0032
煤，$d_s = 3\sim5$	0.0023	0.0019	0.0017	0.0012
焦炭，$d_s \times l = 4.5 \times 5$	0.0014	0.0034	0.0040	0.0019
石英，$d_s = 3\sim5$	0.0060	0.0072	0.0185	0.0310
碳化硅，$d_s = 3$			0.0360	
玻璃球碎片，$d_s = 8$的球碎片约占1/3		0.0123		

（3）弯管压降。颗粒进入弯管，由于运动方向的改变，产生对管壁的冲击、摩擦。其压降包括颗粒加速引起的压降 ΔP_{sa}，颗粒对管壁冲击和摩擦压降 ΔP_s，克服颗粒重力所需的压损 ΔP_h，即

$$\Delta P_{zb} = \Delta P_{sa} + \Delta P_s + \Delta P_b$$

弯管内的压降仿照直管压降，表示为纯气流压降 ΔP_h 和颗粒附加压降 ΔP_{zb} 之和，即

$$\Delta P_{mb} = \Delta P_{fb} + \Delta P_{zb} = \Delta P_{fb} + (\Delta P_{sa} + \Delta P_s + \Delta P_h)$$

$$= \left[\xi + (\lambda_{sa} + \lambda_s + \lambda_h)\frac{\pi R_0}{2D}\mu_s\right]\frac{P_f u_f^2}{2} \tag{4-23}$$

1）ξ 为纯空气流动时的阻力系数，它与雷诺数 Re、弯曲角 θ_0 及 R_0/D（曲率半径与管道直径之比）有关：

$$\left.\begin{array}{l}
\text{当} Re\left(\dfrac{D}{R_0}\right)^2 < 364\text{时，} \xi = 0.00515 b\theta_0 Re^{-0.2}\left(\dfrac{R_0}{D}\right)^{0.9} \\[3mm]
\text{当} Re\left(\dfrac{D}{R_0}\right)^2 > 364\text{时，} \xi = 0.00431 b\theta_0 Re^{-0.17}\left(\dfrac{R_0}{D}\right)^{0.84}
\end{array}\right\} \tag{4-24}$$

其中系数 b 由弯曲角 θ_0 决定。

$$\left.\begin{array}{l}
\theta_0 = 45°\text{时，} b = 1 + 5.13\left(\dfrac{R_0}{D}\right)^{-1.47} \\[3mm]
\theta_0 = 90°\text{时，} \dfrac{R_0}{D} < 9.85, \quad b = 0.95 + 4.42\left(\dfrac{R_0}{D}\right)^{-1.96} \\[3mm]
\dfrac{R_0}{D} > 9.85, \quad b = 1
\end{array}\right\} \tag{4-25}$$

2）颗粒动能损失造成压降阻力系数 λ_{sa}：

$$\lambda_{sa} = \frac{2}{\pi} \cdot \frac{1}{R_0/D}(1 - K_1^2)\phi_m^2 \tag{4-26}$$

式中K_1为弯管中颗粒最小和最大速度比。

$$当 u_2 < u_3 时, \quad K_1 = \frac{u_2}{u_4}$$

$$当 u_2 = u_3 时, \quad K_1 = \frac{u_2}{u_4} = \frac{u_3}{u_4}$$

$$当 u_2 > u_3 时, \quad K_1 = \frac{u_3}{u_4}$$

3）颗粒对管壁的静或滑动摩擦系数f_w：水平面内弯管的 摩擦系 数$f_w = 0.36$，其它条件的f_w由实验确定。

4）颗粒运动时的摩擦阻力系数λ_s：

A. 由垂直转向水平或水平转向垂直弯管

$$\lambda_s = \frac{2}{Fr^2} \left[(1 - \overline{\phi})^2 \left(\frac{Fr}{Fr_t} \right)^2 \left(1 - \frac{2\theta_0}{\pi} \right) - \frac{2}{\pi} (1 - \sin\theta_0) \right] \tag{4-27}$$

$$\overline{\phi} = \frac{\overline{u}}{u_f} \qquad \overline{u} = \frac{u_2 + u_3}{2}$$

B. 由于水平面内的弯管不存在提升功，因而可将(4-27)式中右侧第二项取消，其摩擦阻力系数为：

$$\lambda_s = \frac{2}{Fr^2} (1 - \overline{\phi})^2 \left(\frac{Fr}{Fr_t} \right)^2 \left(1 - \frac{2\theta_0}{\pi} \right) \tag{4-28}$$

5）粉粒体质量及悬浮造成的阻力系数λ_h：

A. 垂直向上转为水平的弯管中，空气所消耗的能量应为质量力所做的功。

$$\lambda_h = \frac{4}{\pi} \; \frac{1}{Fr^2} \tag{4-29}$$

B. 水平转向垂直或水平面内的弯管

$$\lambda_h = \frac{4}{\pi} \; \frac{Fr_t}{Fr^3} \tag{4-30}$$

4.4 浓相动压气力输送

由于气力输送的功率消耗与气流速度平方成正比，输送物料和管道的摩擦损失与输送速度的2～3次方成正比，所以降低气速，提高固气输送比是提高输送效率的关键。浓相动压气力输送是较合理的装置。

浓相动压气力输送在相图上处于经济速度u_c与噎塞 速度u_h之间，当气 流速度 低于u_c时，颗粒开始沉落管底，物料颗粒将从气流中分离出来而呈沙丘状的输送；当气流速度继续降低，接近噎塞速度u_h时，物料在管底形成静止的堆积层而栓塞管道，这是密相动压输送转向浓相静压输送的临界状态。一般取$u_c = 2u_1$。

（1）实效终端速度u_{tc}。颗粒物料在水平管中的浓相动压气力输 送时，呈 沙丘 状输送，其终端速度u_t已不适用。因此，提出了实际可行的实效终 端速度u_{tc}，将 小麦 和聚乙烯等的实验数据列入表4-6，并得出u_{tc}的实验式：

$$\frac{u_{tc}}{u_t} = 1.1 + 5.71\sigma \tag{4-31}$$

式中 σ 是容积输送比，$\sigma = \dfrac{1}{1 + \dfrac{\rho_s}{\rho_t} + \dfrac{\phi_{mc}}{\mu_c}}$

粒料 $\sigma = 0.03 \sim 0.10$

粉料 $\sigma = 0.07 \sim 0.4$

由表4-6可见，在临界输送比 $\mu_c = 13 \sim 59$ 范围内，固气速度比 ϕ_{mc} 与 $\dfrac{u_c}{u_t}$ 无关，$\phi_{mc} = 0.652$ 为一常数，且 u_c 与 μ_c 的大小无关。

浓相动压输送过程临界气流速度

$$\frac{u_c}{u_t} = 2.87\sqrt{f_w} \tag{4-32}$$

（2）浓相动压气力输送的压降 ΔP_m。

吸送：

$$\Delta P_m = P_1 - \sqrt{P_1^2 - 2P_1 \frac{\lambda + \lambda_z \cdot \mu_s}{D} \Delta L \frac{\rho_t u_f^2}{2}} \tag{4-33}$$

压送：

$$\Delta P_m = \sqrt{P_2^2 + 2P_2 \frac{\lambda + \lambda_z \cdot \mu_s}{D} \Delta L \frac{\rho_t u_f^2}{2}} - P_2 \tag{4-34}$$

表 4-6 密相动压输送时的临界值（测定值）

输送 物料	物　性　值					Re_t	临　界　输　送　值						
	d_0 mm	ρ_s kg/m³	u_t m/s	f_w	Fr_t		ρ_f kg/m³	u_c m/s	u_c/u_t	Fr_c	ϕ_{mc}	m_c	σ
小麦	4.1	1351	3.2	0.381	11.7	2240	1.082	14.0	1.71	20.0	0.638	51.0	6
							1.158	14.2	1.73	20.3	0.644	16.6	2.2
							1.117	14.7	1.79	21.0	0.654	32.2	3.9
							1.063	14.9	1.82	21.3	0.660	56.7	6.3
							1.107	15.0	1.83	21.4	0.663	34.0	4.0
聚乙烯 颗粒	3.7	944	7.5	0.427	10.7	1840	1.089	13.8	1.84	19.7	0.645	13.5	2.4
							1.055	14.1	1.88	20.1	0.652	27.2	4.5
							1.029	14.3	1.91	20.4	0.657	40.0	6.2
							1.017	14.2	1.89	20.3	0.655	45.7	7.0
							1.042	13.9	1.85	19.9	0.647	55.3	8.6
油菜籽	2.0	1071	6.9	0.391	9.9	919	1.125	13.7	1.99	19.6	0.685	28.7	4.2
							1.065	13.3	1.93	19.0	0.670	55.7	7.6
							1.099	13.6	1.97	19.4	0.683	42.7	6.0
							1.044	13.8	2.00	19.7	0.687	59.1	7.7

注：$Fr_t = u_t/\sqrt{gD}$，$Re_t = u_t d_s/\nu$，$Fr_c = u_c/\sqrt{gD}$，$m_c = G_s/G$，容积输送比 $\sigma = \dfrac{1}{1 + \dfrac{\rho_s}{\rho_t} + \dfrac{\phi_{mc}}{m_c}}$。

颗粒的附加系数 λ_z

$$\lambda_z = \frac{2f_k}{\dfrac{u_f^2}{gD}\left[1 - \dfrac{\sqrt{f_k}}{u_f/u_{tc}}\right]} \qquad (4\text{-}35)$$

式中：f_k 为系数（小麦 $f_k = 1.38 f_w$，对聚乙烯 $f_k = 1.08 f_w$，垂直管内，$f_k = 1$）；f_w 是颗粒对管壁的滑动摩擦系数，其数值由实验确定；P_1、P_2 分别为吸送或压送计算管段的起始压力；u_{tc} 为浓相输送时的实际终端速度。

在浓相动压输送压降计算中，主要计算直管部分，弯管的压降计算对计算精度影响不大。在实际计算中，是将弯管等折算为当量水平管长的计算方法，表4-7是弯管、阀门等的当量长度折算表。

表 4-7 当量长度折算表

管　件	输　送　管　径，　mm							
	100	125	150	200	250	300	350	400
	当　量　长　度，m							
阀门	1.5	2.0	2.5	3.5	5.0	6.0	7.0	8.5
弯管	1	1.4	1.7	2.4	3.2	4.0	5.0	6.0
三通管	10	14	17	24	32	40	50	60
异径管	2.5	3.5	4	6	8	10	12	15
长度为 L 的软管	$2L$							
内径为 D_t 的移动吸咀	$150D_t$							
发送罐底部弯管送砂时	$12\sim13$ ／ 8							

4.5　浓相静压气力输送

浓相静压气力输送装置是近年发展起来的低速高浓度输送装置。在浓相静压气力输送装置中，输送物料被气体分割成短料栓，物料移动不是靠空气的动压，而是借助于料栓前后气体的静压差来推移，因而，此类输送又被称为栓式输送。这种输送方式的固气输送比高，可达200以上，气速低为 $5\sim10$ m/s。该装置可以输送散状物料，亦可输送浆状物料。它是目前较好的中等距离输送方式。

脉冲气力输送是目前应用较普遍的浓相栓流气力输送装置。其脉冲气力输送过程主要参数的经验式和压降计算式已经提出，其结构如图4-14，应用如表4-8。

根据多种物料和输送管长的试验数据，经整理得到固气输送比 μ_s 的关系式。

$$\mu_s = 227(\rho_b/G)^{0.38} L^{-0.75} \qquad (4\text{-}36)$$

应用附加压降模型整理试验数据得到如下压降计算式

水平直管压降

$$\Delta P_{mt_f} = 5\mu_s L \rho_f u_f^{0.45} \Big/ \left(\frac{D}{d_s}\right)^{0.25} \qquad (4\text{-}37)$$

垂直管压降

$$\Delta P_{mIV} = 2\mu_s \rho_f g H \qquad (4\text{-}38)$$

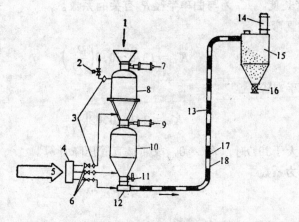

图 4-14 脉冲式气力输送机

1—输送物；2—放气阀；3—过滤器；4—脉冲发生器；5—压缩空气；6—空气阀；
7—供料阀；8—上部料罐；9—排出阀；10—下部料罐；11—流量调节阀；12—柱
塞成型设备；13—输送管；14—袋式过滤器；15—存仓；16—旋转阀；17—柱塞；18—空气垫

表 4-8 脉冲气力式栓流输送试验数据及应用

物料名称	输送管内径 mm	输送距离水平 /垂直，m	工作压力 10^5Pa	输送量 t/h	输送比	研究者
长石粉	38	60/10	2.1	4.0	78	华东化工学院
氧化铝粉	38	46/7	1.8	4.5	70	
锆英石粉	38	46/7	3.2	1.4	—	
石英砂	38	46/7	2.3	1.2	—	
石英砂	38	60/10	3.1	1.7	25	
纯碱	25	21/5	1.2	1.8	60	
纯碱	38	60/10	2.4	5.2	67	
萤石粉	38	60/10	2.4	4.3	54	
重晶石粉	38	60/10	1.4	1.7	37	
玻璃配合料	38	60/10	2.7	5.4	114	浙江大学
	25	21/5	1.6	2.6	82	
	25	67/0	1.75	1.67	67	
	25	86/0	2.3	1.4	43	
磷矿粉	25	19/16	1.3	4.06	188	
炭粒	25	14/11	0.65	0.82	102	
炭粉	25	14/11	0.65	1.82	220	
催化剂	25	14/11	1.0	0.85	120	
石英砂	76	70/15	2.2	13.6	33	
氧化锌催化剂	25	35/17	1.3	2.1	35	
氧化锌催化剂	38	70/14	1.5	5.5	30	
硅胶粉	25	30/13	1.6	1.5	40	

式中的 H 为物料提升高度

弯管的压降

$$\Delta P_{mb} = (\lambda_f + \lambda_z \cdot \mu_s)\frac{L_b}{D}\ \frac{\rho_t u_f^2}{2}(1 + K_b) \qquad (4\text{-}39)$$

式中：L_b 为弯管长度，K_b 为与曲率半径 R_0 有关的系数。

水平转向垂直弯管

$$K_b = 13.8 - 0.3\left(\frac{R_0}{D}\right) \qquad (4\text{-}40)$$

垂直转向水平弯管

$$K_b = 2.1 - 0.03\left(\frac{R_0}{D}\right) \qquad (4\text{-}41)$$

当曲率半径大于 $30D$ 时，$K_b \approx 0$，故可按直管压降计算。

颗粒运动阻力系数

$$\lambda_z = 3.75 Fr^{-1.6} \qquad (4\text{-}42)$$

4.6 气力输送系统主要部件

气力输送系统主要是由供料装置、输送管、送风装置和分离装置等四大部分组成。

喷粉罐包括储粉罐和供料装置两大部分。按出料方式分为上出料和下出料二大类。

上部出料的喷粉罐如图4-15所示，它是局部流化，利用喷粉罐下部通入气体，使罐内的粉料悬浮起来，然后，使气粉混合物进入出料管并向外输出。在喷粉罐的非流态化区域内，设置气体松动管防止粉料搭拱。喷粉罐工作压力0.35～0.45MPa，平均固气输送比为45～85。

下部出料喷粉罐如图4-16所示，它也是首先在喷粉罐下部通入气体，经流态化段进入罐内造成局部流态化后，气粉混合物从下部的出料管向外喷出，它适于不同密度的各种粉剂。

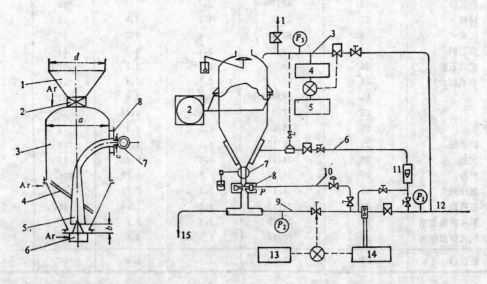

图 4-15 FP-2型喷粉装置

1—进料漏斗；2—蝶阀；3—罐体；4—松动管；5—出料管；6—悬浮气室；7—喷嘴；8—滑板；a—$\phi500$；b—30～130mm；c—$\phi25$；d—$\phi400$

图 4-16 IRSID喷粉装置

1—压力释放；2—称量；3—加压；4—压力测量；5—控制台；6—流态化；7—开闭器；8—定量出料口；9—输送；10—节流；11—气体流量测量；12—气源管道；13—控制台；14—气体流量测量；15—至喷枪

4.6.1 供料装置

上述两种喷粉罐亦称仓式泵,利用正压或负压输送都需要供料装置,它是将粉粒体送入输送管道,使其与气流混合的必要装置。特别是正压输送系统,供料器是否良好,是决定整个气力输送装置性能的主要因素,供料器设计的依据,关键是粉粒体的物性。表4-9为若干物料的主要物理性能。

(1)负压输送的供料器,一般称为吸咀,吸咀有固定式和移动式吸咀,其结构分别示于图4-17和图4-18。固定式吸咀大多用于车间内部,用以连接工序之间的输送,尤以密度小的物料为宜,如烟草、药材、谷物、型砂、刨花等,可以用于敞开式吸料,也可用于料仓物料的吸送。空气量可用调节阀调节,粉体量则用装在吸咀上部的闸板进行调节。移动式吸咀适于堆料吸送。

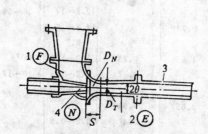

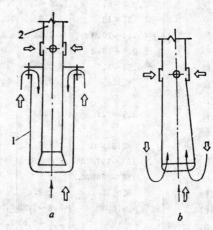

图 4-17 固定式吸嘴　　　　　　　图 4-18 移动式吸嘴

1—给料器;2—扩散器;3—输送管;4—喷嘴

吸嘴压降可按下式计算:

$$\Delta P_N = (\xi_N + \mu_S \phi)\frac{\rho_f u_f^2}{2} \qquad (4\text{-}43)$$

式中　ξ_N——吸嘴压降系数,一般取$\xi = 10$,

ϕ——固气输送速度比,粒料$\phi = 0.1 \sim 0.3$,粉料的$\phi = 1$。

(2)正压输送时的供料器,要求密封性好,大多采用喷射式(图4-19)及旋转供料器(图4-20)。旋转供料器适于系统压力不超过0.06MPa的情况。

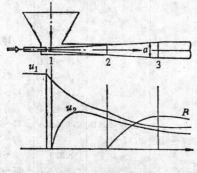

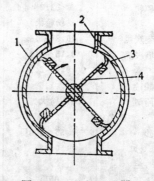

图 4-19 喷射供料器　　　　　　　图 4-20 旋转供料器

表 4-9 若干输送物料的主要物理特性和常用的输送气流速度

物料名称	平均粒径 mm	密度 t/m³	容重 t/m³	内摩擦系数	壁摩擦系数(对于钢)	悬浮速度 m/s	输送气流速度,m/s
稻 谷	3.58	1.02	0.55	0.68	0.53	7.5	16~25
小 麦	4~4.5	1.27~1.49	0.65~0.81	0.47~0.73	0.36~0.65	9.8~11	18~30
大 麦	3.5~4.2	1.23~1.30	0.6~0.7	0.51	0.37~0.58	9.0~10.5	15~25
糙 米	长径5.0~6.9	1.12~1.22	0.56			7.7~9.0	15~25
籼 米	长径6.4~9.3	1.32	0.817		0.58	9.4~9.6	
玉 米	5~10.9	1.22	0.708	0.53	0.38	11~12.2	18~30
大 豆	长径3.5~10	1.18~1.22	0.55~0.72			10	18~30
豌 豆	6×5.5	1.26~1.37	0.75~0.8	0.577	0.628	15.0~17.5	20
花 生	21×12	1.02	0.62~0.64			12~14	16
棉 籽	长径7.4~10.3	0.52	0.252			7.1~7.9	
葵花子	长径10.5~15.2	0.61	0.343	0.65~1.0	0.39	7.2~7.9	
砂 糖	0.51~1.5	1.58	0.72~0.88	1.19	0.85~1.0	8.7~12	25
干细盐	<1.0	2.2	0.9~1.3	0.9~1.1	0.49	9.8~12	
细粒盐	5					12.8~14	20~30
粗粒盐	7.0~7.2	1.09	0.72	0.73		14.8~15.5	
麦 芽			0.5			8.1	20
面 粉	<163μm	1.41	0.56	1.6	0.73	1.0~1.5	
	163~197μm		0.61		0.57	1.2~1.5	10~17
	185~800μm		0.67		0.92	1.3~2.0	
洗衣粉	<0.5	1.27	0.48	2.05	0.69	2.0	
滑石粉	>10μm	2.6~2.85	0.56~0.95		0.4	0.5~0.8	
陶 土		2.2~2.6	0.32~0.49		0.45	1.8~2.1	
陶 土	0.087	2.4	1.4	0.436	0.317		
茶叶(旗枪4级)			0.227			4	
烟 叶	110×35				0.27	3.2~3.7	14~18
统 煤	<1	1.0~1.7	0.72~0.94		0.25~0.5	2.3~3.5	
	1~3	1.0~1.7	0.72~0.94		0.25~0.5	4~5.3	
	3~5	1.0~1.7	0.72~0.94		0.25~0.5	4.2~6.8	18~40
	5~7	1.0~1.7	0.72~0.94		0.25~0.5	6~10.2	
	7~10	1.0~1.7	0.72~0.94		0.25~0.5	7.3~10	
	10~15	1.0~1.7	0.72~0.94		0.25~0.5	11~13.3	
锯 屑	3×3×3~5×20×40	0.8	0.66			6.5~7.0	12~55
型 砂	50~100目	2.4	1.016			8.1~10	20~30
磷矿粉	<3.2	2.58	1.467			6.9~10.1	
炉 渣	粉粒状					5~17.7	
半补强炭黑	0.8~1.8	1.7	0.42~0.5			4~5.9	18
高耐磨炭黑	0.13~0.4	1.8	0.35~0.37			3.6~4	
尿 素	0.8~2.5		0.776			8.7~9.4	
硫酸铵	1.5	1.77	0.955			10.1~13.1	25
聚丙烯	粉状	0.91	0.32			4.3~6.1	17~30
	2~3	0.9	0.46			6.5~7.3	
砂	35~100目	2.6	1.41		0.564~0.616	6.8	25~35
黄 砂	0.33	2.5	1.48	0.38~0.6	0.32~0.5		20~35
水 泥		3.2	1.1			0.223	9~25
熟石灰	65目	2.0	0.4~0.5				26~30

密相动压气力输送的供料器有螺旋泵（图4-21）及仓式泵（图4-16）。

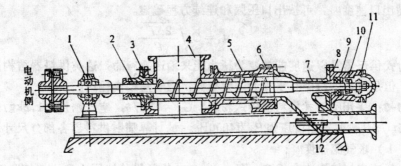

图 4-21 螺旋泵的结构

1—轴承座；2—密封填料；3—碳精环；4—机体；5—衬套；6—气环；7—排料管
连接管；8—轴承套；9—碳精环；10—球轴承；11—止推轴承；12—喷嘴

喷射式供料器（图4-19）是利用高压气体，经喷咀 1 喷出时，周围空气即被喷射流吸引而向扩张管方向流动，以致使料斗形成负压，将散状物料吸入管内输送。空气与物料于混合室内，将一部分动能传给物料，使物料加速，气体速度下降。根据1—2截面间的动量方程

$$(P_1 - P_2) = G_s u_{2s} + G(u_2 - u_1) \tag{4-44}$$

当 $P_1 = 0$，经转换得到

$$\frac{P_2 + \frac{1}{2}\rho u_2^2}{\frac{1}{2}\rho u_2^2} = 1 + 2\mu_s \frac{u_{2s}}{u_2} - 2\frac{u_1}{u_2} \tag{4-45}$$

喷射混合室的计算，关键在于 $\frac{u_{2s}}{u_2}$ 值的确定，多数按 $\frac{u_{2s}}{u_2} = 1$ 出发，采用 等压混合。这时，混合终端压强 $P_2 = 0$，物料速度 $u_{2s} = u_2$，因此等压混合条件为：

$$\frac{u_1}{u_2} = 0.5 + \mu_s \tag{4-46}$$

在渐扩管中，输送气流速度 u_2 实际在截面 3 处已经降至 u_3，因而物料在渐扩管内有停滞现象。若渐扩管中压强升高等于物料对渐扩管管壁的冲击和摩擦所引起的压强损失，那么，在渐扩管中的压降将等于输送气流通过渐扩管的压损，根据柏努利方程：

$$P_2 - P_3 = \frac{\rho(u_3^2 - u_2^2)}{2} + \zeta_{2-3}\frac{\rho u_2^2}{2} \tag{4-47}$$

当 $P_2 = 0$，则

$$\frac{\rho u_2^2}{2} = \frac{P_3 + \frac{1}{2}\rho u_3^2}{1 - \zeta_{2-3}} \tag{4-48}$$

式中 ζ_{2-3} 为渐扩管的压损系数，由图4-22来确定 ζ_{2-3}。

根据连续方程来确定空气流量：

$$A_1 u_1 = A_2 u_2 = A_3 u_3 = Q \tag{4-49}$$

综上所述，u_1 按式（4-46）计算，u_2 由式（4-48）计算。若不需扩张管 的正压混合

时，在混合室终端的总压等于输送管的开始总压，可按式（4-45）确定。

喷嘴出口速度u_1，可按出口压强和连续方程确定。

$$u_i = C\sqrt{\frac{2\Delta P}{\rho}} \tag{4-50}$$

喷射式供料器是以速度能转变为压力能来输送物料的，这类供料器结构简单，无需机械传动。但是这类供料器的压损大，效率低，适于短距离输送。

例 4-2： 采用喷射式供料器输送粉料，$G_s = 1\text{kg/s}$，空气密度为1.2kg/m^3，输送气速$u_3 = 25\text{m/s}$，喷射器出口压强P_3为4000Pa，试计算喷射供料器各部分尺寸。

解： 1）求气流速度u_2：

设物料速度与气流速度相等，即$u_{2s} = u_2$，物料供给处压力$P_2 = 0$，即等压混合，物料在渐扩管内不被加速，因而，可不考虑物料引起压降，截面2—3间用（4-48）式。

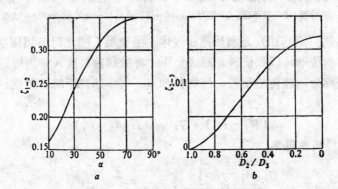

图 4-22 压损系数$\zeta_{1-2}\zeta_{2-3}$的关系

a—ζ_{1-2}与α的关系，b—ζ_{2-3}与D_2/D_3的关系（$\alpha = 10°$时）

$$\frac{\rho u_2^2}{2} = \frac{P_3 + \frac{1}{2}\rho u_3^2}{1 - \zeta_{2-3}}$$

由图4-22，假设$\zeta = 0.092$，用以确定u_2

$$\frac{\rho u_2^2}{2} = \frac{4000 + \frac{25^2(1.2)}{2}}{1 - 0.092} = 4818.28\text{Pa}$$

$$u_2 = \sqrt{\frac{2(4818.28)}{1.2}} = 89.6\text{m/s}$$

校核ζ_{2-3}：根据连续方程$A_2 u_2 = A_3 u_3$得

$$\frac{D_2}{D_3} = \sqrt{\frac{u_3}{u_2}} = \sqrt{\frac{25}{89.6}} = 0.528$$

由图4-22可知，当$\frac{D_2}{D_3} = 0.528$，查$\zeta_{2-3} = 0.0925$，故假设可行，因而$D_2 = 0.528D_3$，D_3是据输送管确定。

2）求喷射速度u_1：由（4-46）式和1-2截面的连续方程

$$u_1 = (0.5 + \mu_S)u_2$$

$$\frac{D_1}{D_2} = \sqrt{\frac{u_2}{u_1}} = \sqrt{\frac{1}{0.5 + \mu_S}}$$

计算时，选用几个可行的输送比试算，以便找出最佳值。取$\mu_s = 0.5$，则u_1为

$$u_1 = (0.5 + \mu_s)u_2 = (0.5 + 0.5)89.6 = 89.6\text{m/s}$$

取流量系数$C_D = 0.99$，总压损由（4-50）计算。

$$\Delta P = C_D \frac{1}{2}\rho u_1^2 = (0.99)\frac{(1.2)(89.6)^2}{2} = 4768.7\text{Pa}$$

能量损耗为$Q\Delta P$为

$$Q = \frac{G_s}{\mu_s \rho_t} = \frac{1}{(0.5)(1.2)} = 1.67\text{m}^3/\text{s}$$

$$Q\Delta P = (1.67)(4768.7) = 7963.7\text{J/s (W)}$$

将不同固气输送比时的各参数值列表如下：

G_s	μ_s	G	Q	u_3	D_3	u_2	D_2	u_1	D_1	ΔP	$Q\Delta P$
kg/s		kg/s	m³/s	m/s	m	m/s	m	m/s	m	N/m²	W
1	0.5	2	1.67	25	0.293	89.6	0.154	89.6	0.154	4768.7	7963.7
1	1	1	0.825	25	0.206	89.6	0.109	134	0.089	1066.5	8906
1	1.5	0.67	0.555	25	0.168	89.6	0.089	179	0.063	19032	10562
1	2.0	0.50	0.418	25	0.146	89.6	0.077	224	0.048	29805	12458
1	4.0	0.25	0.20	25	0.089	89.6	0.047	403	0.022	96470	19294

计算表明，μ_s越小，能量损耗越小，$\mu_s = 1$时，能量损耗增加不大，因而本设计取$\mu_s = 1$。

3）扩张段长度，取扩张角$\alpha = 10°$。

$$L_{2-3} = \frac{D_3 - D_2}{2\,\text{tg}\frac{\alpha}{2}} = \frac{0.206 - 0.109}{2\,\text{tg}5°} = 0.554\text{m}$$

4）混合室长度：

$$L_{1-2} = (4\sim10)D_2 = (4\sim10)(0.109) = 0.436\sim0.1090\text{m}$$

取$L_{1-2} = 0.765\text{m}$

计算结果示于下图：

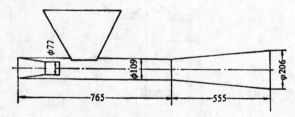

例 4-2图　喷射器

风机选择：总压损$\Delta P = 10665\text{Pa}$，考虑安全系数为1.1，则风机压力为11732Pa（0.0117MPa），风量$Q = (0.825)(3600)(1.1) = 3267\text{m}^3/\text{h}$。

4.6.2　输送管道

输送管道是气力输送系统的重要部分，大部分动力消耗在管道上，因此，输送管道的选择适当与否对输送装置性能影响较大。重要的是选择适当管径、气速及管道布置。

输送管布置应注意以下四点

（1）输送管道应尽量短，尤以水平管更重要；

（2）减少弯管的数量；

（3）供料器后应放置10m左右的加速用水平管，否则，若连接弯管则易堵塞管路；

（4）减少斜管。

4.6.3 分离器和除尘器

分离器是将随气流一起输送的物料从气流中分离出来的装置，分离器是除尘装置之一，它适于处理含尘浓度高的气流，其含尘量大于5kg/m³。除尘器适于处理含尘浓度较低的气流，含尘量＜70g/m³。一个气力输送系统需要选择分离器和除尘器，以构成分离除尘系统。

常规的分离和除尘装置包括重力沉降器、旋风分离器、静电除尘器、袋式除尘器等。根据物料性质、分离器的性能、环保要求及经济性等因素，选择分离器和除尘器类型和相应组合为除尘系统。

（1）分离器。

1）沉降分离器：利用扩大流动截面积，使含尘气流速度降低，其尘粒在自身重力作用下沉降而得到分离；或在气流方向上装置折流板，使气体流动的方向和速度发生变化，其所含灰尘由于惯性作用与折流板相撞而分离。通常用于分离大于40μm的颗粒，除尘效率约50～70%。

图4-23为卧式沉降器，它是长方形箱体，气流从水平方向进入，进出口管分别设计成渐扩及渐缩形管。卧式沉降器的尺寸可根据排出含尘气体流量$Q(m^3/s)$、气流速度u、颗粒的沉降速度u_t、沉降器长度L、高度H、宽度B来计算气流通过沉降器时间$\tau = \dfrac{L}{u}$，沉降器内去除的最小颗粒沉降所需时间$\tau_s = \dfrac{H}{u_t}$，则设计时，应使粒子沉降所需时间τ_s小于气

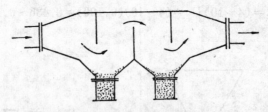

图 4-23 卧式沉降器

体在沉降器停留时间τ，即$\dfrac{H}{u_t} \leqslant \dfrac{L}{u}$，可得到

$$u_t \geqslant \frac{H}{L} u \tag{4-51}$$

$$Q = BHu \leqslant BLu_t \tag{4-52}$$

由（4-52）式可知，沉降器处理能力与其高度无关，仅与水平截面积和颗粒的沉降速度有关。因此，沉降器应设计成水平面积较大、高度较小才是合理的。沉降器内气流速度通常要小于1～2m/s。以防气流湍动影响沉降。

2）旋风分离器：旋风分离器广泛用于气力输送装置的末端，将物料从输送气流中进

行分离的设备，也广泛用于工业清除含尘气体中尘粒的设备，又称旋风除尘器。由于结构简单，易于制造，可分离含尘很高的气体，亦适于高温气体除尘，其分离效率高，压损小，一般除尘效率达60～98%。适于清除尘粒10～200μm。

旋风分离器外壳由圆筒和圆锥组成，圆筒顶端处封闭，其中心有气体排出管，气体进口管在筒侧与筒体正切，锥底设集尘斗，见图4-24。它利用含尘气体沿切向进入旋风筒时所产生的离心力，使粉尘从气体中分离出来，其内部气流运动和压力分布见图4-24。单筒旋风除尘器直径较大，可分离20μm尘粒，多筒旋风除尘器直径较小，可分离10μm尘粒。

常用旋风分离器主要有CLT型，CLG型多管除尘器，CLP型附旁路除尘器，及CLK型扩散式旋风除尘器等见表4-10。每个型式旋风除尘器又分为X型为水平排气，Y型为上部排气。

表 4-10   几种旋风除尘器的规格和性能

型　式		旋风筒直径种类 mm	旋风筒组合情况 筒数	净化能力 m³/h	流体阻力×9.80665Pa	
					X（I）型	Y（II）型
CLT/A		150、200、250、300、350、400、450、500、550、600、650、700、750、800	单筒、双筒、三筒、四筒、六筒	170～42780	49～110	44～99
CLG多管		150、250	9管、12管、16管	1980～9980	66～90	
CLP	A	300、420、540、700、820、	单　筒	830～13900	70～140	60～126
	B	940、1060	单　筒	700～14300	50～145	42～115
扩散式	CLK	150、200、250、300、350、400、450、500、600、700	单　筒	210～9200		
	山东水泥工业设计室设计的	250、300、370、455、525、585、645、695	单　筒	820～8740	80～160	

旋风分离器净化能力计算

$$Q = 3600nu\,\frac{\pi D^2}{4} \tag{4-53}$$

式中：Q为分离器净化能力，m³/h；n为旋风筒个数；u为旋风筒截面上的气流速度(m/s)，一般为2.63～4m/s；D为旋风筒直径，m。

旋风分离器的流体阻力计算

$$\Delta P = \zeta\,\frac{\rho u_f^2}{2} \tag{4-54}$$

式中：ΔP为旋风分离器流体阻力，Pa；ζ为旋风筒阻力系数，X型$\zeta=5.5$，Y型$\zeta=5.0$；ρ为含尘气体密度；u_f为旋风筒的进口气流速度，一般选12～18m/s，$u_f/u=4.56$。

例 4-3　已知处理风量$Q=5000$m³/h，$\rho=1.2$kg/m³，允许压降900Pa，试选用CLP/A型旋风分离器。

解：由（4-54）式，$\zeta=5.0$

$$u_f = \sqrt{\frac{2\Delta P}{\zeta \rho}} = \sqrt{\frac{2(900)}{5.0(1.2)}} = 17.32 \text{m/s}$$

再由 (4-53) 式，$n=1$ $u = \dfrac{u_f}{4.56} = 3.79 \text{m/s}$

$$D = \sqrt{\frac{4Q}{\pi(3600)nu}} = \sqrt{\frac{4(5000)}{\pi(3600)(3.79)}} = 0.683 \text{m}$$

根据处理风量5000m³/h，进口风速，可选择 $D=700$mm的CLT/A—7.0旋风分离器。

3）袋式过滤器：袋式除尘器是一种高效率的除尘器，它利用多孔纤维材料对含尘气体进行过滤，使粉尘与气体分离，一般将纤维材料制成圆筒型或扁平袋状，故称袋式除尘器。其清灰方式包括机械振打、脉冲喷吹和气环反吹等。纤维材料包括棉、毛织品，合成纤维和玻璃纤维等，其允许处理气体温度：棉织品布袋为70℃，毛织品布袋小于100℃，合成纤维小于180℃，玻璃纤维小于300℃。对于粒度小于1μm的粉尘含尘浓度10g/m³，过滤风速为3～4m³/m²·min，其除尘效率在90%以上。

脉冲袋式除尘器的结构见图4-25，应用广泛。一般脉冲清灰时间约0.1s，喷吹压强0.6～0.7MPa，控制脉冲频率有气动、电动、射流控制仪表等多种，国内气动型QMC，电动型DMC脉冲袋式除尘器的技术性能列于表4-11。机械振打ZX型和气环反吹式的技术性能可参考有关资料。

袋式除尘器的选择，其净化能力计算式

$$Q = 60nAu \tag{4-55}$$

式中：A 为每个布袋有效面积，m²；n 为布袋个数；u 为气流通过布袋速度。

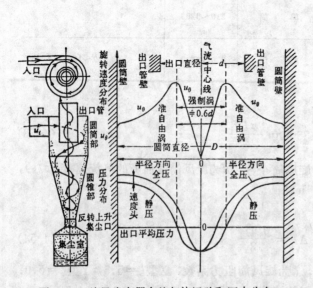

图 4-24 旋风分离器内的气流运动和压力分布

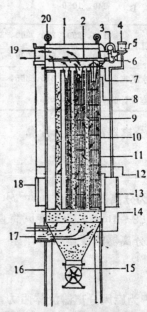

图 4-25 脉冲式袋式过滤器

1—顶板；2—吹管；3—集管；4—配线；5—控制阀；6—隔膜阀；7—套环卡圈；8—文氏管；9—管座；10—滤袋定位器；11—滤袋；12—支架；13—定时器；14—灰斗；15—回转阀；16—支柱；17—含尘空气入口；18—压力表；19—净化空气出口；20—吊环

表 4-11 脉冲喷吹袋式除尘器的规格和性能

型号	QMC—24A	QMC—24B	QMC—36D	QMC—48D	QMC—60D	QMC—72D	QMC—84D	QMC—96D	QMC—108D	QMC—120D
过滤面积, m^2	18	18	27	36	45	54	63	72	81	90
滤袋个数, 个	24	24	36	48	60	72	84	96	108	120
滤袋规格, mm	φ120×2000	φ120×2000	φ120×2000	φ120×2000	φ120×2000	φ120×2000	φ120×2000	φ120×2000	φ120×2000	φ120×2000
除尘器流体阻力, ×9.80665Pa	100~120	100~120	100~120	100~120	100~120	100~120	100~120	100~120	100~120	100~120
允许含尘浓度, g/cm^3	3~5	3~5	3~5	3~5	3~5	3~5	3~5	3~5	3~5	3~5
过滤风速, $m^3/m^3 \cdot min$	3~4	3~4	3~4	3~4	3~4	3~4	3~4	3~4	3~4	3~4
净化能力, m^3/h	3240~4320	3240~4320	4950~6480	6480~8630	8100~10800	9720~12900	11300~15100	12900~17300	14600~19400	16200~21600
除尘效率, %	99	99	99	99	99	99	99	99	99	99
脉冲控制器	气动	气动	气动或电动	气动或电动	气动或电动	气动或电动	气动或电动	气动或电动	气动或电动	气动或电动
脉冲阀个数	4	4	6	8	10	12	14	16	18	20
脉冲时间, s	0.1	0.1	0.1	0.1	0.1	0.1	0.1	0.1	0.1	0.1
脉冲周期, s	30~60	30~60	30~60	30~60	30~60	30~60	30~60	30~60	30~60	30~60
喷吹压力, $×10^5Pa$	6~7	6~7	6~7	6~7	6~7	6~7	6~7	6~7	6~7	6~7
喷吹空气量, m^3/min	0.07~0.15	0.07~0.15	0.11~0.22	0.15~0.3	0.18~0.37	0.22~0.44	0.25~0.5	0.29~0.58		
排灰电动机 型号	JO₂11—4	—	JO₂11—4	JO₂11—4	JO₂11—4	JO₂11—4	JO₂11—4	JO₂11—4	JO₂11—4	JO₂11—4
排灰电动机 功率, kW	0.6	0.6	0.6	0.6	0.6	0.6	0.6	0.6	0.6	0.6
设备质量, kg	736.44	583.38	859.88	1252.44	1537.22	1658.41	1796	2035.39	2120	2300
外形尺寸, mm	1000×1400×3609	1000×1400×2356	1400×1400×3609	1800×1400×3646	2200×1400×3646	2600×1400×3646	3000×1400×3646	3400×1400×3646	3800×1400×3646	4200×1400×3646
参考价格, 元	6200	5100	7000	9000	9200	11600	12700	13900	15000	16000

注：1. 当气体含尘浓度大于5g/m³时，应降低选用的过滤风速。
 2. 喷吹空气量考虑丁附加系数α=1.5。
 3. QMC—24型采用双输出气动脉冲控制器，同时喷吹两排滤袋。
 4. QMC—24A带有灰斗，QMC—24B不带灰斗。

例4-4：气力输送系统风量为5000m³/h，经一级旋风除尘器后，含尘量为5g/m³，气流通过布袋气流速度为3m³/m²·min，试选择袋式除尘器。

解：由 (4-55) 式得到布袋过滤面积

$$nA = \frac{Q}{60u} = \frac{5000}{(60)(3)} = 27.78\text{m}^2$$

脉冲布袋除尘器的布袋规格$\phi 120 \times 2000$，则每个布袋面积 $A = \pi DH = \pi (0.12)(2) = 0.754\text{m}^2$，$n = \frac{27.78}{0.754} = 36.84$，因此，选择QMC—36脉冲布袋除尘器。

（2）除尘系统的设计。包括除尘系统的选型、计算确定除尘系统级数，除尘风管直径，流体阻力，管网阻力等。

1）除尘系统的选型：应考虑

A．扬尘点的含尘气体性质，包括气体量、气体温度、湿度、含尘浓度、粉尘性质和粒度；

B．环境对净化程度的要求，根据我国《工业企业设计卫生标准》（GBJ1—62）的规定，车间空气中粉尘的最高容许浓度，含10%以上的游离二氧化硅的粉尘(石英、石英岩等)最高允许浓度为2mg/m³，含10%以下的游离二氧化硅的煤尘最高允许浓度6mg/m³，其它各种粉尘最高允许浓度为10mg/m³。

C．除尘设备性能。设计除尘系统时，首先根据尘源条件来选择除尘设备，并结合除尘设备性能确定系统级数。常用除尘器为旋风除尘器、袋式除尘器和电除尘器等。电除尘器和袋式除尘器除尘效率高，前者一次性投资较后者高，但是流体阻力小，运行费用较低。旋风除尘器的效率较低，但结构简单，投资少，一般选用第一级净化或收集粗粒粉尘，袋式除尘器常用做二级净化除尘。

2）除尘器级数计算：

排放浓度 $\qquad C_n = C_{n-1}(1 - \eta_n)$ （4-56）

式中：C_n为n级除尘器排放浓度；C_{n-1}为n级除尘器入口气体含尘浓度；η_n为n级除尘器效率。

3）除尘风管直径计算：

$$D = \sqrt{\frac{4Q}{3600\pi u_a}}$$

式中：除尘风管直径D，m；风速u_x，m/s；除尘系统风量Q，m³/h。除尘风管风速u_a，斜管道为12～16m/s，垂直管道8～12m/s，水平管道18～22m/s。

4）除尘系统流体阻力计算：直管的含尘摩擦阻力损失用 (4-54) 式计算，管网中的局部阻力系数，可从附录3中查局部阻力系数计算。其总阻力计算为：

$$\Delta P = K_P \left(\zeta \frac{L}{D} + \Sigma K \right) \frac{\rho u_a^2}{2}$$ （4-57）

式中：K_P为流体附加阻力系数，$K_P = 1.15～1.20$。

5）除尘器管网中支管的阻力平衡：设计三通风管时，应考虑两个支管的阻力平衡。各支管之间的阻力差不应大于10%，当出现不平衡时，对于阻力较大的支管，应加大风管直径以减小阻力，对该支管用管道阻力平衡系数φ校正。

$$\varphi = \left(\frac{\Delta P_1}{\Delta P_2}\right)^{0.225} \tag{4-58}$$

$$D'_2 = \varphi D_2 \tag{4-59}$$

式中：ΔP_1为第一支管阻力损失；ΔP_2为第二支管阻力损失；D_2为原设计第二支管直径；D'_2为第二支管校正的直径。

例 4-5 已知磨煤除尘系统图见例图4-5，磨尾排出风量$Q_1 = 10000\text{m}^3/\text{h}$，从提升机抽吸的风量$Q_2 = 1000\text{m}^3/\text{h}$。磨机排出含尘浓度为$0.05\text{kg/m}^3$，气体温度100℃，磨煤机和提升机总阻力$\Delta P_1 = 400\text{Pa}$。

为达到排放浓度不超过150mg/m^3的规定，需采用二级除尘，一级除尘器为CLT/A—2×7.5Y型旋风除尘器，净化能力$12500\text{m}^3/\text{h}$，流体阻力$\Delta P_2 = 990\text{Pa}$，除尘效率80%，脉冲袋式除尘器QMC—72，净化能力$12900\text{m}^3/\text{h}$，流体阻力$\Delta P_3 = 1200\text{Pa}$，除尘效率99%。管道摩擦阻力系数0.0268。

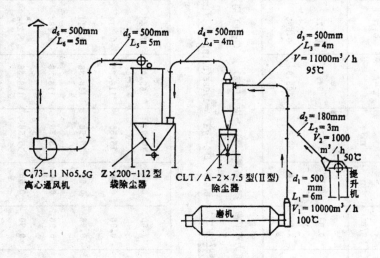

例 4-5图　除尘系统风管布置

解： 标态下含尘浓度为$0.05\frac{273}{373} = 0.037\text{kg/m}^3$，其排放浓度；第一级为$0.037(1-0.8) = 0.0074\text{kg/m}^3$，第二级为$0.074(1-0.99) = 0.000074\text{kg/m}^3$（$74\text{mg/m}^3$），可满足《工业三废排放试行标准》（GBJ4—73）的要求。

除尘系统各管段的流体阻力计算如下表（表4-12）：

除尘系统总阻力：

$$\Delta P = \Delta P'_1 + \Delta P_2 + \Delta P_3 + \Delta P_4 = 400 + 990 + 1200 + 510.30 = 3100.30\text{Pa}$$

最后选择9—27—101型#8离心通风机：

转速：1450转/min；风量12800m^3/h；

风压：3940Pa；配用电机28kW（JO73—4）

表 4-12

管段名称	原始数据					流速	计算结果					备注
	气体量 m³/h	管长 m	气温 ℃	气体密度 kg/m³	管径 m	m/s	$\frac{\rho u^2}{2}$	$\xi\frac{L}{D}$	ΣK	$\xi\frac{L}{D}+\Sigma K$	$\Delta P=K\rho\left(\xi\frac{L}{D}+\Sigma K\right)\frac{\rho u^2}{2}$ Pa	
磨机至三通管	10000	6	100	0.94	0.5	14.15	94.1	0.322	0.1	0.422	45.81	
提升机至三通管	1000	3	50	1.09	0.16	53.82	103.9	0.503	0.1	0.603	72.01	

计算结果表明，上述两管段阻力不平衡，须重新调正管径；依（4-58），（4-59）两式得

$$\varphi=\left(\frac{\Delta P_2}{\Delta P_1}\right)^{0.225}=\left(\frac{0.6075}{0.422}\right)^{0.225}=1.085, \quad D'_2=\varphi D_2=1.085(0.16)=0.174\text{m}$$

管段名称	原始数据					流速	计算结果					备注
提升机至三通管	1000	3	50	1.09	0.18	10.92	65.0	0.446	0.1	0.546	40.65	两管段阻力平衡
三通至旋风除尘器管	11000	4	95	0.96	0.50	15.56	116.36	0.214	0.3	0.514	68.69	弯管一个
旋风至布袋除尘器管	11000	4	95	0.96	0.50	15.56	116.36	0.214	0.6	0.814	108.78	弯管二个
布袋除尘器至风机管	11000	5	95	0.96	0.50	15.56	116.36	0.268	0.6	0.868	116.00	弯管二个
排风机至排出口管	11000	5	95	0.96	0.50	15.56	116.36	0.268	0.7	0.968	129.31	出风罩一个
除尘管道总阻力ΔP_4											510.30	

4.7 气力输送系统设计

首先应了解输送物料的性质和形状、输送条件（单位时间输送量）、输送距离、高度及环境等。在选择气力输送装置类型后，可进行系统布置，确定始点的供料器和终点分离器位置；其次，确定空压机和其附属装置的位置，再确定空气管和输送管道的配置、管件和弯管的数目等。

在此基础上进行理论计算或用经验公式计算。对未知参数需作实验测定，从综合观点确定主要参数，即输送的气流速度u_f、混合比μ_s和管路阻损等。

例 4-6 某啤酒厂吸送干麦芽，已知干麦芽形状呈椭圆形，短轴直径有$d_s = 2.2$，2.4，$2.8mm$三种，$\overline{d}_s = 3.5mm$。输送量$G_s = 4000kg/h$为最大输送量。$\rho_s = 1320kg/m^3$，堆积密度$\rho_b = 500kg/m^3$，终端速度$8m/s$。气流速度$u_f = 20m/s$，$D = 100mm$，$\mu_s = 5.5$，装置系统布置如例4-6图所示。$h = 1.2m$，$L_1 = 100m$，$L_2 = 10m$。

表 4-13 直管摩擦阻力系数 λ_f（实验值）

管道内径 mm	新 钢 管	旧 钢 管	特别旧的积垢钢管
25	0.049	0.065	0.078以上
50	0.038	0.049	0.057以上
75	0.033	0.042	0.049以上
100	0.030	0.038	0.044以上
150	0.027	0.033	0.038以上
200	0.025	0.030	0.035以上
250	0.023	0.028	0.032以上
300	0.022	0.027	0.030以上
350	0.022	0.026	0.029以上
400	0.021	0.025	0.028以上
450	0.020	0.024	0.027以上
500	0.020	0.023	0.026以上

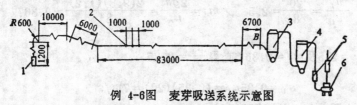

例 4-6图 麦芽吸送系统示意图

1—吸嘴；2—测定点；3—分离器；4—袋滤器；5—消声器；6—空压机

系统压降 $\Delta P = \Delta P_N + \Delta P_{mb} + \Delta P_{sa} + \Delta P_m + \Delta P_{bz} + \Delta P_{b} + \Delta P_a$

1）参数：

A．表4-13示出空气摩擦阻力系数，$\lambda_f = 0.003$；

B．动压 $\dfrac{1}{2}\rho_f u_f^2 = \dfrac{1}{2}(1.2)(20)^2 = 240N/m^2$；

C．纯空气单位管长阻力

$$\frac{\Delta P_f}{L} = \frac{\lambda_f}{D}\frac{\rho_f u_f^2}{2} = \frac{0.03}{0.1}(240) = 72N/m^2,$$

$D. \, Fr$

$$Fr = \frac{u_f}{\sqrt{gD}} = \frac{20}{\sqrt{(9.8)(0.1)}} = 20 \qquad Fr_t = \frac{u_t}{\sqrt{gD}} = \frac{8}{\sqrt{(9.8)(0.1)}} = 8$$

2）吸咀压降ΔP_N：

由式（4-43）$\zeta = 10$，$\phi = 0.1 \sim 0.3$，取$\phi = 0.2$

$$\Delta P_N = (\zeta_N + \mu_s \phi) \frac{\rho_f u_f^2}{2} = (10 + (5.5)(0.2))(240) = 2664 \text{N/m}^2$$

3）由垂直转向水平弯管的压降ΔP_{mb}：

颗粒附加压降由（4-23）式

$$\Delta P_{mb} = \left[\zeta + (\lambda_{sa} + \lambda_s + \lambda_h) \frac{\pi R_0}{2D} \mu_s \right] \frac{\rho_f u_f^2}{2}$$

$A.$ 纯空气阻力系数 ξ：应用（4·24）式

$$Re = \frac{u_f D}{\nu} = \frac{(20)(0.1)}{1.512 \times 10^{-5}} = 0.13 \times 10^6$$

$$Re\left(\frac{D}{R_0}\right)^2 = 0.13 \times 10^6 \left(\frac{0.1}{0.6}\right)^2 = 3611 > 364$$

$$\therefore \quad \zeta = 0.00431 b \theta_0 \, Re^{-0.17} \left(\frac{R_0}{D}\right)^{0.84}$$

式中：b由变曲角θ_0确定，$\theta_0 = 90°$，$\frac{R_0}{D} = \frac{0.6}{0.1} = 6 < 9.85$，由（4-25）式得$b = 0.95 +$

$4.42\left(\frac{R_0}{D}\right)^{-1.96} = 1.08$，代入上式，$\xi = 0.00431 (1.08)(90)(0.13 \times 10^6)^{-0.17}\left(\frac{0.6}{0.1}\right)^{0.84} =$

0.255

$B.$ 求吸嘴末端物料速度u_1，即弯管最大速度：按吸咀有效高度$h = 1.2$m计

$$\frac{u_f}{u_t} = \frac{20}{8} = 2.5 \qquad m_1 = \frac{2gh}{u_t^2} = \frac{2(9.8)(1.2)}{8^2} = 0.367$$

由图4-12，按$\frac{u_f}{u_t} = 2.5$及$m_1 = 0.367$查得$\frac{u_1}{u_f} = 0.35$。

$$u_1 = 0.35 u_f = (0.35)(20) = 7 \text{m/s}$$

$C.$ 求加速阻力系数λ_{sa}：由式（4-26）

$$\lambda_{sa} = \frac{2}{\pi} \frac{D}{R_0} (1 - K_1^2) \phi_m^2$$

$\because$ 固体颗粒最大速度$u_1 = u_4 = 7$m/s，$\therefore$ 固气最大速度比ϕ_m为

$$\phi_m = \frac{u_4}{u_f} = \frac{7}{20} = 0.35$$

由图4-8知，$\theta_2 = 22° = 22 \times 0.01745 = 0.384$弧度

$$f_w = 0.36 \text{（由实验得到）}$$

由式（4-12）计算最小输送速度（由垂直转为水平弯管）：

$$u_2 = e^{-f_w\theta_2}\sqrt{u_1^2 + \frac{2gR_0}{4f_w^2+1}\{3f_w + e^{2f_w^2\theta_2}[(2f_w^2-1)\sin\theta_2 - 3f_w\cos\theta_2]\}}$$

$$u_2 = (2.7)^{-(3.6\times0.384)} \times$$

$$\sqrt{7^2 + \frac{2(9.8)0.6}{4(0.36)^2+1}\{3(0.36) + 2.7^{2(3.6)^2(0.384)}[(2\times0.36^2-1)\sin22 - 3(0.36)\cos22]\}}$$

$$= 0.87\sqrt{49-4.73} = 5.79\text{m/s}$$

$$\theta_3 = 75° = 75\times0.01745 = 1.31\text{弧度}$$

$$u_3 = 2.7^{(-0.36)(1.31)} \times$$

$$\sqrt{7^2 + \frac{2\times9.8\times0.6}{4\times0.36^2+1}\{3(0.36) + (2.7)^{2\times0.36^2\times1.31}[(2\times0.36^2-1)\sin75° - 3(0.36)\cos75°]\}}$$

$$= 0.625\sqrt{49-11} = 3.83\text{m/s}$$

$$\because \quad u_2 > u_3 \quad \therefore K_1 = \frac{u_3}{u_4} = \frac{3.83}{7} = 0.547$$

$$\therefore \quad \lambda_{s\,a} = \frac{2}{\pi}\left(\frac{0.1}{0.6}\right)(1-0.547^2)(0.35)^2 = 0.0091$$

D. 求颗粒冲击管壁时的阻力系数 λ_s：由(4-27)式

$$\lambda_s = \frac{2}{Fr^2}\left[(1-\overline{\phi})^2\left(\frac{Fr}{Fr_t}\right)^2\left(1-\frac{2\theta_2}{\pi}-\frac{2}{\pi}\right)(1-\sin\theta_2)\right]$$

$$\overline{\phi} = \frac{\overline{u}}{u_f} = \frac{\dfrac{(5.79+3.83)}{2}}{20} = 0.241$$

$$\lambda_s = \frac{2}{(20)^2}\left[(1-2.41)^2\left(\frac{20}{8}\right)^2\left[1-2\left(\frac{22}{180}\right)\right]-\frac{2}{3.14}(1-\sin22°)\right] = 0.0116$$

E. 求颗粒质量及悬浮造成的阻力系数 λ_h：由(4-29)式，

$$\lambda_h = \frac{4}{\pi}\frac{1}{Fr^2} = \frac{4}{3.14}\frac{1}{20^2} = 0.003$$

F. 求弯管压降：由 (4-23) 式

$$\Delta P_{mb} = \left[\zeta + (\lambda_{s\,a} + \lambda_s + \lambda_h)\frac{\pi R_0}{2D}\mu_s\right]\frac{\rho_f u_f^2}{2}$$

$$\Delta P_{mb} = \left[0.255 + (0.0091+0.0116+0.003)\frac{3.14(0.6)}{2(0.1)}(5.5)\right](240)$$

$$= 352\text{N/m}^2$$

4）水平加速压降 $\Delta P_{s\,a}$：由表4-5查出 $\lambda_s = 0.0024$，由 (4-16) 式

$$\Delta P_{s\,a} = 2\left[\left(\frac{u_s}{u_f}\right)_m - \left(\frac{u_4}{u_f}\right)\right]\mu_s\frac{\rho_t u_t^2}{2}$$

A. 最大固气速度比：由 (4-7) 式 $\dfrac{u_s}{u_f} = \phi_m$

水平直管：

$$\phi_m = \frac{1-\sqrt{1-\left[1-\frac{\lambda_s}{2}(Fr_t)^2\right]\left[1-\left(\frac{Fr_t}{Fr}\right)^3\right]}}{1-\frac{\lambda_s}{2}(Fr_t)^2}$$

$$= \frac{1-\left\{1-\left[1-\frac{0.0024}{2}(8)^2\right]\left[1-\left(\frac{8}{20}\right)^3\right]\right\}^{1/2}}{1-\frac{0.0024}{2}(8)^2} = 0.685$$

B．水平直管加速段压降ΔP_{sa}：由式(4-16)，物料速度由弯管出口u_4加速至u_m，得：

$$\Delta P_{sa} = 2\left[\left(\frac{u_s}{u_f}\right)_m - \left(\frac{u_s}{u_f}\right)\right]\mu_4 \frac{\rho_f u_f^2}{2}$$

$$= 2[0.685-0.35](5.5)(240) = 884 \text{N/m}^2$$

5）水平管恒速段压降ΔP_m：

用(4-19)式：$\Delta P_m = [\lambda_s + (\lambda_h + \lambda_s + \lambda_{ss})]\phi_m\mu_s \dfrac{L}{D} \dfrac{\rho_f u_f^2}{2}$

由4）已求得：$\lambda_s = 0.0024$ $\phi_m = 0.685$

由1）求得：$\lambda_f = 0.03$，实验得到颗粒相互碰撞造成阻力损失$\lambda_{ss} = 0.0008$。

由（4-21）式得水平管的阻力系数λ_{hL}。

$$\lambda_{hL} = \frac{2Fr_t}{\phi_m^2 Fr^3} = \frac{2(8)}{(0.685)^2(20)^3} = 0.0043$$

$\therefore$ $\Delta P_m = [0.03+(0.0043+0.0024+0.0008)](0.685)(5.5)\dfrac{100}{0.1}(240)$

$$= 13981 \text{N/m}^2$$

6）旋风分离器压降$\Delta P_{旋风} = 800 \text{N/m}^2$。

7）布袋除尘器压降$\Delta P_{布袋} = 2000 \text{N/m}^2$。

8）空压机与布袋除尘器间空气管路$L_2 = 10\text{m}$。

$$\Delta P = \Delta P_f \cdot L_2 = (72)(10) = 720 \text{N/m}^2$$

$\therefore$ 系统压降ΔP为：

$$\Delta P = \Delta P_N + \Delta P_{mb} + \Delta P_{sa} + \Delta P_m + \Delta P_旋 + \Delta P_布 + \Delta P_a$$

$$= 2664 + 352 + 884 + 13981 + 800 + 2000 + 720$$

$$= 20401 \text{N/m}^2$$

9）系统总空气量Q（m³/s或m³/h）：

$$Q = K Au_f \tag{4-60}$$

式中K_c为系统漏气造成空气增加系数$K_c \approx 1.1\sim1.2$。

$$Q = 1.1 \frac{\pi}{4}D^2 u_f = 1.1\left(\frac{\pi}{4}\right)(0.1)^2(20)(3600) = 622 \text{m}^3/\text{h}$$

10）压气机功率：

压气机所需功率应等于克服系统压降及排气动力所需的功率。

$$N = \frac{QP_a}{\eta_c} \qquad \text{W} \tag{4-61}$$

系统消耗风压 $P_a = \dfrac{\rho_f u_c^2}{2} + \Delta P$，风机效率 η_c，取排出空气速度 $u_c = 12\text{m/s}$，压气机效率 $\eta_o = 0.65$，考虑系统安全系数 1.2，其风机功率为：

$$N = \frac{\left(\dfrac{622}{3600}\right)\left(\dfrac{1}{2}(1.2)(12)^2 + 20401\right)(1.2)}{(1000)(0.65)} = 6.53 \text{ kW}$$

11）系统动力系数 K：表示 1t 物料输送 1m 距离时所需的功率。

$$K = \frac{QP_a}{G \cdot L_o} \tag{4-62}$$

式中 L_o 为系统总长度。

$$L_o = L_1 + L_2 + h_1 = 100 + 10 + 1.2 = 111.2\text{m}$$

$$K = \frac{\left(\dfrac{622}{3600}\right)\left[\left(\dfrac{1}{2}\right)(1.2)(12)^2 + 20401\right]}{(1000)(4)(111.2)} = 0.00795\text{kW} \cdot \text{h/t} \cdot \text{m}$$

吸送系统计算结果如表 4-14。

表 4-14

序号	系统管段 名 称	管径 m	管长 m	空 气 u_f m/s	Fr	空气量 m³/h	物 料 u_t m/s	ϕ_m	物料速度 m/s	输送比 μ_s	压损 ΔP N/m²
1	吸咀		1.2	20	20	622	8	0.2	4	5.5	2664
2	垂直转水平弯管							0.35	7	5.5	352
3	水平管加速							0.685	13.7	5.5	884
4	水平管恒速		100								13981
5	旋风分离器										800
6	布袋除尘器										2000
7	空气连接管		10								72
	总　　计										20401

例 4-7：拟设计一台高真空吸粮机，输送小麦 200t/h，装置系统如例 4-7 图，主要由吸咀、输送管（包括垂直管、水平伸缩管，垂直管最长为 25m，水平管最长为 21.5m，最短为 16.5m）、弯管、容积式的分离器、脉冲布袋除尘器等组成。

解：

1）基本参数的选择和计算：输送物料的粒径 $d_s = 4.1\text{mm}$，$\varepsilon = 0.965$，$\sigma = 0.035$（容积输送比）。

A．实效终端速度 u_{tc}：

实测小麦 $\rho_s = 1351\text{kg/m}^3$，$u_t = 8.2\text{m/s}$，$f_w = 0.381$，由（4-31）式：

$$u_{tc} = (1.1 + 5.71\sigma)u_t = (1.1 + 5.71(0.035))(8.27) = 10.66\text{m}$$

B．起始管段输送速度 u_c：

由（4-32）式，$u_c = 2.87\sqrt{f_w}(u_t) = 2.87\sqrt{0.381}(8.2) = 14.53\text{m/s}$，根据密相动压和静压输送临界速度为 $u_c = 2u_t$，因此取 $u_c = 14.53\text{m/s} < 2u_t$

C. 输送空气量:

$$\sigma = \frac{G_s/\rho_s}{G_f/\rho_f} = \frac{G_3}{Q_f\rho_s} \qquad \text{(容积输送比)}$$

$$Q_f = \frac{G_s}{\sigma\rho_s} = \frac{200000}{(0.035)(1551)} = 4230 \text{m}^3/\text{h}$$

D. 固气输送比:

$$\mu_s = \frac{G_s}{G_f} = \frac{200000}{(4230)(1.2)} = 39.4$$

E. 求起始段 $(L_1 = 12.8\text{m})$ 的管径D:

$$D = \sqrt{\frac{4Q}{\pi u_c}} = \sqrt{\frac{4 \times 4230}{\pi(14.53)(3600)}} = 0.320 \text{m}$$

取内径309mm, 则 $u_c = 16\text{m/s} < 2u_t$。

2)系统压降计算:

$$\Delta P = \Delta P_N + \Delta P_{sa} + \Delta P_{m1} + \Delta P_{m2} + \Delta P_{m3} + \Delta P_{m4} + \Delta P_5 + \Delta P_6$$

吸嘴	加速	垂直伸	垂直伸	弯管和	水平伸	容积	袋式除
压降	压降	缩外管	缩内管	水平伸	缩外管	分离器	尘器
		压降	压降	缩内管	压降	压降	压降
				压降			

A. 吸咀压降: 密相动压吸嘴压损用下式

$$\Delta P_N = \xi\frac{\rho_f u_c^2}{2}(1 + \mu_s K_N) \qquad (4\text{-}63)$$

式中: 纯空气局部阻力系数$\xi = 1.7$, 吸嘴压降比系数K_N, $K_N = 2.9223 - 0.0158\mu_s - 0.0887u_c$。

$$K_N = 2.9223 - 0.0158(39.4) - 0.0887(16) = 0.881$$

$$\Delta P_N = 1.7\frac{(1.2)(1.6)^2}{2}(1 + 39.4 \quad 0.881) = 9325 \text{N/m}^2$$

R. 垂直输送管压降:

a. 吸咀终点压力P_1:

$$P_1 = P_0 - \Delta P_N = 10^5 - 9325 = 90675 \text{N/m}^2$$

$$\rho_{f1} = \rho_f\frac{P_1}{P_0} = (1.2)\frac{90675}{10^5} = 1.09 \text{kg/m}^3$$

$$u_{f1} = u_c\frac{\rho_0}{\rho_{f1}} = 16\frac{(1.2)}{1.09} = 17.6 \text{m/s}$$

b. 吸咀后垂直管加速压降:

由(4-16)

$$\Delta P_{sa} = 2\left(\frac{u_{s2}}{u_{f1}} - \frac{u_{s1}}{u_{f1}}\right)\mu_s\frac{\rho_{f1}u_{f1}^2}{2}$$

始端固气速度比$\frac{u_{s1}}{u_{f1}}$, 吸咀有效高度$h = 1.2\text{m}$, 则由式 (4-17) 得

90

$$m_1 = \frac{2gh}{u_t^2} = \frac{2(9.8)(1.2)}{(8.2)^2} = 0.35$$

$$\frac{u_{f_1}}{u_t} = \frac{17.6}{8.2} = 2.15$$

查图4-12得到 $\dfrac{u_{s_1}}{u_{f_1}} = 0.37$

垂直管末端速度比 $\dfrac{u_{s_2}}{u_{f_2}}$，按 $h = 25\mathrm{m}$

$$m_1 = \frac{2gh}{u_t^2} = \frac{2(9.8)25}{(8.2)^2} = 7.21 \qquad \frac{u_{f_1}}{u_t} = 2.15$$

查图3-12得到： $u_{s_2}/u_{f_1} = 0.52$

压降 $\Delta P_{s_a} = 2(0.52 - 0.37)(39.4)\dfrac{(1.09)(17.6)^2}{2} = 1995\mathrm{N/m^2}$

c. 垂直伸缩内管压降，内管长度 $h = 12.8\mathrm{m}$

由式 (4-33): $\Delta P_{m_1} = P_1 - \sqrt{P_1^2 - 2P_1\dfrac{\lambda_f + \lambda_z\mu_s}{D}\Delta L \dfrac{\rho_f u_f^2}{2}}$

按式 (4-35) 垂直管 $f_k = 1$

$$\lambda_z = \frac{2f_K}{\dfrac{u_f^2}{gD}\left[1 - \dfrac{\sqrt{f_K}}{u_{f_1}/u_{tc}}\right]} = \frac{2}{\dfrac{17.6^2}{(9.8)(0.309)}\left[1 - \dfrac{10.66}{17.6}\right]} = 0.0495$$

查表4-10: $\lambda_{f_1} = 0.03$

$$\Delta P_{m_1} = 90675 - \sqrt{90675^2 - 2(90675)\dfrac{(0.03) + 0.0495(39.4)}{0.309}(12.8)\dfrac{(1.09)(17.6)^2}{2}}$$

$$= 15107\mathrm{N/m^2}$$

d. 垂直伸缩管外管（包括软管）压降，外管起始端压力 P_2，空气密度和速度为

$$P_2 = P_1 - \Delta P_{s_a} - \Delta P_{m_1} = 90675 - 1995 - 15107 = 73573\mathrm{N/m^2}$$

$$\rho_{f_2} = \rho_f\frac{P_2}{P_0} = (1.2)\frac{73573}{10^5} = 0.883\mathrm{kg/m^2}$$

$$u_{f_2} = u_{f_1}\frac{\rho_{f_1}}{\rho_{f_2}}\frac{D}{D_0} = (17.6)\frac{1.09}{0.883}\frac{0.309}{0.355} = 18.8\mathrm{m/s}$$

内管直径 $D = 0.309\mathrm{m}$，外管直径 $D_0 = 0.355\mathrm{m}$，外管总长（包括软管），$h = 6.5 + 3.5 = 10\mathrm{m}$，考虑软管阻力比钢管大一倍，其长度 $h = 6.5 + 3.5 \times 2 = 13.5\mathrm{m}$。

依 (4-35) 式 $\lambda_z = \dfrac{2}{\dfrac{18.8^2}{(9.8)(0.355)}\left[1 - \dfrac{10.66}{18.8}\right]} = 0.0455$

$$\Delta P_{m_2} = 73573 - \sqrt{73573^2 - 2(73573)\dfrac{0.03 + 0.0455(39.4)}{0.355}(13.5)\dfrac{0.883(18.8)^2}{2}}$$

$$= 11755\mathrm{N/m^2}$$

C．水平输送管压降：

a．垂直管终端压力、空气密度和速度

$$P_3 = P_2 - \Delta P_{m_2} = 73573 - 11755 = 61818 \text{N/m}^2$$

$$\rho_{f_3} = \rho_f \frac{P_3}{P_0} = \frac{64818}{10^5}(1.2) = 0.778 \text{kg/m}^3$$

$$u_{f_3} = u_{f_2} \frac{\rho_{f_2}}{\rho_{f_3}} = 18.8 \frac{0.883}{0.778} = 21.34 \text{m/s}$$

b．弯管和水平管伸缩内管压降：

弯管当量水平管长，根据弯管曲率半径$R_0 = 2.2$m，$\theta = 90°$，近似由表4-7查当量水平管长$L_c = 5$m，所以水平管长$L_2 = 5 + 9 = 14$m。

比例常数 $f_K = \dfrac{u_{t_c}}{u_3} = \dfrac{10.66}{21.34} = 0.499$ \hfill (4-64)

$$\lambda_z = \frac{2f_K}{\dfrac{u_{f_3}^2}{gD_3}\left[1 - \dfrac{\sqrt{f_K}}{u_{f_3}/u_{t_c}}\right]} = \frac{2(0.499)}{\dfrac{21.34^2}{(9.8)(0.355)}\left[1 - \dfrac{\sqrt{0.477}}{21.34/10.66}\right]} = 0.0118$$

$$\Delta P_{m_3} = P_3 - \sqrt{P_3^2 - 2P_3 \frac{\lambda_f + \lambda_z \mu_s}{D_3} \Delta L_3 \frac{\rho_{f_3} u_{f_3}^2}{2}}$$

$$= 61818 - \sqrt{61818^2 - 2(61818)\frac{0.03 + 0.0118(39.4)}{0.355}(14)\frac{0.778(2134)^2}{2}}$$

$$= 3560 \text{N/m}^2$$

c．水平伸缩外管压降：水平外管始端压力、空气密度和速度：

$$P_4 = P_3 - \Delta P_{m_3} = 61818 - 3560 = 58258 \text{N/m}^2$$

$$\rho_{f_4} = \rho_0 \frac{P_4}{P_0} = 1.2 \frac{58258}{10^5} = 0.699$$

$$u_{f_4} = u_{f_3} \frac{\rho_{f_3}}{\rho_{f_4}} \times \frac{D_1}{D_4} = 21.34 \frac{0.778}{0.699} \times \frac{0.355}{0.381} = 22.13 \text{m/s}$$

计算管长12.5m，$D_4 = 0.381$m，$D_1 = 0.355$m

比例系数 $f_K = \dfrac{u_{t_c}}{u_{f_4}} = \dfrac{10.66}{22.13} = 0.482$

$$\lambda_z = \frac{2f_K}{\dfrac{u_{f_4}^2}{gD_4}\left[1 - \dfrac{\sqrt{f_K}}{u_{f_4}/u_{t_c}}\right]} = \frac{2(0.482)}{\dfrac{22.13^2}{(9.8)(0.381)}\left[1 - \dfrac{\sqrt{0.482}}{22.13/10.66}\right]} = 0.0111$$

$$\Delta P_{m_4} = P_4 - \sqrt{P_4^2 - 2P_4 \frac{\lambda_f + \lambda_z \mu_s}{D_4}[\Delta L]\frac{\rho_{f_4} u_{f_4}^2}{2}}$$

$$= 58258 - \sqrt{58258^2 - 2(58258)\frac{0.03 + 0.244(39.4)}{0.381}(12.5)\frac{0.699(22.16)^2}{2}}$$

$$= 2686 \text{N/m}^2$$

D．容积分离器压降$\Delta P_5 = 1000 \text{N/m}^2$

E．脉冲袋式除尘器$\Delta P_6 = 1000 \text{N/m}^2$

系统总压 $\Delta P = \Delta P_N + \Delta P_{s_a} + \Delta P_{m_1} + \Delta P_{m_2} + \Delta P_{m_3} + \Delta P_{m_4} + \Delta P_5 + \Delta P_6$

$$\Delta P = 9325 + 1995 + 15107 + 11755 + 3560 + 2686 + 1000 + 1000$$
$$= 46428 \text{N/m}^2$$

3）空气量：

$$P_5 = P_4 - \Delta P_{m_4} = 58258 - 4507 = 53751 \text{ N/m}^2$$

$$\rho_{f_5} = \rho_0 \frac{P_5}{P_0} = (1.2)\frac{53751}{10^5} = 0.645 \text{kg/m}^3$$

$$u_{f_5} = u_{f_4} \frac{\rho_{f_4}}{\rho_{f_5}} = 22.13 \frac{0.699}{0.645} = 23.98 \text{m/s}$$

分离器处理的空气量：

$$Q_5 = \frac{\pi D_4^2}{4} u_{f_5} = \frac{\pi(0.381)^2}{4}(23.98) = 2.73 \text{m}^3/\text{s}(164 \text{m}^3/\text{min})$$

分离器漏气率和脉冲布袋除尘器漏气率各为10%，则排出布袋除尘器的气体量为：

$$Q = Q_5(1+0.1)^2 = 164(1+0.1)^2 = 198 \text{m}^3/\text{s}$$

选择风机：罗兹风机D60×78～200/5000，风机风量200 m^3/min，风压50000N/m^2。

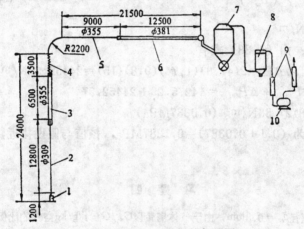

例 4-7图　大型吸粮机简图
1—吸咀，2—铅垂伸缩管，3—铅垂固定外管，4—软管，5—水平伸缩管，6—水平
固定外管，7—分离器，8—袋式除尘器，9—消声器，10—鼓风机

例 4-8： 计算每小时输送3 t 聚氯乙烯树脂粉的脉冲气力输送管的管径及压降。已知管线总长50m，其中包括提升15m。树脂堆积密度$\rho_b = 560 \text{kg/m}^3$，平均粒度$d_s = 0.184 \text{mm}$。

解： 1）选择气体速度：聚氯乙烯树脂粉密度小，粒度小，应选低速，但是，为了安全仍选 5 m/s。设高压气体密度$\rho_f = 3 \text{ kg/m}^3$。故所选气速相当于气体质量流率G=15kg/$\text{m}^2\cdot\text{s}$。

2）估计固气比：用（4-36）式

$$\mu_s = 227(\rho_b/G)^{0.38}L^{-0.75} = 227\left(\frac{560}{15}\right)^{0.38}(50)^{-0.75} = 47.8$$

3）空气量：若$\rho_f = 1.25 \text{ kg/m}^3$

$$Q = \frac{G_s}{\mu_s \rho_f} = \frac{3000}{(47.8)(1.25)(60)} = 0.836 \text{ m}^3/\text{min}$$

4）管径选择：

$$D=\sqrt{\frac{4A}{\pi}}=\sqrt{\frac{4G_f}{\pi G}}=\sqrt{\frac{4(62.76)}{\pi(15)(3600)}}=0.0385\text{m}$$

∴ 选择管道内径 $D=0.04\text{m}$

5）压降：

A．水平管压降：计算管内气体平均速度和密度，用试算法，先设管内压力为0.15MPa、温度300K，气体质量流率$G=15\text{kg/m}^2\cdot\text{s}$，气体常数$R=8316\text{Pa}\cdot\text{m}^3/\text{K}\cdot\text{mol}$，则气体密度

$$\rho_f=\frac{MP}{RT}=\frac{(29)(0.15\times10^6)}{(8316)(300)}=1.74\text{kg/m}^3$$

$$u_f=\frac{G}{\rho_f}=\frac{15}{1.74}=8.62\text{m/s}$$

则水平管压降为：

$$\Delta P_{mt\,f}=5\mu_s\rho_f u_f^{0.45}L\Big/\left(\frac{D}{d_s}\right)^{0.25}=5(47.8)(1.74)(8.62)^{0.45}(50)\Big/\left(\frac{0.04}{1.84\times10^{4}}\right)^{0.25}$$

$$=14275.29\text{N/m}^2$$

B．垂直管压降：由（4-38）式有

$$\Delta P_{mt\,v}=2\mu_s\rho_f gH=2(47.8)(1.74)(9.8)(15)=24452.57\text{N/m}^2$$

总压 $\Delta P_{mt}=\Delta P_{mt\,f}+\Delta P_{mt\,v}=14275.29+24452.57$

$$=38727.86\text{N/m}^2\ (0.0387\text{MPa})$$

管道内气体压力为（0.1+0.0387）=0.1387MPa，该值与假设接近，因此，计算结果是可用的。

习 题 四

1. 均匀球形颗粒直径$d_s=0.8\text{mm}$，由于气体携带以$G_s/G=4\text{kg/kg}$空气的比例,通过一根直径$d=0.1\text{m}$的水平管，试计算其沉积速度。

数据：$\rho_s=2000\text{kg/m}^3$；$\rho_g=1\text{kg/m}^3$；$\eta=2\times10^{-5}\text{Pa}\cdot\text{s}$。

2. 粒度均匀的颗粒直径$d_s=0.1\text{mm}$，以$G_s/G=30\text{kg/kg}$空气的流量比流动，计算其噎塞速度。数据：$\rho_s=2500\text{kg/m}^3$；$u_t=0.1\text{m/s}$；$\rho_g=0.8\text{kg/m}^3$。

3. 已知固体颗粒的当量直径为0.2mm，密度2000kg/m³。在直径为0.1m，长10m的水平管内，用密度为1kg/m³，粘度为$2\times10^{-5}\text{Pa}\cdot\text{s}$的气体进行气力输送。已知输送气体的速度为20m/s，固气比为10。在这一段管子的两端，固体颗粒悬浮良好，并随着气流的流动。试求输送时，所产生的压降。

4. 固体颗粒在直径0.1m，长10m的垂直管内，进行稀相气力输送时，输送气速20m/s，固体颗粒在该垂直管下端加入，试求输送引起的压降。颗粒的沉降速度为1.3m/s，固体颗粒密度为2500kg/m³，颗粒直径0.1mm，气体粘度$2\times10^{-5}\text{Pa}\cdot\text{s}$，密度1.2kg/m³，固气比为4kg/kg空气。

5. 一气力输送系统，输送聚氯乙烯球粒，粒径50～350μm，密度1400kg/m³，固体输送速率7200kg/h，输送管内径$D=0.015\text{m}$，气体温度为20°C，固气比为4kg/kg空气，管路水平段长为40m，垂直段长为15m，管路中曲率半径$R/D=2$的弯头有两个，加料为回转式加料器，加料器距气体入口1.5m，试求输送空气量和管路系统压降。

6. 负压输送粉煤系统，输送粉煤2.5t/h，该系统包括吸咀，输送管的垂直和水平伸缩管，垂直管最长

30米，水平管最长20m，一个弯管等组成。输送颗粒直径0.075mm，空隙率0.9,固气输送比4kg/kg空气，固体颗粒密度1500kg/m³，沉降速度u_t = 8.7m/s，颗粒与管壁的摩擦阻力系数0.512，空气密度1.2kg/m³。粘度1.7×10⁻⁵Pa·s，试计算输送空气量和系统压降。

7. 试设计每小时输送3t的细粉煤系统，采用脉冲气力输送，已知管路长30m的水平输送，提升高度为10m，粉煤堆积密度为600kg/m³，平均粒径为0.5mm，其沉积速度为8m/s，高压管气体压力为0.45MPa，试计算空气量和系统压降。

8. 若输送粉煤量15kg/min，输送的固气比为10kg/kg空气，管路直径为0.04m，长度为10m，管内气体速度为20m/s，试设计喷射器供料器，且估算其阻力损失。已知固体密度为1300kg/m³，粒径为0.1mm，空气密度2kg/m³，粒度1.7×10⁻⁵Pa·s。

第5章 气体输送

流体从低处输送到高处，从低压系统输送到高压系统，以及流体管内流动过程机械能损失等，都需增加流体的静压能和位能。因此，输送流体常需要提供能量的机械。按输送流体的类型，输送液体的机械称为泵，输送气体的机械称为风机和压缩机。按流体输送工作原理分为轴流式、离心式、往复式、回转式以及流体喷射式等。

喷射器常用于高压气体输送，燃料输送，排除废气，抽气，以及液体和粉粒的气力输送等。

风机和喷射器是冶金工厂广泛使用的可压缩气体输送装置，本章将介绍通风机和鼓风机原理、特性及工作体系特性以及风机选择等内容。还将叙述超音速流特性和产生条件、喷射器的原理、设计方法和设计等。

5.1 通风机和鼓风机

冶金厂常用离心通风机和鼓风机，其基本结构及工作原理相似。通风机内只有一个叶轮，仅能产生低于15000N/m²（表压）的风压，鼓风机则是由多级叶轮串联组成，出口压力小于0.3×10^6N/m²。随其压强变化影响着输送机械的形状和结构，所以，风机还可按出口气体压缩比（即出口气体与进口气体压强比）来分类：

（1）通风机：

压缩比1～1.15；出口压强小于15000N/m²（表压）。

（2）鼓风机：

压缩比1.15～4；出口压强（0.015～0.3）$\times 10^6$N/m²（表压）。

（3）压缩机：

压缩比大于4；出口压强大于0.3×10^6N/m²（表压）。

5.1.1 风机工作原理

离心式通风机和鼓风机的工作原理相同，它是利用旋转的叶轮推动气体运动，产生离心力，从而提高气体的压力能和动能，二者之和称为风机的全风压。

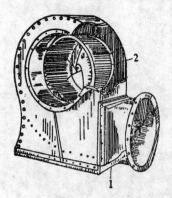

图 5-1 离心式通风机

1—外壳，2—工作叶轮，3—吸气口，4—排气口

离心式通风机结构如图5-1所示。

当风机叶轮2旋转时，气体受离心力作用抛向蜗形外壳1，轴中心部分气体稀薄，由风机吸气口不断吸入空气，由于旋转叶片对气体质点的推动作用，使气体提高了动能和压力能。当气体压力增高，其密度和温度有所增大。高压风机应考虑其压缩性，气体密度计算可采用风机进出口气体密度平均值。

5.1.2 风机性能参数

风机性能参数主要包括风量、风压（压

头）和功率。

（1）风压：单位体积的气体流过风机，所获得的全部能量，称为全风压，用 P_t 表示，单位为 $J/m^3 (N/m^2)$。

取风机进出口截面，分别以下标1、2表示，列出风机吸气口和排气口间的柏努利（Bernoulli）方程：

$$\rho g z_1 + P_{s_1} + \frac{\rho u_1^2}{2} + P_t = \rho g z_2 + P_{s_2} + \frac{\rho u_2^2}{2}$$

即

$$P_t = \rho g (Z_2 - Z_1) + (P_{s_2} - P_{s_1}) + \frac{\rho (u_2^2 - u_1^2)}{2} \qquad (5-1)$$

因为气体 ρ 和 $(Z_2 - Z_1)$ 都比较小，故 $\rho g (Z_2 - Z_1)$ 项可忽略；又因进出口管路很短，管路阻力损失亦可忽略。空气直接进入风机吸气口，$u_1 \approx 0$，柏努利方程简化为

$$P_t = (P_{s_2} - P_{s_1}) + \frac{\rho u_2^2}{2} \qquad (5-2)$$

上式 $(P_{s_2} - P_{s_1}) = P_s$ 称为静风压，$\frac{\rho u_2^2}{2} = P_k$ 称为动风压，离心风机的风压为静风压和动风压之和，又称全风压或全压，风机性能表中所列风压指全风压。风机出口气流速度较大，进出口动能差占风压10～20%，故不能忽略。

例 5-1：某车间为降低车间的温度，拟安装一台通风机向车间送风，已知空气密度 $1.2 kg/m^3$，送风量 $Q = 2840 m^3/h$，送风管上有二个弯头，局部阻力系数 $K_{弯} = 0.2$，送风管摩擦阻力系数 $K_f = 0.02$，风管直径 $D = 0.25 m$，长 $L = 100 m$，求所选择的风机压力。

解：风管出口速度 $u_D = \dfrac{Q}{3600 \dfrac{\pi}{4} D^2}$

$$u_D = \frac{2840}{3600 \dfrac{\pi}{4} (0.25)^2} = 16 m/s$$

动压头 $P_K = \dfrac{\rho}{2} u_D^2 = \dfrac{1.2}{2} 16^2 = 153.6 N/m^2$

按安装条件：$P_D - P_0 = 0 \qquad \Delta P_{f \cdot s} = 0$

$$\Delta P_{f \cdot D} = \left(K_f \frac{L}{D} + 2 K_{弯} \right) \frac{\rho}{2} u^2$$

根据风机吸风口断面1-1与吸气空间的柏努利方程，因 $u_0 = 0$，得到

$$P_{s_1} + \frac{\rho}{2} u_1^2 = P_0 - \Delta P_{f \cdot s} \qquad (5-3)$$

同样写出风机出口断面2-2及排风管出口断面间柏努利方程

$$P_{s_2} + \frac{\rho}{2} u_1^2 = P_D + \frac{\rho}{2} u_D^2 + \Delta P_{f \cdot D} \qquad (5-4)$$

式中：

$\Delta P_{f \cdot s}$、$\Delta P_{f \cdot D}$ 分别为单位体积气体在吸气管、排风管内的能量损失；

P_0、P_D为吸气空间和排气空间压力。

将式（5-3）、（5-4）代入（5-2）式得到：

$$P_t = (P_{s_2} - P_{s_1}) + \frac{\rho}{2}(u_2^2 - u_1^2) = (P_D - P_0) + \frac{\rho}{2}u_D^2 + \Delta P_{f \cdot D}$$

$$= \left(K_{f \cdot D}\frac{L}{D} + 2K_{局} + 1\right)\frac{\rho}{2}u_D^2$$

$$= \left(0.02\frac{100}{0.25} + 2(0.2) + 1\right)\frac{1.2}{2}16^2 = 1443.8\text{N}/\text{m}^2$$

应选择风机风压为1443.8N/m²（或1443.8J/m³）。

（2）风机风量、功率。单位时间内风机送出的气体体积，称风机的风量，单位为 m³/h，m³/min或m³/s，用Q表示。

风机进口的空气为标准状态（或在空气温度$t_0 = 20\text{℃}$，压力$P_0 = 10^5\text{N}/\text{m}^2$，空气密度 $\rho_0 = 1.2\text{kg}/\text{m}^3$的条件）下输入的气体体积$Q_0$，若实际送风状态与上述条件不同，要进行换算，应用气体状态方程得：

$$Q = Q_0\frac{P_0}{P}\frac{T}{T_0}$$

每立方米空气在风机内获得的能量为P_t，风机供风量为$Q(\text{m}^3/\text{s})$，则单位时间内风机有效功率为

$$N_E = QP_t/1000 \tag{5-5}$$

式中：N_E——风机的有效功率kW；

$\quad Q$——风机的风量，m³/s；

$\quad P_t$——风机的全压，N/m²

N_E为扣除各种能量损失的净有效功率，若将气体流动过程能量损失和风机转动的机械能损耗等各种损失都计算在内，则单位时间内电机传给风机轴的能量，称为轴功率N，风机的效率$\eta = N_E/N$，由此可得

$$N = \frac{N_E}{\eta} = \frac{QP_t}{1000\eta} \tag{5-6}$$

风机效率η之值是实验确定的，一般风机效率变化范围如下：

低压风机　　$\eta = 0.5 \sim 0.6$

中压风机　　$\eta = 0.5 \sim 0.7$

高压风机　　$\eta = 0.7 \sim 0.9$

5.1.3 风机特性曲线

当风机转速一定时，风机全压P_t、静风压P_s、轴功率N、效率η与风量Q间的关系曲线，称风机特性曲线，它们是通过实验测定得到的。图5-2为设有出口阀门的风机系统，以便利用出口阀门调节输气量。皮托（$Point$）管用于测定系统全压P_t，压力计测量系统静压P_s，逐次调节气体流量，便可得到对应不同流量的P_t和P_s值，计算功率N，风机效率η，按实测结果绘制风机特性曲线（图5-3）。特性曲线表明：

（1）转数一定的条件下，风机的风压P_s随风量Q的增加而增大，达最大值后，随风量增大风压不断下降。

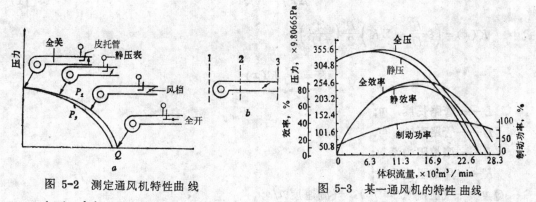

图 5-2 测定通风机特性曲线　　　　　　图 5-3 某一通风机的特性曲线

（2）功率N随风量增加而不断增大，风量为零时，功率最小，因此，风机应在风量为零时起动。

（3）风机效率η：开始时，η随风量增加而增大，达最大值后，随风量增加而减小。风机效率最高的工作状态，风机能量消耗最小，称风机最佳工况。

应该注意风机所需最大功率与最高效率几乎吻合，因此，风机选配最大功率，可按特性曲线中最高效率选用。这样，可保证电动机不超载，大风量操作，必须选用较大功率电动机。

5.1.4 风机和管路系统

风机是整个管路系统的一部分，风机在管路系统的工作状况，不仅与风机性能有关，而且与管路系统的性能有关，对于一个管路系统也存在一定的气体流量与管路系统的阻力的特性曲线，称管路系统特性曲线。

管路系统可以是管路、流化床或固体填充床、除尘器、烟道等任何一种组合，风机可以安装在吸风管路，也可安装在排风管路，这些管路与风机构成风机管路系统，其特性依风机安装位置、管路元件类型和布置而变化。

管路系统特性是指管路中气体流量与管路系统压力和阻力间的相互关系，为了使气体在管路系统中流过一定风量，风机必须具有足够的压头（或压力），以克服管路系统进出口的静压差ΔP_s，克服气体在管路系统流动时，各项阻力引起的压头损失ΔP_f，使输送气体具有一定的速度，即具有一定的动能。

管路系统压头损失与管内气体流量间的关系式，称为管道特性方程：

$$\Delta P_f = \sum_1^n \left(\xi \frac{L}{D} + \Sigma K \right) \frac{\rho}{2} u^2 \tag{5-7}$$

$$Q = \frac{\pi}{4} D u^2 \tag{5-8}$$

两式联立得到

$$\Delta P_f(x) = \left[\left(\xi \frac{L}{D} + \Sigma K \right) \left(\frac{4}{\pi D^2} \right)^z \frac{\rho}{2} \right] Q^2 \tag{5-9}$$

对于整个管路系统，总压头损失和流量的关系应为

$$\Delta P_f = \sum_{n=1}^x \Delta P_f(x) = \sum_{n=1}^x K(x) Q^2 \tag{5-10}$$

$$\Delta P_f = KQ^2 \qquad (5\text{-}11)$$

式中　　$K(x) = \left(\xi\dfrac{L}{D} + \Sigma K\right)\dfrac{\rho}{2}\left(\dfrac{4}{\pi D^2}\right)^2$

$$K = \sum_{n=1}^{x} K(x)$$

　　L——管路长度，m；

　　D——管路直径，m；

　　ξ——摩擦阻力系数；

　　K——局部阻力系数；

　　Q, u——气流流量(m^3/s)，气流速度m/s；

　　ΔP_f——总阻力损失。

管路系统特性曲线示于图5-4。一般的管路系统所需的压力应包括克服管路系统进出口静压差，因此，管路系统特性方程为：

$$\Delta P_f = \Delta P_s + KQ^2 \qquad (5\text{-}12)$$

若将风机特性曲线与管路系统特性曲线，按相同比例绘制于一个坐标图内，则两条曲线的交点，表示风机在管路系统运转的工况，称为风机的工作点。此时，管路所需压头等于风机所产生的压力，管路系统风量等于风机供给的风量。因此，风机在管路系统的运转工况，是由管路特性系统决定的，同时，确定出风机工作效率和需要的功率。应当指出，不同的风机具有不同的特性曲线，其工作点必处在管路系统特性曲线上的不同位置，致使系统流量变化。

风机正常工作区间是在其静压一体积流量曲线峰值的右边，风机全压曲线的最高点为临界点，称为抽吸极限，是左边可能的最远工作点，工作点超过临界点向左，产生一种喘振现象，可能会导致风机损坏。

风机—管路系统的工作点，是随管路系统特性曲线变化的，为维护其工作点，必须通过改变风机特性曲线来实现。为了估计偏离给定条件、风机功率或转速对风机特性的影响，应用风机定律转换操作参数以便适应新的工作状况。表5-1为风机定律的变量。

表 5-1 风机定律的变量

转　　　　速	n
转　子　直　径	D
气　体　密　度	ρ
静　　　　压	P_s
功　　　　率	P_B
体　积　流　量	Q

风机定律：

$$Q = K_1 D^3 n \qquad (5\text{-}13)$$

$$P_s = K_2 D^2 n^2 \rho \qquad (5\text{-}14)$$

$$P_B = K_3 D^5 n^3 \rho \qquad (5\text{-}15)$$

风机定律表明，风机流量与转速成正比，风机的静压与风机转速平方成正比，风机功率与转速三次方成正比。当转速、流量不变，功率和静压与气体密度成正比。当偏离压力—流量曲线上某一给定点不远的有限范围内，比例常数K_1、K_2、K_3是恒定的。

选择风机必须保证满足系统对流量和风压的要求，并与管路系统特性相适应，选择合理工作状态。因此，选择风机时应根据输气量进行管路系统阻力计算，使风机处于最佳工况范围。选择风机应注意风机标定状态与实际工况有差别，应进行换算，当风机风量不变时

$$Q = Q_0$$

风机实际总压头：

$$N = P_0 \frac{P}{10^5} \frac{273 + t_0}{273 + t} \quad N/m^2$$

风机实际功率

$$P_B = N_0 \frac{P}{10^5} \frac{273 + t_0}{273 + t} \quad kW$$

式中下标0指风机标定状态，P为风机出口压力。

当风机和管路系统特性曲线出现配合误差时，可通过调节管路系统阻力或风机转速，达到最佳工作状态。根据风机定律，$Q \propto n$，$P_B \propto n^3$，所以$P_B \propto Q^3$，因此通过调节管路系统阻力是经济合理的。

例5-2： 要向设备输送30℃空气，需风量16000 m³/h，已估计设备上部表压1000 N/m²，通风机上部至设备上部流体阻力500 N/m²，当大气压为0.096MPa，试选择适宜的风机？

解： 根据要求的风量和压力来选择风机，因此，首先计算该系统所需全风压P_t。

自风机（图5-5）入口截面1—1至设备上部截面2—2列出柏努利方程：

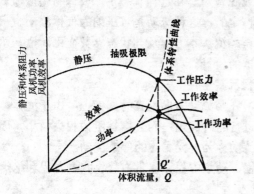

图 5-4　风机和管路系统特性曲线间关系

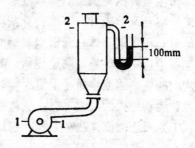

图 5-5　风机管路系统

$$\rho g Z_1 + P_{s_1} + \frac{\rho u_1^2}{2} + P_t = \rho g Z_2 + P_{s_2} + \frac{\rho u_2^2}{2} + \Sigma \Delta P_f$$

$$P_t = \rho g (Z_2 - Z_1) + (P_{s_2} - P_{s_1}) + \frac{\rho (u_2^2 - u_1^2)}{2} + \Sigma \Delta P_f$$

因为：$\rho g (Z_2 - Z_1) \approx 0$，　　$u_1 \approx 0$，　　$u_2 \approx 0$

$$P_{s_1} = 0.096 \times 10^6 N/m^2, \quad P_{s_2} = (1000 + 0.096 \times 10^6)$$

$$= 0.097 \times 10^6 \text{N/m}^2$$

$$P_1 = (P_{s_2} - P_{s_1}) + \Sigma \Delta P_f = (0.097 - 0.096) \times 10^6 + 0.0005 \times 10^6$$

$$= 1500 \text{N/m}^2$$

$t_0 = 0℃$，　$P_0 = 1.013 \times 10^5 \text{N/m}^2$ 时，空气密度 $\rho = 1.29 \text{kg/m}^3$，操作温度 $t = 30℃$，压强 $P = 0.096 \text{MPa}$，空气密度

$$\rho = \rho_0 \frac{P}{P_0} \frac{273}{273 + t}$$

$$= 1.29 \frac{0.096 \times 10^6}{0.1013 \times 10^6} \frac{273}{273 + 30} = 1.101 \text{kg/m}^3$$

所以在实验状况下全压

$$P_t^0 = P_t \frac{\rho_0}{\rho_t}$$

$$= 1500 \frac{1.29}{1.101} = 1757 \text{N/m}^2$$

根据风机风量 $Q = 16000 \text{m}^3/\text{h}$，风压 1757N/m^2，在附录中选风机 4-72-11№8D 可满足要求

型号　4-72-11№8D转速1450r/min

全压　2000N/m²　风量20130m³/h

功率　14.2kW　效率89.5%

5.2 高速喷管

冶金工业中广泛应用的氧枪、天然气烧嘴或高压雾化油烧嘴、蒸汽喷射泵等，都属于高压气体的输送装置，气体喷出速度可达音速或超音速。在这种状态下，气体的密度随着压力和温度的变化很大，不能再视气体密度为恒定的，这种流动是可压缩的气体流动。

本节主要介绍可压缩流基本概念，一维可压缩流基本方程及其状态参数变化，拉瓦尔喷管工作特性及其设计，下节将介绍各种喷射器的设计。

5.2.1 可压缩流体一元稳定流动的基本方程及其特性

工程中应用的氧枪、高速烧嘴、喷射器等，在与流动方向垂直的截面上，由于流体参数是均匀的，高速流体通过很短的喷管，过程进行的时间短，而且摩擦阻力损失较小。因此，这种流动可视为可逆过程，气体沿喷管的流动称为一元稳定的等熵流动。

（1）可压缩流体基本方程。包括连续方程、动量方程、能量方程、状态方程和绝热方程。

连续方程：$\rho u A = $ 常数　　　　　　　　　　　　　　　　　　　　　　　　(5-16)

动量方程：$\int \frac{\mathrm{d}P}{\rho} + \frac{u^2}{2} = $ 常数　　　　　　　　　　　　　　　　　　(5-17)

能量方程：$\frac{u^2}{2} + \frac{K-1}{K} \frac{P}{\rho} = $ 常数　　　　　　　　　　　　　　　(5-18)

$$\frac{u^2}{2} + H = \text{常数} \qquad\qquad\qquad (5-19)$$

状态方程：$P = \rho RT$ $\qquad$ (5-20)

绝热方程：$\dfrac{P}{\rho^K} = $ 常数 $\qquad$ (5-21)

由能量方程可知，可压缩流体一维等熵流动，不同截面上单位质量流体动能与热焓之和为一定值。当流速增大时，热焓降低，相反，若流速减小，则热焓增大。当流速趋于零时，则热焓达最大值 H_0，称为总焓或滞止焓。

（2）基本特性

1）滞止参数与马赫数间的关系：在管内气体作等熵流动时，气流速度被滞止为零时的气体参数称滞止参数或总参数，以 H_0、T_0、P_0 等表示。

音速方程：$a = \sqrt{KRT}$ $\qquad$ (5-22)

马赫数：$\quad M = \dfrac{u}{a}$ $\qquad$ (5-23)

气体的滞止温度、滞止压力、滞止状态的密度与马赫数间的关系为：

$$\frac{T_0}{T} = 1 + \frac{K-1}{2}M^2 \qquad (5\text{-}24)$$

$$\frac{P_0}{P} = \left(1 + \frac{K-1}{2}M^2\right)^{\frac{K}{K-1}} \qquad (5\text{-}25)$$

$$\frac{\rho_0}{\rho} = \left(1 + \frac{K-1}{2}M^2\right)^{\frac{K}{K-1}} \qquad (5\text{-}26)$$

2）气体的临界参数与马赫数间的关系：气体流动至管道临界截面时，马赫数 $M=1$，称为气体处于临界状态，其参数为临界参数，截面为临界截面，以 P_*、T_*、a_*、A_* 等表示临界参数，故等熵流动能量方程可表示为：

$$a_* = \sqrt{\frac{2}{K+1}} a_0 \qquad (5\text{-}27)$$

气体临界参数：

临界温度比：$\quad \dfrac{T_0}{T_*} = \dfrac{K+1}{2}$ $\qquad$ (5-28)

临界压力比：$\quad \dfrac{P_0}{P_*} = \left(\dfrac{K+1}{2}\right)^{\frac{K}{K-1}}$ $\qquad$ (5-29)

临界密度比：$\quad \dfrac{\rho_0}{\rho_*} = \left(\dfrac{K+1}{2}\right)^{\frac{1}{K-1}}$ $\qquad$ (5-30)

对于空气、氧气等双原子气体的绝热指数 $K=1.4$，则临界参数简化公式列于表5-2。

为了工程应用，简化计算成为气体动力函数表见附录7，其变量是马赫数 M 和绝热指数 K。

5.2.2 压缩性气体的质量流量

（1）压缩性气体速度。利用焓计算气流速度：

$$u = \sqrt{2(H_0 - H)} \qquad (5\text{-}31)$$

利用能量方程计算气流速度：

表 5-2 空气、氧气临界参数简化公式

参　数	u_*	P_*	T_*	ρ_*	备　注
空　气	$18.31\sqrt{T_0}$	$0.528P_0$	$0.833T_0$	$0.634\rho_0$	
氧　气	$17.41\sqrt{T_0}$				

$$u=\sqrt{\frac{2K}{K-1}\frac{P_0}{\rho_0}\left(1-\frac{\rho_0}{\rho}\frac{P}{P_0}\right)} \qquad (5\text{-}32)$$

$$u=\sqrt{\frac{2K}{K-1}\frac{P_0}{\rho_0}\left[1-\left(\frac{P}{P_0}\right)^{\frac{K-1}{K}}\right]} \qquad (5\text{-}33)$$

$$u=\sqrt{\frac{2K}{K-1}RT_0\left[1-\left(\frac{P}{P_0}\right)^{\frac{K-1}{K}}\right]} \qquad (5\text{-}34)$$

$$u=\sqrt{\frac{2K}{K-1}R(T_0-T)} \qquad (5\text{-}35)$$

对于空气、氧气和过热蒸汽的绝热指数 K 和气体常数 R，空气 $K=1.4, R=287\text{N}\cdot\text{m}/\text{kg}\cdot\text{K}$，氧气 $K=1.4$，$R=260\text{N}\cdot\text{m}/\text{kg}\cdot\text{K}$，水蒸汽 $K=1.13$，$R=462\text{N}\cdot\text{m}/\text{kg}\cdot\text{K}$，将其代入式 (5-34)、(5-35) 得到计算气体流速的简化公式，列于表5-3。

表 5-3 气体流速的简化公式

空气流速 u	氧气流速 u	过热蒸汽流速 u
$44.82\sqrt{T_0\left[1-\left(\frac{P}{P_0}\right)^{0.286}\right]}$	$42.4\sqrt{T_0\left[1-\left(\frac{P}{P_0}\right)^{0.286}\right]}$	$60.96\sqrt{T_0\left[1-\left(\frac{P}{P_0}\right)^{0.286}\right]}$
$44.82\sqrt{T_0-T}$	$42.4\sqrt{T_0-T}$	$60.96\sqrt{T_0-T}$

例 5-3: 已知压缩空气压力 $P_0=0.5\text{MPa}$　$T_0=303\text{K}$，当气体流出压力 $P=0.01\text{MPa}$，求气体流速和温度。

解: 应用简化公式计算气流速度

$$u=44.82\sqrt{T_0\left[1-\left(\frac{P}{P_0}\right)^{0.286}\right]}$$

$$=44.82\sqrt{(303)\left[1-\left(\frac{0.01\times10^6}{0.5\times10^6}\right)^{0.286}\right]}=640\text{m/s}$$

气体温度 T:

$$\because u=44.82\sqrt{T_0-T}$$

$$\therefore T=303-\left(\frac{640}{44.82}\right)^2=99\text{K}$$

（2）压缩性气体流出的有效断面比。

1）有效断面比与马赫数间的关系：

$$\frac{A}{A^*} = \frac{1}{M}\left[\frac{1 + \dfrac{K-1}{2}M^2}{\dfrac{K+1}{2}}\right]^{\frac{K+1}{2(K-1)}} \tag{5-36}$$

2）有效断面比与压强比间的关系：

$$\frac{A}{A^*} = \sqrt{\frac{(K-1)\left(\dfrac{2}{K+1}\right)^{\frac{2}{K-1}}}{\left(\dfrac{P}{P_0}\right)^{\frac{2}{K}} - \left(\dfrac{P}{P_0}\right)^{\frac{K+1}{K}}}} \tag{5-37}$$

按空气、氧气的绝热指数 $K=1.4$，则（5-36）式简化为

$$\frac{A}{A^*} = \frac{(1 + 0.2M^2)^{3/2}}{1.728M} \tag{5-38}$$

按（5-38）式作曲线示于图5-6，每一个马赫数，相应对应着一个 $\dfrac{A}{A^*}$ 值；而每个截面比却对应着两个马赫数 M 值，一个是超音速流，另一个为亚音速流。由此可知，相同的截面比，可落在超音速区，也可落在亚音速区。可以是喷管也可以是扩张管，气流具有两个马赫数，即 $M<1$ 或 $M>1$。

（3）压缩性气体流出的质量流量。在稳定流动条件下，根据连续方程可知，流过喷管的质量流量对任一截面都是相等的。气流通过最小截面的气体流量，其气流速度低于音速，称为亚临界流量,流速等于音速时，称临界流量。

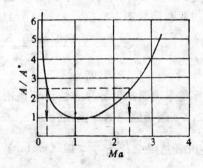

图 5-6 截面比与马赫数间关系

1）亚临界流量：

$$G = \frac{AP_0}{\sqrt{T_0}}\sqrt{\frac{2K}{R(K-1)}}\sqrt{\left(\frac{P}{P_0}\right)^{\frac{2}{K}} - \left(\frac{P}{P_0}\right)^{\frac{K+1}{K}}} \tag{5-39}$$

空气 $K=1.4$，$R=287\text{J/kg}\cdot\text{K}$

$$G_空 = 0.156\frac{AP_0}{\sqrt{T_0}}\sqrt{\left(\frac{P}{P_0}\right)^{\frac{2}{K}} - \left(\frac{P}{P_0}\right)^{\frac{K+1}{K}}} \qquad \text{kg/s} \tag{5-40}$$

氧气：$K=1.4$ $\qquad R=260\text{J/kg}\cdot\text{K}$

$$G_氧 = 0.164\frac{AP_0}{\sqrt{T_0}}\sqrt{\left(\frac{P}{P_0}\right)^{\frac{2}{K}} - \left(\frac{P}{P_0}\right)^{\frac{K+1}{K}}} \qquad \text{kg/s} \tag{5-41}$$

2）临界流量：

$$G_* = \frac{A^*P_0}{\sqrt{T_0}}\sqrt{\frac{K}{R}\left(\frac{2}{K+1}\right)^{\frac{K+1}{K-1}}} \qquad \text{kg/s} \tag{5-42}$$

空气的质量流量和体积流量

$$G_\text{空} = 0.04\frac{A^* P_0}{\sqrt{T_G}} \qquad \text{kg/s} \tag{5-43}$$

$$Q_\text{空} = 1.86\frac{A^* P_0}{\sqrt{T_0}} \qquad \text{m}^3/\text{min} \tag{5-44}$$

氧气的质量流量和体积流量

$$G_\text{氧} = 0.042\frac{A^* P_0}{\sqrt{T_0}} \qquad \text{kg/s} \tag{5-45}$$

$$Q_\text{氧} = 1.76\frac{A^* P_0}{\sqrt{T_0}} \qquad \text{m}^3/\text{min} \tag{5-46}$$

例 5-4： 已知 $P_0 = 0.2 \times 10^6 \text{Pa}$，$t_0 = 15℃$，大气压 $P = 0.1056 \times 10^6 \text{Pa}$，喷口最小截面 $A = 1\text{cm}^2$，求氧气质量流量。

解： $\dfrac{P}{P_0} = \dfrac{0.1056 \times 10^6}{0.2 \times 10^6} = 0.528$ 属临界状态，应用临界流量公式(5-45)计算氧气的质量流量

$$G = 0.042\frac{(10^{-4})(0.2 \times 10^6)}{\sqrt{273 + 15}} = 0.0495 \quad \text{kg/s}$$

应用亚临界状态下的流量公式 (5-41)

$$G = 0.164\frac{(10^{-4})(0.2 \times 10^6)}{\sqrt{288}}\sqrt{(0.528)^{\frac{2}{1.4}} - (0.528)^{\frac{2.4}{1.4}}}$$
$$= 0.05\text{kg/s}$$

计算结果表明二种计算方法都可选用。

5.2.3 超音速流的产生条件

应用音速 $a = \sqrt{\dfrac{dP}{d\rho}}$，欧拉（Euler）动量方程 $\dfrac{dP}{\rho} + udu = 0$，连续方程 $\dfrac{d\rho}{\rho} + \dfrac{du}{u} + \dfrac{dA}{A} = 0$ 得到气流参数与流通截面间的关系：

$$\frac{dA}{A} = (M^2 - 1)\frac{du}{u} \tag{5-47}$$

$$\frac{d\rho}{\rho} = -\frac{M^2}{(M^2 - 1)}\frac{dA}{A} \tag{5-48}$$

$$dP = -\frac{\rho u^2}{(M^2 - 1)}\frac{dA}{A} \tag{5-49}$$

从上述关系式可见，气体在变截面管中做等熵流动时，u、ρ、P 的变化方向与截面 A 的变化方向，是和马赫数大小有关，见表5-4。

由表5-4所列结果可得出以下结论：

（1）亚音速流（$M < 1$），在渐缩管内，气流速度增大，密度减小，压力降低；在渐扩管内，随气流速度减小，则密度增加，压力增高。

（2）超音速流（$M > 1$），与亚音速流相反，在渐缩管内，气流速度减小，密度增加，压力升高；在渐扩管内，气流速度增加，则密度减小，压力降低。

表 5-4

M	渐缩管 $\dfrac{dA}{dx}<0$			M	渐扩管 $\dfrac{dA}{dx}>0$		
	$\dfrac{du}{dx}$	$\dfrac{d\rho}{dx}$	$\dfrac{dP}{dx}$		$\dfrac{du}{dx}$	$\dfrac{d\rho}{dx}$	$\dfrac{dP}{dx}$
<1	>0	<0		<1	<0	>0	
>1	<0	>0		>1	>0	<0	

（3）音速（$M=1$），气流参数达临界状态，由 $\dfrac{d\rho}{\rho}=-M^2\dfrac{du}{u}$，得到 $\dfrac{d\rho}{\rho}=-\dfrac{du}{u}$，

必定有 $\dfrac{dA}{A}=0$，因此，临界截面是拉瓦尔喷管上的最小截面，称喉口。

综上所述，要获得超音速流，除满足 $\dfrac{P}{P_0}<0.528$，还应使亚音速流首先在渐缩管内加速，至喉口达到音速，再经渐扩管继续膨胀加速至超音速。这种先收缩而后扩张的喷管称拉瓦尔喷管。图5-7所示喷管称为拉瓦尔喷管。

5.2.4 膨胀波和激波

音速和超音速喷管偏离设计条件时，将出现激波和膨胀波。为正确设计喷管，应该介绍膨胀波和激波的概念。

（1）膨胀波。在超音速流膨胀加速过程中，形成气流参数连续地变化区域，称为膨胀波。当超音速流通过膨胀波时，气流速度逐渐加快，其气体温度，压力及密度逐渐降低。

超音速气流沿直壁面AO流动时，其马赫数为M_1，马赫角α_1，且马赫线是相互平行的见图5-8。当超音速流流至平壁某一点O处，壁面OB向外转折角为θ，此时，当气流下游的压力低于上游的压力时，气流沿壁面OB膨胀加速。膨胀加速后的马赫数M_2，马赫角α_2，马赫线C_2，必然是$M_2>M_1$，$\alpha_2<\alpha_1$，同时伴随气流密度、温度、压力的降低。由图5-8看出，OC_1为AO平壁最后一条马赫线，OC_2为OB平壁与M_2相适应的第一条马

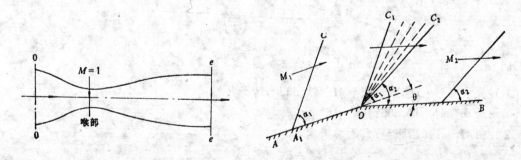

图 5-7　拉瓦尔喷管　　　　图 5-8　超音速气流沿平壁外转折角产生的膨胀波

赫线，气流的马赫数由M_1增加到M_2是在扇形区C_1OC_2区域内完成的，而且是连续逐渐地增加的，每一个马赫数相应都有一条马赫线，每一条马赫线上的马赫数都相等。气体在扇形区C_1OC_2出现的膨胀加速过程而形成的扇形波，称为膨胀波。超音速气流通过膨胀

波时，气体参数是连续变化的。

超音速流的膨胀加速是等熵过程，膨胀后的气体的温度、压力、密度的变化，可以应用一维等熵流的参数变化公式（5-24）、（5-25）、（5-26）等。

超音速流绕外钝角流动时，膨胀后的气流参数与壁面的转折角 θ 有关（见图5-8）。如果初始气流马赫数 $M=1$，膨胀后气流的马赫数 M 与转折角的函数式为

$$\theta = \sqrt{\frac{K+1}{K-1}} \operatorname{arctg} \sqrt{\frac{K-1}{K+1}(M^2-1)} - \operatorname{arctg}\sqrt{M^2-1}$$

超音速气流通过膨胀波是等熵过程，因此，应用上式及式（5-24）、（5-25）、（5-26），可求出膨胀波后的气流参数。为了便于计算，利用上述公式制成函数表列入附录9，其形式如表5-5所示，表中列出壁面转折角 $\theta°$，马赫线转角 $\varphi°$，马赫角 α，与马赫数、气流参数间的关系。λ 为无因速度比即任意截面的速度 u 与临界截面速度 u_* 之比。

例5-5: 空气流以 $M_1=1.605$ 的速度沿壁面平行流动，在 O 点壁面外折了 $\theta=20°$，若来流 $P_1=0.08×10^6 \mathrm{MPa}$，求气流膨胀后的速度 M_2 和压力 P_1，见例5-5图。

表 5-5 膨 胀 波 长

壁面转角 $\theta°$	马赫线转角 $\varphi°$	M	λ	P/P_0	ρ/ρ_0	T/T_0	马赫角 α
0°00′	0°00′	1.000	1.000	0.528	0.634	0.833	90°00′
…… ……	…… ……	…… ……	…… ……	…… ……	…… ……	…… ……	…… ……
130°27′	220°27′	∞	2.449	0	0	0	0°00′

解: 来流马赫数 $M_1>1$，为超音速流，它是由 $M=1$ 纯外折角 θ_* 膨胀而得到的，在此基础上再继续膨胀 $\theta=20°$ 角加速达到 M_2，由于膨胀后的马赫数 M_2 与总折角有关，而与折角过程无关，其解法是通过求折角 θ_*，以便求总折角和相应的 M_2、P_2 等

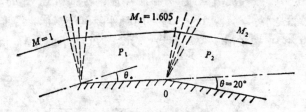

例 5-5 图

1）先求由 $M=1$ 膨胀加速至 $M_1=1.605$ 的转折角 θ_*，
由附录9查 $M_1=1.605$ 得 $\theta_*=15°$

2）由 $M_1=1.0$ 膨胀至 M_2 的总折角 $\Sigma\theta$

$$\Sigma\theta = \theta_* + \theta$$
$$= 15° + 20° = 35°$$

3）求 M_2、P_2
由附录9查总折角 $\Sigma\theta=35°$ 的马赫数 $M_2=2.327$，
再根据 $M_1=1.605$ 查得 $P_1/P_{01}=0.234$

$$M_2 = 2.327 查得 P_2/P_{02} = 0.0704$$

等熵流动过程，滞止压力 $P_{01} = P_{02}$

故
$$P_2 = \left(\frac{P_2}{P_{01}}\right)\left(\frac{P_{01}}{P_1}\right)P_1 = \frac{0.0764}{0.234}(0.08 \times 10^6)$$

$$= 0.0255 \times 10^6 \text{Pa}$$

不充分膨胀形成的膨胀波，音速或超音速流离开喷口，进入压力较低的气体介质时，就会出现膨胀波，示于图5-9。如气体在喷管内的流速为 u_1，马赫数 M_1，出口处压力为 P_e，喷管出口周围气体介质压力为 P_a。当气体的静压 P_e 高于环境气体压力 P_a 时，在压差 $\Delta P = P_e - P_a$ 的作用下，气体离开管口后，气流边界必向外膨胀，气流的有效断面逐渐扩大。这种现象与平壁向外折情况类似，在喷管出口边缘出现一组膨胀波见图5-10(b)。经过膨胀波超音速流速度逐渐增加到 u_2，压力和密度逐渐下降，这种情况称不充分膨胀。它不能将压力能最大限度地转化为动能，因此，设计超音速喷管，应尽量避免或适当地控制其不充分膨胀程度。

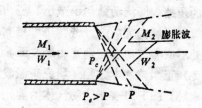

图 5-9　不充分膨胀出现的膨胀波

例5-6: 已知喷管出口，氧气流 $M_1 = 1.603$，$P_1 = 1.7 \times 10^6 \text{Pa}$，$t_1 = 27℃$，喷管外环境反压 $P_a = 0.1 \times 10^6 \text{Pa}$，试求气体经过膨胀波后的 M_2 及相应的 T_2 和 u_2。

解: (参看图5-8)

1) 求超音速流经喷管出口膨胀波的流向转折角 θ_2':

先求 P_2/P_0:

由 $M = 1.603$ 查附录九求得，$\theta_1 = 15°$，$P_1/P_0 = 0.234$，$T_1/T_2 = 0.660$

再求转折角 θ_2:

设理想设计工况，$P_a = P_2$，则

$$\frac{P_2}{P_0} = \left(\frac{P_a}{P_1}\right)\left(\frac{P_1}{P_0}\right) = \frac{(0.1 \times 10^6)}{(1.7 \times 10^6)}(0.234) = 0.138$$

根据 $P_2/P_0 = 0.138$ 查附录9，得到转折角 $\theta_2 = 25°$，则气流流向转角 θ_2':

$$\theta_2' = \theta_2 - \theta_1 = 25° - 15° = 10°$$

2) 求 T_2:

由 $P_2/P_0 = 0.138$ 查附录9，得到 $M_2 = 1.951$，$T_2/T_0 = 0.568$，$T_1 = 273 + t_1 = 300\text{K}$

$$\frac{T_2}{T_1} = \frac{T_2}{T_0} \cdot \frac{T_0}{T_1} = (0.568)\frac{1}{0.660} = 0.861$$

$$T_2 = 0.861 T_1 = 0.861(300) = 258.2\text{K}\ (t_2 = -14.8℃)$$

3) 气流速度 u_2:

音速 $a_2 = \sqrt{KRT_2}$，氧气 $K = 1.4$，$R = 260\text{N·m/kg·K}$

则

$$a_2 = \sqrt{(1.4)(260)(258.2)} = 306.56\text{m/s}$$

$$u_2 = M_2 a_2 = (1.951)(306.56) = 598\text{m/s}$$

计算结果表明超音速流经膨胀后，马赫数增加，气流速度继续增大。

（2）激波。激波是一种压缩波，它是在超音速流受到阻滞 或 压 缩 时，形成气流速度、压强、密度的间断面，破坏了超音速流气体介质 的 连 续 性。超音速流经过这个间断面，气体速度、压力、密度和温度将引起突变，使超音速流变成亚音速流，这个气流速度、压力、密度的间断面称为激波。激波是强扰动波，又称为冲击波。如果激波的方向与气流流动方向垂直则称正激波，如果相倾斜称斜激波，激波形状为曲面称曲面激波。

激波的存在会极大地增加超音速流的阻力，其阻力大于 按 速 度 平方计算的阻力损失值。

当超音速流出口的设计压力小于环境压力（喷管背压）时，气体离开喷管后，将受到一定的压缩，即流动截面积减小、压力升高，且压力升高是在图5-10(c) 所示两条很窄的倾斜黑线区域内完成的。若背压再提高，这两条斜线与喷管轴线所成的角度增大，直到在喷管处形成与流动方向垂直的激波面。

1）正激波基本方程：研究正激波的主要目的是建立激波前后气流参数的变化关系，并且求解。图5-11表示运动气体的静止正激波，取一包含正激波的控制体，正激波两侧的截面积相等，气体流过控制体与外界绝热。应用连续方程、动量方程和能量方程，得到范诺方程和瑞利方程。

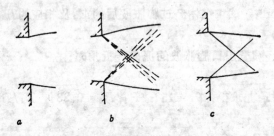

图 5-10 压缩波和膨胀波

连续方程

$$\rho_1 u_1 = \rho_2 u_2 = \frac{G}{A} \tag{5-50}$$

动量方程

$$P_1 - P_2 = \frac{G}{A}(u_2 - u_1) \tag{5-51}$$

能量方程

$$H_1 + \frac{u_1}{2} = H_2 + \frac{u_2^2}{2} = H_0 \tag{5-52}$$

热力学第二定律

$$S_2 - S_1 > 0$$

范诺线（Fanno）方程

它满足连续方程和能量方程，由式（5·51）.（5·52）得到

$$H = H_0 - \frac{\left(\dfrac{G}{A}\right)^2}{2\rho^2} \qquad (5\text{-}53)$$

由于 H_1、ρ_1、u_1 已知，故 H_0、$\dfrac{G}{A}$ 亦为已知。因此，每给出一个 H 值，根据热力学性质表，可以求得与密度 ρ，热焓 H 对应的温度 T，压力 P 和熵 S 值。在 $H-S$ 图上，利用 (5-53) 式绘出一条曲线，称为范诺线，(5-53) 式称为范诺方程。该方程反映气体在等截面管内进行绝热流动时，摩擦效应对气体参数变化的影响，这种流动称为范诺流。

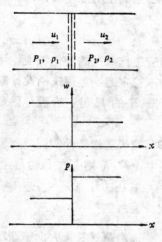

图 5-11 运动气体正激波

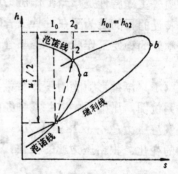

图 5-12 范诺线

图 5-12 中，范诺线上熵的变化代表摩擦效应所做的无用功。a 点表示对应滞止温度 T_0 和质量流量 G 状态下的最大熵值，马赫数 $M=1$。范诺曲线上高于 a 点的部分 $M<1$，低于 a 点的部分 $M>1$。

根据热力学第二定律，熵减小为非自发过程，因此，气体流动方向，都是自左向右沿范诺线变化，直至 a 点止。亚音速流不能经过 a 点转变为超音速流，相反，在无激波产生的情况下，超音速流也不能直接在等截面管段转为亚音速流。

应用式 (5-50)、(5-51) 得到瑞利（Reyleigh）线方程

$$P = P_1 + \rho_1 u_1^2 - \frac{(G/A)^2}{\rho} \qquad (5\text{-}54)$$

当 ρ_1、P_1、u 为已知，同样在 $H-S$ 图上，按上式作出一条曲线，此线称瑞利线（见图5-12）。瑞利线上有一 b 点，其 S 值最大，马赫数 $M=1$，高于 b 点的部分 $M<1$，低于 b 点的部分 $M>1$。

瑞利线满足正激波的连续方程和动量方程，但不能满足能量方程。这表示沿瑞利线的过程，一般与外界有热交换，改变气体滞止焓 H_0 的值。瑞利线实际代表等截面管有热交换的流动过程。

2）正激波方程的解：引入范诺线和瑞利线的目的是已知激波前气流参数，求激波后的气流参数。从图5-12可看出，根据已知条件将范诺线和瑞利线画在同一个焓熵图上，则

它们有两个交点 1 和 2。根据范诺线和瑞利线定义，点 1 和 2 都满足正激波的连续方程、动量方程和能量方程。再根据热力学第二定律，气体经过激波后熵 S 值不可能减小。因此，激波方向必然是由 1 到 2 点。这样，1 点代表激波前的气流状态，而 2 点表示激波后的气流状态。2 点的 H_2 值从图5-12可查出来，因而激波后气体的 P_2、T_2 及 ρ_2 值也就确定了。由于气体流过激波的过程是绝热的，故激波前后气体的滞止焓 H_0 值不变。因此，激波前后气流速度是

$$u_2 = \sqrt{2(H_0 - H_2)} \qquad\qquad (5\text{-}55)$$

气体通过激波以后，自状态 1 变到状态 2，意味着其速度从超音速突然降到亚音速；压力、密度、温度、焓、熵都突然增高，由于图5-12中 2_0 点的压力低于 1_0 点的压力，因而通过激波后，气体的滞止压力突然降低。

5.2.5　喷管工作特性

喷管工作特性是指当工作压力偏离设计压力时，喷管工作状况的变化特征。讨论喷管工作特性的目的是为了在设计喷管时，当喷管工作压力不稳定时，如何选择设计参数，以保证喷管的稳定工作状态；当喷管运行时，如何根据喷管的尺寸，合理地确定工作压力。

（1）渐缩形喷管的工作特性。图5-13所示为渐缩形喷管工作特性简图，a 表示喷管工作系统图，压缩气体由贮气罐经渐缩管喷嘴进入反压室。贮气罐原始压力 P_0，喷管出口处气流压力 P_e，反压室压力 P。b 和 c 分别表示马赫数和压力比（P/P_0）沿喷管长度方向的变化。根据压力比的变化，渐缩形喷管工作状况分为两类

1）工况 1：压力比 $1 > \dfrac{P}{P_0} \geqslant 0.528$，喷管内气流速度沿喷管长度方向逐渐增加，压力比则相应地降低。当 $\dfrac{P}{P_0} > 0.528$，喷管出口处气流速度只能达到亚音速，示于图5-13 b 中的曲线 1、2；当 $\dfrac{P}{P_0} = 0.528$ 时，出口气流速度达音速，压力沿管长的变化示于图5-13 c 曲线 3，这时，喷管出口处压力 $P_e = P$；当 $\dfrac{P}{P_0} < 0.528$ 时，在出口出现膨胀波，见图5-13 d。

2）工况 2：压力比 $\dfrac{P}{P_0} < 0.528$ 时，在喷管内气流压力比和流速，仍按图5-13 b 和 c 的曲线 3 变化。但是，喷管出口处 $P_e > P$，气流离开喷口时，在压力差 $\Delta P = P_e - P$ 的作用下，气流由喷口向外膨胀加速，产生膨胀波。随着气流的膨胀，静压不断下降，密度减小，流速增加，将引起过渡膨胀和压缩，加速了管外超音速流的衰减，迅速转为亚音速流。

在渐缩喷管来流参数和出口截面已给定的条件下，当 $P = P_0$ 时，喷管内没有气流，如图5-13 b 的 0 曲线。当 P 小于 P_0 时，喷管产生流动，图5-13 b 之 1 曲线所示，出口速度为亚音速，出口截面压力 $P_e = P$。在这种状况下，减小背压 P，可以提高气流出口速度，仍为亚音速流。当 $P = P_*$ 背压等于临界压力时，喷管出口速度达到音速，速度达最大，其质量流量亦达最大值，此时，称为阻塞流动，再降低背压 P 也不能提高其质量流量。这种情

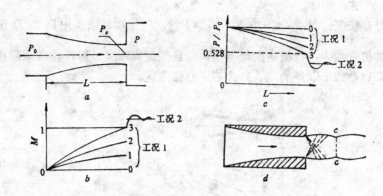

图 5-13 收缩形喷管的工作特性图

a—工作系统图；b—M数沿管长的变化；c—压强比沿管长的变化；d—$\dfrac{P}{P_0}<$

0.528出现的膨胀波

况下，若需增加喷管的质量流量，可依靠提高原始压力P_0，相应提高管口气流压力P_e和

临界密度P_*来实现。由公式（5-42）$G^* = \dfrac{A^* P_0}{\sqrt{T_0}} \sqrt{\dfrac{K}{R}\left(\dfrac{2}{K+1}\right)^{\frac{K+1}{K-1}}}$可知，当$T_0$、$A^*$一

定，质量流量G与原始压力P_0成正比，P_*增加亦增加质量流量及其动能。某些小型钢厂小型氧气转炉的喷枪和电炉吹氧管，均采用渐缩管，通过改变原始压力P_0来调正氧气的质量流量和气流的冲击作用。

（2）拉瓦尔喷管的工作特性。拉瓦尔喷管的结构是由一定形状的渐缩管和渐扩管组

成，在压力比$\dfrac{P}{P_0}<0.528$的条件下，可以得到超音速流。因而，不同压力比，它的工作特

性与渐缩喷管的工作特性差别很大。根据压力比不同，拉瓦尔喷管的工作状况分为文氏管区、过渡膨胀区、不充分膨胀区和理想工作状况等四个区域。图5-14所示为拉瓦尔喷管的工作系统和工作特性简图，分别表示拉瓦尔喷管图、压力比沿喷管长度方向的变化曲线、气流速度沿喷管长度方向的变化曲线。

1）文氏管工作区：当$\dfrac{P}{P_0}\geqslant 0.528$时，即反压室压力$P$较高，仅稍小于总压$P_0$，当

气流经渐缩—扩张管流动时，气流在收缩段内其流速逐渐增加，压力相应下降，至喉口截面时流速最大，仍为亚音速，$M<1$。此时，气流进入扩张段，气流为扩压管工作状态，故气流速度下降，压力升高，其工作特性类似文氏管工作状态，故称文氏管区，见图5-14中曲线3和4。

2）过渡膨胀区：当$\dfrac{P}{P_0}<0.528$时，且$P_e<P$，喷管喉口截面的气流参数达临界状

态P_*、T_*、ρ_*、u_*，此时，气流进入扩张段后，气流进一步膨胀加速达到超音速流，将压力能转化为动能。根据压力比或喷管出口压力P_e与反压P的偏离程度不同，出现激波的特性和位置也不同。依过渡膨胀程度，图5-14所示a、b为正激波，c为混合型激波，d为斜激波等。由于喷管内或外出现激波，扩张管内或外超音速气流突然下降为亚音速气流，在图5-14曲线1和2之间。

3）不充分膨胀区：当 $\dfrac{P}{P_0} < 0.528$，$P_e > P$ 时，气流离开喷管出口的 静 压大于环境反压，在喷管的扩张段内，气流达到超音速，而且气流离开喷口时，将继续膨胀加速，产生膨胀波，图5-14曲线 1 以外的 （f） 为不充分膨胀区。

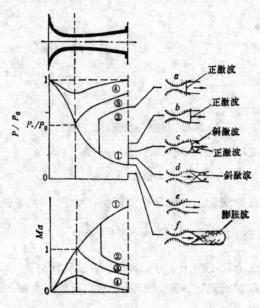

图 5-14　拉瓦尔喷管工作特性

4）理想工作状况：

当 $\dfrac{P}{P_0} < 0.528$，$P_e = P$ 时，喷管处于设计条件下的工作状况。图5-14曲线 1 和 e，在喷管临界处，气体参数达临界状态，扩张管内气流达超音速。离开喷口，仍保持稳定的超音速流。此时，气流压力能充分转化为动能，称为完全膨胀或充分膨胀。

根据拉瓦尔喷管特性，在设计时应该注意：

第一，设计拉瓦尔喷管，应避免产生激波，选择压力比 $\dfrac{P}{P_0} < 0.528$，$P_e \geqslant P$，选择其在理想工作状态和不充分膨胀状态下工作。

第二，扩张段采用曲面代替锥面，以消除由于边缘气流沿锥面喷出喷管时，气流与轴线不平行，必然出现过渡膨胀和压缩的反复过程。

5.2.6　超音速射流特性

压缩性气体从拉瓦尔型喷管喷射到自由空间时，可获得超音速素流自由射流。其结构分为三个区域，即势能核心区，超音速区和亚音速区，势流核心区内各点速度等于射流出口速度，势流核心区以外，在射流边界上，由于粘性作用与周围介质发生素流混合，进行动量交换而使射流速度减小，并逐渐向轴线上扩展，使轴线速度逐渐下降，达到某一点后，恰好等于音速。连接射流诸断面上的音速点，构成超音速射流区。此区域内各点的速度大于音速，而边界上等于音速。超音速区以外为亚音速区。由于超音速流卷吸量较小，则超音速流衰减铰小，断面扩展速度也较小。

超音速区的形状与大小和射流出口条件密切相关。$P_e > P$的出口条件形成的超音速区大于$P_e \leqslant P$出口条件的超音速区。超音速区域沿射流轴线方向的长度称超音速区域长度，其长度依射流出口条件而异。在$P_e = P$时，随着出口马赫数的增加，超音速区域长度增加。这是由于射流出口马赫数M越高，出口速度越大，则超音速区域越长。当出口马赫数相同时，对于$P_e > P$，$P_e = P$，$P_e < P$等三种出口状态，以$P_e > P$的超音速区域最长，且出口马赫数越高，提高出口压力将导致超音速区长度增长率越大。

超音速流核心段长度与马赫数成正比（示于图5-15），其中x为超音速流核心段长度，d_t为喉口直径，d_e为出口直径。可根据马赫数M，相应查出超音速流的核心段长度，也可用（5-56）式计算：

$$\frac{x}{d_e} = 0.274 \mathrm{MP}_0 \tag{5-56}$$

超音速流的衰减速度公式：

$$\frac{u_m}{u_e} = 0.247 \frac{d_e P_0}{x} \tag{5-57}$$

式中　u_m——距出口x截面上，流股中心线速度；

　　　u_e——气流出口速度。

根据r_0 / r_t（r_0为速度等于中心线速度$1/2$处的半径），可以估计射流截面积变化，图5-16给出无量纲图线，表示射流宽展度与出口马赫数和距喷嘴的距离间的关系。取有效射流半径$r = 2r_0$，借助图5-16，便可算出与喷嘴相隔任一距离处的r，以此估计射流的总宽展量。典型的速度或冲击压力分布乃是围绕中心线的一种正态分布。但是，直到超音速核心衰变之前，射流的宽展量不大。当达到衰变点，就以大约$18°$夹角扩张。图5-17指出两种射流的宽展断面。由此可确定喷枪位置、马赫数和宽展量间的关系。

超音速流中心线的冲击压力与距喷嘴间的函数关系示于图5-18，冲击压力与速度的m次方成正比，即与$\frac{x}{d_t}$成正比，用下式表示。

$$\frac{P_c}{P_0 - P} = K \left(\frac{x}{d_t} \right)^m \tag{5-58}$$

式中　m——不同马赫数的曲线斜率；

　　　P_c——射流的冲击压力；

　　　P_0——滞止压力；

　　　P——周围介质压力；

　　　K——常数。

超音速流中，超音速流股占主导地位的区域内的吸入量比亚音速区少，对于出口马赫数为$1-2$之间的超音速流，计算出其质量增量公式。

$$\frac{G_z - G_e}{G_e} = 9 \times 10^{-3} \sqrt{\frac{T_0}{T \cdot A_e} \left[1 + \frac{(K-1)M^2}{2} \right]^{-1}} \left\{ \frac{x}{d_e} - \left(\frac{x}{d_e} \right)_{核心} \right\} \tag{5-59}$$

式中　T_0——滞止温度　K；

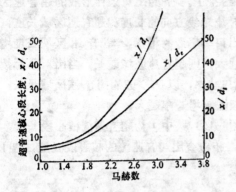

图 5-15 超音速核心段长度和出
口马赫数之间的关系
(Smith and Holden, Hogg 根据Anderson
and Johns的结果改作,ibid.)

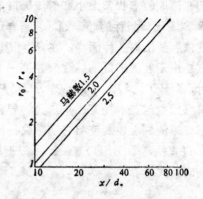

图 5-16 射流宽展特性与马赫数和
距喷咀的距离之关系
(Smith 根据Anderson and Johns的
结果改作,ibid.)

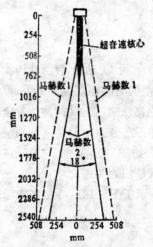

图 5-17 流量相同（184m³/min）、马赫数
分别为1和2的两种射流的宽展量
(Smith根据Anderson and Johns 的结
果改作,ibid.)

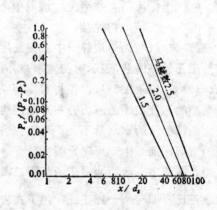

图 5-18 最大冲击压力与马赫数
和距喷咀的距离之关系
(Smith根据Anderson and Johns的
结果改作, ibid.)

T ——环境温度，K;

G_x ——x 处质量流量;

G_e ——喷咀出口质量流量。

$\left(\dfrac{x}{d_e}\right)_{核心}$，由图5-15确定超音速核心段长度。

（5-59）方程式满足从喷口至约10d_e 段的区域内，吸入的质量增量，且随周围介质温度增加，射流的卷吸量减小。

例 5-7: 一支氧枪，滞止压力$P_0=0.807$MPa，马赫数 $M=2$，环境压力$P=0.103$ MPa，氧气流量为425m²/min。喉口半径为 0.041m，为对金属熔池产生 0.258m² 的冲击面积，应当将氧枪位置置于多高，中心线处冲击压力和超音速核心段有多大?

116

解:

1）氧枪位置：射流的有效半径和速度等于中心线速度二分之一处的半径。

$$r = \sqrt{\frac{0.258}{\pi}} = 0.286 \mathrm{m}$$

$$r_0 = \frac{1}{2} r = 0.143 \mathrm{m}$$

$$r_0/r_t = \frac{0.143}{0.041} = 3.49$$

根据图5-16，$M=2$，$r_0/r_t=3.49$，查得$x/d_t=27$，所以氧枪位为：

$$x = 27(0.082) = 2.21 \mathrm{m}$$

2）冲击压力：由图5-18，根据$M=2$，$x/d_t=27$，查出最大冲击压力为$\frac{P_c}{P_0-P}=$

0.14

$\because P_0 - P = (0.807 - 0.103) \times 10^6 \mathrm{Pa} = 0.704 \times 10^6 \mathrm{Pa}$

$\therefore P_c = 0.14(0.704) \times 10^6 = 0.0985 \mathrm{MPa}$（表压）

3）超音速核心段长度：由图5-15，$M=2$，查出$x/d_e=14$，则超音速核心段长度为：

$$x = 14 d_t = 14(0.082) = 1.148 \mathrm{m}$$

5.2.7 高速喷管的设计

气体喷管主要用于输送气体，将气体的压力能转化为动能，获得较高的气体流出速度，根据各种工艺要求提供所需的气体量。

在已知条件下，根据所需提供的气体流量计算喷管的主要尺寸，或根据喷管出口截面，计算出口流速和流量等参数。

根据喷管上、下游压力不同，压力比$\frac{P}{P_0} > 0.528$为收缩喷管可以得到亚音速流，压力比$\frac{P}{P_0} < 0.528$为拉瓦尔喷管，可获超音速流。本节分别介绍超音速和亚音速喷管的设计计算。

（1）拉瓦尔喷管的设计。当压力比$\frac{P}{P_0} < \frac{P_*}{P_0}$，马赫数$M > 1$时，为了使压力能转化为动能，应采用拉瓦尔喷管，以氧气喷管为例介绍其设计方法：

1）喷头设计要求：

A、提供冶炼需要的供氧强度（指转炉炼钢过程中，单位时间内，每吨钢所需氧量，$\mathrm{m}^3/\mathrm{t} \cdot \mathrm{min}$），要求正确计算喉口直径和确定合理操作压力。

B、在一定氧压下，保证射流具有较大的动能，要求选择合理抢位，以确保钢液搅拌和不出现喷溅。

2）喷头设计的已知条件：根据铁水成分、出钢量、钢种、吹炼时间等因素来确定每吨钢的耗氧量，考虑泡沫渣形成的影响，喷头出口的环境压力，可选择绝对压力为0.1～

0.107 MPa，喷管流量系数，单孔喷枪为0.95～0.96，三孔喷头为0.90～0.95。已知氧气总压 P_0，总温 T_0，总密度 ρ_0，或出口马赫数 M。

3）喷头设计：图5-19示出单孔喷枪。

A、根据压力比与马赫数关系式（5-25），按已知条件，确定其相应压力比或马赫数。

$$\frac{P_0}{P} = \left(1 + \frac{K-1}{2} M^2\right)^{\frac{K}{K-1}}$$

$$M^2 = \frac{2}{K-1}\left[\left(\frac{P_0}{P}\right)^{\frac{K-1}{K}} - 1\right]$$

B、根据喷管有效断面比公式（5-36）～（5-38），确定其出口和临界截面比。

$$\frac{A}{A^*} = \frac{1}{M}\left[\frac{1 + \frac{K-1}{2}M^2}{\frac{K+1}{2}}\right]^{\frac{K+1}{2(K-1)}}$$

$$\frac{A}{A^*} = \sqrt{\frac{\frac{K-1}{K+1}\left(\frac{2}{K+1}\right)^{\frac{2}{K-1}}}{\left(\frac{P}{P_0}\right)^{\frac{2}{K}} - \left(\frac{P}{P_0}\right)^{\frac{K+1}{K}}}}$$

$$\frac{A}{A^*} = \frac{(1 + 0.2M^2)^3}{1.728M}$$

C、喷管中的气流速度公式（5-31）～（5-35），式（5-22）～（5-24）：

$$u = \sqrt{\frac{2K}{K-1}\frac{P_0}{\rho_0}\left[1 - \left(\frac{P}{P_0}\right)^{\frac{K-1}{K}}\right]}$$

$$a = \sqrt{KRT}$$

$$\frac{T_0}{T} = 1 + \frac{K-1}{2}M^2$$

D、喷管的质量流量，应用（5-41）和（5-45）式：

$$G = 0.164\frac{AP_0}{\sqrt{T_0}}\sqrt{\left(\frac{P}{P_0}\right)^{\frac{2}{K}} - \left(\frac{P}{P_0}\right)^{\frac{K+1}{K}}}$$

$$G_* = 0.042\frac{A^*P_0}{\sqrt{T_0}}$$

E、收缩段长度：收缩段的作用是将亚音速流加速至音速，由等截面管向收缩段过渡，采用逐步过渡和直接连接法均可，注意光滑连接。接近喉口的过渡应平稳圆滑，收缩锥角以30°～45°为宜。

$$L_{缩} = \frac{d_0 - d_*}{2\operatorname{tg}\frac{\beta}{2}} \tag{5-60}$$

F、扩张段长度：为获得均匀稳定的超音速流，避免超音速流过渡膨胀产生激波或射流在管外继续膨胀，避免射流偏离喷管内壁，喷管扩张角一般以7°～8°为宜。

$$L_{\text{扩}} = \frac{d - d_*}{2\text{tg}\dfrac{\alpha}{2}} \qquad (5\text{-}61)$$

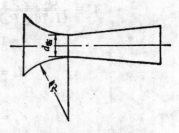

图 5-19　单孔喷头

例 5-8：氧气转炉公称容量50t(表5-6)，其装入量依炉次变化，1—50次装50t，50—100次装58 t，100—150次装67 t，冶炼时间20min，吨铁供氧量为60m³/t，输送氧压1.2MPa（绝对压力），氧气平均温度15℃，喷头出口压力0.104MPa（绝对压力），枪位0.9—1.2m，试设计满足转炉工艺要求的氧气喷头？

表 5-6

装入量 N t	总氧流量，m³/min $q = \dfrac{QN}{\tau}$	单孔氧流量，m³/min $Q = q/n$
50	150	50
58	174	58
67	201	67

设计计算：

1）氧流量计算q，选择三孔喷头（图5-20）设计，选择$q = 150$m³/min为设计初始条件，按照设计工况条件进行设计，当冶炼超过50炉次，随装入量扩大，调正总氧压以满足供氧量增加的需要。

2）确定马赫数M和总压P_0：为选择最佳射流特性，设马赫数$M = 2$，故按（5-25）式确定P_0。

$$P/P_0 = \left(1 + \frac{K-1}{2}M^2\right)^{-\frac{K}{K-1}}$$

$$= \left(1 + \frac{1.4-1}{2}2^2\right)^{-\frac{1.4}{1.4-1}} = 0.1278$$

$$P_0 = \frac{0.104 \times 10^6}{0.1278} = 0.81 \times 10^6 \text{N/m}^2$$

3）计算出口和临界截面比，选用（5-38）式：

$$\frac{A}{A^*} = \frac{(1 + 0.2M^2)^3}{1.728M}$$

$$= \frac{[1 + 0.2(2)^2]^3}{1.728(2)} = 1.688$$

4）计算喷头出口截面，应用（5-45）式或（5-46）式计算A^*，流量系数$C_D = 0.93$，$Q = 50$m³/min

$$Q = 1.76\frac{A^* P_0}{C_D \sqrt{T_0}}$$

$$A^* = \frac{QC_D\sqrt{T_0}}{(1.76)(P_0)} = \frac{(50)(0.93)\sqrt{288}}{(1.76)(0.81 \times 10^6)} = 0.00055 \text{m}^2$$

$$A = 1.688A^* = 0.00093 \text{m}^2$$

$$d_* = \sqrt{\frac{4A^*}{\pi}} = 0.0264 \text{m}$$

$$d_e = \sqrt{\frac{4A}{\pi}} = 0.0343 \text{m}$$

5）最大流量所需总压，出口截面压力：

A、总压P_0，应用（5-46）式计算

$$P_0 = \frac{QC_D\sqrt{T_0}}{1.76A^*}$$

$$= \frac{67(0.93)\sqrt{288}}{1.76(0.00055)} = 1.09 \times 10^6 \text{N/m}^2$$

B、计算出口截面压力

$M = 2$，则$\dfrac{A}{A^*} = 1.688$，$P_0 = 0.81 \times 10^6 \text{N/m}^2$的出口压力为0.104MPa。

$$P = 0.1278P_0$$
$$= 0.1278(1.09 \times 10^6) = 0.139 \text{MPa}$$

当总压为$1.09 \times 10^6 \text{N/m}^2$，出口压力为0.139MPa，出口马赫数为$M = 2$，超音速射流出口以后，可膨胀加速至 $M = \left[\dfrac{2}{K-1}\left(\left(\dfrac{P_0}{P} \right)^{\frac{K-1}{K}} - 1 \right) \right]^{1/2} = 2.19$，出口截面比1.987，出口截面0.00109m²，其膨胀度约为

$$\frac{A_{max} - A}{A_{max}} = \frac{0.00109 - 0.00093}{0.00109} = 15\%$$

该工况处于不充分膨胀区域，允许总压波动±20%左右，出口后其射流膨胀度约为16%，即允许出口截面扩至16%，便可保证稳定的超音速流，因此，这种设计是较合理的。

6）扩张段长度，选择扩张角$\alpha = 8°$

$$L_F = \frac{d - d_*}{2\text{tg}\dfrac{\alpha}{2}}$$

$$= \frac{0.0343 - 0.0264}{2\text{tg}4°} = 0.0564 \text{m}$$

7）收缩段长度：喉口段长度选0.004m，选择$d_0 = 0.04$m，收缩角$\beta = 40°$

$$L_{缩} = \frac{d_0 - d_*}{2\text{tg}\beta/2}$$

$$= \frac{0.04 - 0.0264}{2\text{tg}20°} = 0.187 \text{m}$$

8）喷孔轴线与氧喷头轴线夹角 γ 选择9～11°，相应端面与水平面夹角 $\beta°$ 为11°。

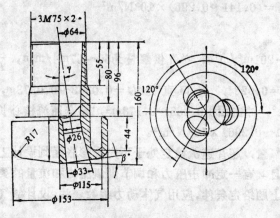

图 5-20　三孔拉瓦尔型喷嘴图（30t转炉用）

9）冲击面积：按照图5-17射流宽展特性与马赫数间关系求超音速射流冲击面积，由枪位与临界直径比相应查 $M=2$ 时的有效射流半径与临界半径之比，求出相应冲击面积。

$$\frac{x}{d_*} = \frac{1.2}{0.0264} = 45$$

枪位为1.2m

查图5-16，$M=2$ 的 $r_0/r_* = 5.2$

　$r_0 = 5.2r_*$，$r_1 = 2r_0$，则有效直径 $d_1 = 4r_0$

∴ $d_1 = 4(5.2)r_* = 2(5.2)(0.0264) = 0.275$m

单孔有效冲击面积 $A_1 = \frac{\pi}{4}d_1^2 = 0.059$m²

三孔喷头冲击总有效面积 ΣA_1，总有效直径 D_1：

$$\Sigma A_1 = 3A_1 = 0.178\text{m}^2$$
$$D_1 = 0.476\text{m}$$

枪位为0.9m，$\frac{x}{d_*} = \frac{0.9}{0.0264} = 34$，查图5-16，$M=2$，$r_0/r_* = 3.6$，有效直径 $d_2 = 4(3.6r_*) = 0.19$m，单孔有效冲击面积 $A_2 = 0.028$m²，三孔喷头总冲击面积约为0.085m²，总有效直径 $D_2 = 0.329$m。

10）超音速射流核心长度：

根据图5-15，由 $M=2$ 查 $x/d_e = 20$，$L = 20d_e$

∴ $L = 20(0.0343) = 0.686$m

由 $M = 2.19$，查 $L = 27d_e = 27(0.0373) = 1.007$m

11）超音速流冲击压力：

由图5-18，$M = 2 \sim 2.19$，$L/d_* = 24.8 \sim 37.7$，查出冲击压力比 $\frac{P_c}{P_0 - P_a} = 0.2 \sim 0.3$，其冲击压力：

$$P_{c_1} = 0.2(P_0 - P_a)$$
$$= 0.2(0.81 - 0.104) \times 10^6 = 0.141 \times 10^6 \text{N/m}^2$$

$$P_{c_2} = 0.3(1.09 - 0.104) \times 10^6 = 0.296 \times 10^6 \, \text{N/m}^2$$

其冲击压力 $P_c = (0.141 \sim 0.296) \times 10^6 \text{N/m}^2$

设计结果：

供氧总量 $150 \sim 201 \text{m}^3/\text{min}$，单孔供氧量为 $50 \sim 67 \text{m}^3/\text{min}$，$\dfrac{P}{P_0} = 0.1278 \sim 0.095$，

$M = 2 \sim 2.19$，$d_* = 0.0264$，出口直径 $d_e = 0.0343 \sim 0.0373\text{m}$，$L_r = 0.0564\text{m}$，$L_{扩} = 0.187\text{m}$，$r = 9 \sim 11°$，冲击面积 $0.085 \sim 0.178\text{m}^2$，超音速流核心长度为 $0.686 \sim 1.007\text{m}$，冲击压力为 $(0.141 \sim 0.296) \times 10^6 \text{N/m}^2$。

该设计满足供氧量，超音速流稳定处于不充分膨胀区到设计工作特性区域，枪位，冲击面积满足要求，且具有一定冲击压力和调节供氧压力和流量的要求。

例 5-9：根据上题给定条件，应用气体动力函数表法，设计氧气喷头？

设计计算：

1）计算各参数的原始属性：

$$a_0 = \sqrt{KRT_0} = \sqrt{(1.4)(260)(273+15)} = 324 \text{m/s}$$

$$\rho_0 = \frac{P_0}{RT_0} = \frac{1.2 \times 10^6}{(260)(288)} = 16.03 \text{kg/m}^3$$

2）计算临界截面参数，由附录7查 $M = 1$ 的相应参数比值：

$$\frac{P_*}{P_0} = 0.52828 \qquad \therefore P_* = 0.52828(1.2 \times 10^6) = 0.634 \times 10^6 \text{Pa}$$

$$\frac{T_*}{T_0} = 0.8333 \qquad \therefore T_* = 0.8333(288) = 240\text{K}$$

$$\frac{\rho_*}{\rho_0} = 0.63394 \qquad \therefore \rho_* = 0.63394(16.03) = 10.16 \text{kg/m}^3$$

$$\frac{a_*}{a_0} = \sqrt{\frac{T_*}{T_0}} = 0.913 \qquad \therefore a_* = 0.913(324) = 296\text{m/s}$$

3）计算临界截面积：

$$A_* = \frac{G}{a_* \rho_*} = \frac{\rho Q}{a_* \rho_*} = \frac{(1.429)(67/60)}{(296)(10.16)} = 0.00053 \text{m}^2$$

$$d_* = \sqrt{\frac{4A_*}{\pi}} = \sqrt{\frac{4(0.00053)}{\pi}} = 0.0259\text{m}$$

4）求出口参数：由 $\dfrac{P}{P_0} = \dfrac{0.104 \times 10^6}{1.2 \times 10^6} = 0.0866$，查相应参数比值：

$$\frac{T}{T_0} = 0.4989 \qquad \therefore T = 0.4989(288) = 143.68\text{K}$$

$$\frac{\rho}{\rho_0} = 0.17404 \qquad \therefore \rho = 0.17404(16.03) = 2.79 \text{kg/m}^3$$

$$\lambda = \frac{u}{u_*} = 1.7374 \qquad \therefore u = 1.7374(296) = 514.27\text{m/s}$$

$$\frac{A}{A^*} = 2.0964 \qquad \therefore A = 2.0964(0.00053) = 0.00111\text{m}^2$$

$$A_* = \frac{A}{C_D} = \frac{0.0011}{0.93} = 0.001195\text{m}^2$$

$$d_e = 0.039\text{m}$$

马赫数 $M = 2.25$

选择不充分膨胀的超音速喷管工作状态，应采用最大流量或最大压力设计计算所得到的喷头设计参数，应以喉口满足最小流量的条件下，计算所需氧压，且确定其压力比和马赫数，最后确定出口截面。

应用（5-46）式，根据最小流量 $Q = 50\text{m}^3/\text{min}$ 选择总压，以便确定出口马赫数和出口截面。

$$Q = 1.76\frac{A^* P_0}{C_D\sqrt{T_0}} \qquad P_0 = \frac{(50)(0.93)\sqrt{288}}{1.76(0.00055)} = 0.815\text{MPa}$$

$$\frac{P}{P_0} = \frac{0.104 \times 10^6}{0.815 \times 10^6} = 0.1276 \quad \text{依此查附录 7 得} M = 2, \frac{A}{A^*} = 1.6875$$

$$A = 0.000928\text{m}^2$$

$$\frac{A}{A^*} = 1.6875 \qquad A = 0.000928\text{m}^2 \qquad d_e = 0.0344\text{m}$$

最后，选择喷头设计参数：

$M = 2$，$A^* = 0.00055\text{m}^2$，$A = 0.000928\text{m}^2$，总压 $P_0 = (0.815 \sim 1.2)\text{MPa}$，可满足冶炼工艺需要，该计算结果与例5-9相同。

（2）亚音速喷管设计。当气流出口压力比等于或大于临界压力比时，为将压力能充分转化为动能，采用收缩形喷管。在这种状况下的气流出口速度可得到亚音速或音速，故称收缩形喷管为亚音速喷管。这类喷管的关键几何参数是喷管的出口截面，因此，设计主要是确定喷管出口截面参数。

现举例说明亚音速喷管的设计方法。

例 5-10：已知氧气原始压力 $P_0 = 0.5\text{MPa}$，反应室压力 $P = 0.28\text{MPa}$，其原始温度 $T_0 = 288\text{K}$，流量 $180\text{m}^3/\text{h}$，采用圆形截面喷管，输送管直径为 0.025m，试计算喷管出口直径。

解:

1）压力比和出口马赫数：

$$\frac{P}{P_0} = \frac{0.28 \times 10^6}{0.5 \times 10^6} = 0.56 > 0.528$$

根据压力比可知采用收缩形喷管。依压力比查附录 7 马赫数 $M = 0.95$，$T/T_0 = 0.847$，$\rho/\rho_0 = 0.660$。

2）确定出口流速：

出口温度 $T = 0.847T_0 = 244\text{K}$

出口音速 $a = \sqrt{KRT} = \sqrt{(1.4)(260)(244)} = 298\text{m/s}$

出口流速　$u = Ma = 0.95(298) = 283\text{m/s}$

根据气体状态方程 $P/\rho T = c$

$$\rho_0 = \frac{P_0 \rho T}{P T_0} = \frac{(0.5 \times 10^6)(1.429)(273)}{(0.1 \times 10^6)(288)} = 6.77\text{kg/m}^3$$

式中 P，ρ，T 为标准状态下的参数。出口密度

$$\rho = 0.660 \quad \rho_0 = 0.660(6.77) = 4.47\text{kg/m}^3$$

3）确定喷管出口直径：

氧气质量流量　$G = \dfrac{\rho Q}{3600} = \dfrac{(4.47)(180)}{3600} = 0.224\text{kg/s}$

由连续方程确定收缩喷管出口面积

$$A = \frac{G}{\rho u} = \frac{0.224}{(4.47)(283)} = 0.000177\text{m}^3$$

$$d = \sqrt{\frac{4A}{\pi}} = \sqrt{\frac{4(0.000177)}{\pi}} = 0.015\text{m}$$

取速度系数 $C_D = 0.98$，实际出口断面

$$A_{\text{实}} = \frac{A_{\text{出}}}{C_D} = \frac{0.000177}{0.98} = 0.0001806\text{m}^2$$

$$d_{\text{实}} = \sqrt{\frac{4A_{\text{实}}}{\pi}} = \sqrt{\frac{4(0.0001806)}{\pi}} = 0.0152\text{m}$$

喷管收缩角取30°，其长度

$$L_{\text{缩}} = \frac{d_0 - d}{2\,\text{tg}\,\beta/2}$$

$$= \frac{0.025 - 0.0152}{2\,\text{tg}\,15°} = 0.0183\text{m}$$

5.3　喷射器

喷射器包括喷管、混合管、扩张管和收缩管四个部分。简单的喷射器仅有喷管和混合管，其结构见图5-21。经喷管喷射高速气流，引射流速较低的被喷射介质，再通过混合管喷出。根据喷射介质压力比 P/P_0 的不同，可采用渐缩型亚音速喷管或拉瓦尔型超音速喷管。

混合段的作用在于促进喷射和被喷射介质的混合及速度分布均匀。收缩和扩张段是为了提高喷射器的效率。

喷射器主要用于输送气体、液体和粉粒等，常用的喷射器有排烟喷射器、无焰燃烧器、水蒸汽喷射器、气力输送喷射器、喷射除尘器等。

5.3.1 喷射器基本原理

喷射气体经喷管至限制空间，形成湍流射流，当射流边界与被喷射介质相遇，发生质点间相互碰撞进行着动量交换，被喷射介质被卷入射流，且随着射流的发展，被卷入的被喷射介质越来越多，射流截面越来越大，直至射流边界与混合管壁面相遇，完成被喷射介

质引射至喷射气体射流内，此段为吸入区段，以后，促进两种介质的混合及速度均匀分布称为混合区段。喷射气体的动量越大，造成负压越大，则被卷入的被喷射介质的量越大，喷射气体与被喷射介质成正比关系。

（1）简单喷射器的喷射方程。喷射器基本原理如图5-22所示。喷射气体从喷射管中喷入混合粗管，被喷射介质通过AB截面入混合管，混合后的气体通过CD排出。在图5-22中：

G_1，u_1——喷射气体的质量流量和流速；

G_2，u_2——被喷射介质质量流量和流速；

G_3，u_3——混合气体的质量流量和流速；

P_1，P_2——喷射气体和被喷射介质在AB截面的静压，当马赫数$M_1 < 1$时，$P_1 = P_2$；

P_3——混合气体在CD截面上的静压。

应用欧拉方程列出AB和CD截面间的动量方程。

$$G_3 u_3 - (G_1 u_1 - G_2 u_2) = (P_2 - P_3) A_3 \tag{5-62}$$

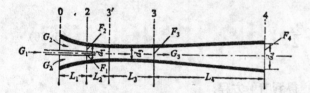

图 5-21　喷射器结构

0-2面—吸入口；2-3面—混合管；3-4面—扩张管

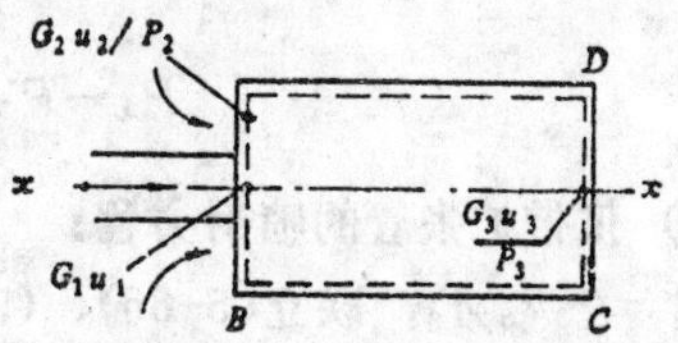

图 5-22　喷射器基本原理

（5-62）式就是喷射的基本方程，混合管$ABCD$两端压力决定于其动量差。在气体流量和管径一定时，动量大小取决于管道截面速度分布状况，动量与流速平方成正比。截面上速度分布越不均匀，气体所具动量越大，气流在AB面到CD面的断面上速度分布均匀化了，因而动量减小，压力提高，即$P_2 < P_3$。若CD与大气相通，则P_3与外界压力P_0相等，所以，$P_2 < P_0$。这时，喷射管入口端（AB截面）造成负压，则将被喷射气体吸入混合管中，这个负压便是被喷射介质吸入混合管的推力。在其它条件相同时，负压的绝对值越大，被喷射介质吸入量越多。

（2）带扩张管的完整喷射器的喷射方程。为了增加喷射器出口与吸入口间压差，提高喷射效率，常在混合管后面安装一个扩张管。气体通过扩张管时，速度降低，部分动压转化为静压，扩张管末端一般与大气相通，这样，可进一步增加被喷射介质吸入口压力。

图5-21中，0-2面之间，为提高喷射效率，减少能量损失，被喷射介质的吸入口为喇叭形管口，入口速度较小，可以忽略，出口速度为u_2，因此，0-2面间的柏努利方程为：

$$P_0 = P_2 + \frac{1}{2}\rho_2 u_2^2 + K_2 \frac{1}{2}\rho_2 u_2^2$$

或

$$P_2 - P_0 = -(1 + K_2)\frac{1}{2}\rho_2 u_2^2 \tag{5-63}$$

混合管是喷射器的核心，使喷射气体与被喷射介质的速度趋于均匀，降低其动量，使混合管内产生压差。将混合管制成收缩形状，更有利于管内速度均匀化。一般混合管包括一个收缩管（2与3′截面）和一个圆筒形管（3′和3截面）。

2-3截面间的动量方程：

$$(P_2 - P_3)A_3 = G_3 u_3 - (G_1 u_1 + G_2 u_2) + \lambda \frac{L_3}{D_3} \frac{\rho_3}{2} u_3^2 \tag{5-64}$$

扩张管的3～4截面之间柏努利方程：

$$P_3 + \frac{1}{2}\rho_3 u_3^2 = P_4 + \frac{1}{2}\rho_4 u_4^2 + K_3 \frac{1}{2}\rho_3 u_3^2$$

若 $u_3 A_3 = u_4 A_4$，$\rho_3 = \rho_4$ 则上式可写为

$$P_4 - P_3 = \left[1 - \left(\frac{A_3}{A_4}\right)^2 - K_3\right]\frac{\rho_3}{2}u_3^2 \tag{5-65}$$

令 $\eta_{扩} = 1 - \left(\frac{A_3}{A_4}\right)^2 - K_3$ 为扩张管效率，它代表扩张管所增加的抽力与扩张管入口端动压之比：

$$P_4 - P_3 = \eta_{扩}\frac{\rho_3}{2}u_3^2 \tag{5-66}$$

1）仅带扩张管的喷射方程：

$G_3 = \rho_3 u_3 A_3$，联立(5-66)、(5-62)得到喷射方程：

$$P_4 - P_2 = \frac{\rho_3 u_3 (G_1 u_1 + G_2 u_2 - G_3 u_3)}{G_3} + \eta_{扩}\frac{\rho_3}{2}u_3^2 \tag{5-67}$$

2）入口端有收缩管完整喷射器的喷射方程：将式（5-63）和（5-67）联立得到完整喷射方程。

$$P_4 - P_0 = \frac{\rho_3 u_3 (G_1 u_1 + G_2 u_2 - G_3 u_3)}{G_3} + \eta_{扩}\frac{\rho_3}{2}u_3^2 - (1 - K_2)\frac{\rho_2}{2}u_2^2 \tag{5-68}$$

式中　K_2——喇叭形气体入口收缩管阻力系数，一般取0.2～0.3；

　　　K_3——混合管与扩张管的阻力系数，一般取0.15～0.3；

　　　$\eta_{扩}$——扩张角6°～8°，$d_4/d_3 \approx 1.5$，$\eta_{扩}$一般为0.5。

（5-67）和（5-68）式都是计算喷射器所造成的压差基本方程，（5-67）式表示扩张管末端与混合管入口的压差与参数间关系。其它条件相同时，喷射气体速度u_1越大，压差（$P_4 - P_2$）值也越大，而混合气体速度u_3过大或过小，都对喷射作用产生不利影响。

例 5-11： 某平炉排烟量为41500 m^3/h，排出烟气温度为485℃,烟气密度为1.3 kg/m^3,烟囱出口直径1.8m，为增加烟囱抽力，采用喷射辅助排烟，已选用喷射用风机压力为2700Pa，风量36000 m^3/h，安装简图5-23，试估计喷射器造成的抽力。

解： 应用式（5-67）求解抽力。

$$P_4 - P_2 = \frac{\rho_3 u_3 (G_1 u_1 + G_2 u_2 - G_3 u_3)}{G_3} + \eta_{扩}\frac{\rho_3}{2}u_3^2$$

$$G_1 = \rho_1 Q_1 = 1.29 \frac{36000}{3600} = 12.9 kg/s$$

$$G_2 = \rho_2 Q_2 = 1.3 \frac{41500}{3600} = 14.98 \text{kg/s}$$

$$u_1 = C_D \sqrt{\frac{2\Delta P}{\rho}} = 0.9 \sqrt{\frac{2 \times 2700}{1.29}} = 58.23 \text{m/s}$$

$$u_2 = \frac{Q_2(1+\beta t)}{A_2} = \frac{\frac{41500}{3600}\left(1+\frac{485}{273}\right)}{\frac{\pi}{4}(1.8)^2} = 12.58 \text{m/s}$$

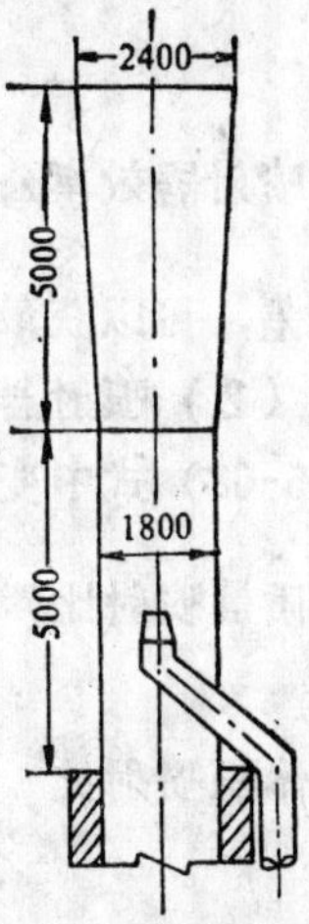

忽略喷嘴占有面积

$$G_3 = G_1 + G_2 = 12.9 + 14.98 = 27.88 \text{kg/s}$$

$$\rho_3 = \frac{G_3}{Q_1 + Q_2} = \frac{27.88}{\frac{36000}{3600} + \frac{41500}{3600}\left(1+\frac{485}{273}\right)} = 0.664 \text{kg/m}^3$$

$$u_3 = \frac{G_3}{\rho_3 A_3} = \frac{27.88}{(0.664)\left(\frac{\pi}{4} \times 1.8^2\right)} = 16.5 \text{m/s}$$

图 5-23 喷射排烟

$$\therefore d_4/d_3 = \frac{2.4}{1.8} = 1.33 \qquad 取\ \eta_{扩} = 0.5$$

$$P_4 - P_2 = \frac{(0.664)(16.5)[(12.9)(58.23) + (14.98)(12.58) - (27.88)(16.5)]}{27.88}$$

$$+ 0.5\frac{0.664}{2}(16.5)^2$$

$$= 188.47 + 45.19$$

$$= 233.66 \text{N/m}^2$$

由计算可知喷射造成抽力为188.47N/m²，扩张管造成抽力 45.19 N/m²，总 抽 力 为 233.66N/m²。

5.3.2 喷射效率和喷射器设计

（1）喷射器效率。单位时间被喷射气体所获得的能量与喷射气体在喷射器中所消耗的能量之比称为喷射效率。

被喷射气体所获能量是指被喷射气体流量Q_2，由0面到4面（参看图5-21），压力由P_0升高到P_4的压力能和流速由u_0增加至u_4所增加动能之和，由于动头的增量少，可以忽略，故被喷射气体所获能量为$Q_2(P_4-P_2)$。

喷射气体流量Q_1消耗 能 量为$Q_1\left[\left(P_2 + \frac{\rho_1}{2}u_1^2\right) - \left(P_4 + \frac{\rho_4}{2}u_4^2\right)\right]$，因$u_4^2$小于$u_1^2$，可忽略

$\frac{\rho_4}{2}u_4^2$，故能量消耗为：

$$Q_1\left[\frac{\rho_1}{2}u_1^2 - (P_4 - P_2)\right]$$

喷射器效率：

127

$$\eta_{效} = \frac{Q_2(P_4 - P_2)}{Q_1\left[\dfrac{\rho_1}{2}u_1^2 - (P_4 - P_2)\right]} \qquad (5\text{-}69)$$

喷射器效率公式表明，当喷射比$\dfrac{Q_2}{Q_1}$和喷射气体动头$\dfrac{\rho}{2}u_1^2$为一定的条件下，造成最大的压差，可以获最大喷射效率。

（2）喷射器的设计。以获得喷射器最大效率为基础，选择合理喷射器的参数。为减少（5-68）式中变量数量，且将喷射器主要参数变为无因次量。

质量喷射比　　　$n = \dfrac{G_3}{G_1}$

体积喷射比　　　$m = \dfrac{Q_3}{Q_1}$

喷射截面比　　　$\phi = \dfrac{A_3}{A_1}$

吸入口截面比　　$\varphi = \dfrac{A_3}{A_2}$

因此，$\dfrac{G_2}{G_1} = n - 1$，　$\dfrac{Q_2}{Q_1} = m - 1$，　$\dfrac{u_3}{u_1} = \dfrac{m}{\phi}$

$$\frac{u_2}{u_1} = (m-1)\frac{\varphi}{\phi}, \quad \frac{\rho_3}{\rho_1} = \frac{n}{m}, \quad \frac{\rho_2}{\rho_1} = \frac{n-1}{m-1}$$

将无因次量相应代入（5-67）和（5-68）式得到

$$P_4 - P_2 = \left[\frac{2}{\phi} - \frac{(2-\eta_{\mathfrak{F}})mn}{\phi^2} + \frac{2(m-1)(n-1)\varphi}{\phi^2}\right]\frac{\rho_1}{2}u_1^2 \qquad (5\text{-}70)$$

$$P_4 - P_0 = \left[\frac{2}{\phi} - \frac{(2-\eta_{\mathfrak{F}})mn}{\phi^2} + \frac{2(m-1)(n-1)\varphi}{\phi^2}\right.$$

$$\left. - \frac{(1+K_2)(m-1)(n-1)\varphi^2}{\phi^2}\right]\frac{\rho_1}{2}u_1^2 \qquad (5\text{-}71)$$

由上述两个方程明显看出，喷射器所造成的压差和喷射介质的动能成正比，其比值是喷射比$(m,\ n)$和几何尺寸$(\phi,\ \varphi)$的函数。

设计喷射器时，主要是根据在一定喷射比的条件下，设计最大喷射效率的合理尺寸，关键尺寸是混合管截面与喷射管出口截面比$\dfrac{A_3}{A_1}$。对于完整的喷射器，将分别对（5-70）式的ϕ，φ求一阶偏导数，并令$\dfrac{\partial(P_4 - P_0)}{\partial\phi} = 0$，$\dfrac{\partial(P_4 - P_0)}{\partial\varphi} = 0$

则可得到最佳的截面比ϕ值。

$$\phi_{佳} = (2 - \eta_{\mathfrak{F}})m \cdot n - 2\ (m-1)(n-1)\varphi$$
$$+ (1+K_2)(m-1)(n-1)\varphi^2 \qquad (5\text{-}72)$$

$$\varphi_{佳} = \frac{1}{1+K_2} \tag{5-73}$$

将（5-73）式与（5-72）式联立得到

$$\phi_{佳} = (2-\eta_{扩})mn - \frac{(m-1)(n-1)}{1+K_2} \tag{5-74}$$

应用（5-73）和（5-74）式可以确定喷射器的基本尺寸A_1、A_2和A_3间的关系，并将式（5-73）、（5-74）代入（5-71）式，便可得到最佳尺寸条件下的压差。

$$(P_4-P_0)_{佳} = \frac{1}{\phi_{佳}} \frac{\rho_1}{2} u_1^2 \tag{5-75}$$

将$(P_4-P_0)_{佳}$代入（5-69）式即可得出最佳尺寸条件下的喷射效率。

喷射器基本尺寸A_2、A_3可按上述公式确定，其它尺寸多依实验确定，以下推荐几个参考参数。

1）喷射介质喷管口，收缩锥角30～45°时，取流量系数$C_D = 0.84 \sim 0.95$。

2）被喷射介质入口为渐缩喇叭形管口，吸入口末端至混合管直管前缘距离$L_2 = (0.3 \sim 2)d_3$。

3）混合管长度$L_2 + L_3 \geqslant 5d_3$。

4）扩张管的扩张角$\alpha = 7° \sim 8°$，取$\frac{d_4}{d_3} < 2$，长度$L_4 = \frac{d_4-d_3}{2\operatorname{tg}\frac{\alpha}{2}}$，阻力系数$K_3 = 0.15 \sim 0.30$。

例 5-12: 已知烟气390℃，流量$G_2 = 3.2\,\mathrm{kg/s}$，密度$\rho_2 = 0.527\,\mathrm{kg/m^3}$，烟道阻力$140\,\mathrm{N/m^2}$，喷射介质为20℃的空气，密度$\rho_1 = 1.29\,\mathrm{kg/m^3}$，风压为$1500\,\mathrm{N/m^2}$（表压），试计算排烟喷射器的最佳尺寸。

解:

1）根据已知条件确定转化变量m、n：

空气喷出速度：

$$u_1 = \sqrt{\frac{2\Delta P}{\rho}} = \sqrt{\frac{2(1500+140)}{1.29}} = 50.4\,\mathrm{m/s}$$

计算m、n、$\phi_{佳}$：

烟气体积流量$Q_2 = \frac{G_2}{\rho_2} = \frac{3.2}{0.527} = 6.07\,\mathrm{m^3/s}$

根据（5-75）式计算$\phi_{佳}$

$$\phi_{佳} = \frac{1}{P_4-P_0} \frac{1}{2}\rho_1 u_1^2 = \frac{1}{140} \frac{1.29}{2}(50.4)^2 = 11.7$$

按m、n定义计算：

$$\frac{n}{m} = \frac{G_2/G_1}{Q_2/Q_1} = \frac{\rho_2}{\rho_1} = \frac{0.527}{1.29} = 0.41$$

$$n = 0.41m$$

根据（5-74）式

$$\phi_{佳} = (2-\eta_{扩})m \cdot n - \frac{(m-1)(n-1)}{1+K_2}$$

取 $\eta_{y}=0.5$，$K_2=0.2$，代入上式得

$$m=5.73，\quad 则 n=0.41m=2.35$$

2）空气喷口尺寸：

质量流量 $G_1=\dfrac{G_2}{n}=\dfrac{3.2}{2.35}=1.36\text{kg/s}$

体积流量 $Q_1=\dfrac{G_1}{\rho_1}=\dfrac{1.36}{1.29}=1.056\text{m}^3/\text{s}$

喷管出口面积

$$A_1=\frac{Q_1}{u_1}=\frac{1.056}{50.4}=0.021\text{m}^2$$

$$d_1=\sqrt{\frac{4A_1}{\pi}}=0.163\text{m}$$

3）混合管尺寸：

混合气体密度 $\rho_s=\dfrac{G_3}{Q_3}=\dfrac{3.20+1.36}{1.056+6.07}=0.64\text{kg/m}^3$

$$\phi_{佳}=\frac{A_3}{A_1}，\quad A_3=\phi_{佳}A_1=(11.7)(0.021)=0.245\text{m}^2$$

$$d_3=\sqrt{\frac{4A_3}{\pi}}=0.313\text{m}$$

$$L_3=3d_3=3(0.313)=0.939\text{m}$$

4）收缩管尺寸：

$$d_e=2d_3=2\times0.313=0.626\text{m}$$

$$A_2=A_1+A_3=0.021+0.245=0.266\text{m}^2$$

$$d_2=\sqrt{\frac{4A_2}{\pi}}=0.58\text{m}$$

$$L_{收}=2d_2=1.16\text{m}$$

5）扩张管尺寸（选扩张角8°）：

$$d_4=1.5d_3=(1.5)(0.313)=0.469\text{m}$$

$$L_{扩}=\frac{d_4-d_3}{2\text{tg}\dfrac{\alpha}{2}}=\frac{0.469-0.313}{2\text{tg}4°}=1.12\text{m}$$

6）最大喷射效率：

$$\eta=\frac{Q_2(P_4-P_0)}{Q_1\left[\dfrac{\rho_1}{2}u_1^2-(P_4-P_2)\right]}\quad\quad \varphi=\frac{1}{1+K_2}=\frac{1}{1.2}=0.83$$

$$u_3=\frac{m}{\phi}u_1=\frac{5.73}{11.7}(50.4)=24.68\text{m/s}$$

$$u_2=(m-1)\frac{\varphi}{\phi}u_1=(5.73-1)\frac{0.83}{11.7}(50.4)$$

$$= 16.9 \text{m/s}$$

按（5-67）式计算：

$$P_4 - P_2 = \frac{\rho_3 u_3 (G_1 u_1 + G_2 u_2 - G_3 u_3)}{G_3} + \eta_{y} \frac{\rho_3}{2} u_3^2$$

$$= \frac{(0.64)(24.68)[(1.36)(50.4) + (3.2)(16.9) - (4.56)(24.88)]}{4.56}$$

$$+ 0.5 \frac{0.64}{2} (24.68)^2$$

$$= 132.39 \text{N/m}^2$$

$$\eta = \frac{6.07(140)}{1.056 \left[\frac{1.29}{2} (50.4)^2 - (132.39) \right]} = 0.534$$

习 题 五

1. 某炉子每小时需要供给9000Nm^3空气，在此送风量下，由管道计算得知，从风机出口到烧嘴前空气系统总压损失$\Delta P = 1380 \text{Pa}$，烧嘴前空气静压力为$2300 \text{Pa}$，空气具有的动压为$49 \text{Pa}$，按上述条件选择风机（该炉子所在地区压力为$750 \text{mmHg}$，即$750 \times 133.322 \text{Pa}$，夏季平均温度为$30℃$）。

2. 某炉子（习题2图）燃烧所需的冷风由风机供给，风量为$5000 \text{m}^3/\text{h}$，风机出口压力$P_1 = 11600 \text{Pa}$，风管直径$d_1 = 0.54 \text{m}$，至炉子前风管直径$d_2 = 0.43 \text{m}$，风压$h = 6300 \text{Pa}$，若空气密度$\rho = 1.29 \text{kg/m}^3$，试求断面1至断面2之间冷风管内气流的压损？

3. 鼓风机每分钟供给高炉车间风量为$2000 \text{m}^3/\text{min}$，空气温度$t = 20℃$，风管全长$L = 120 \text{m}$，其上有曲率半径$R_1 = 2.6 \text{m}$的$90°$弯头5个，阻力系数$K = 2.5$的闸阀2个，风管摩擦阻力系数$\lambda = 0.0156$。若风

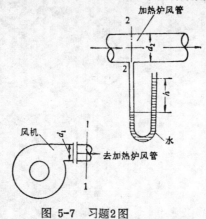

图 5-7 习题2图

管内空气流速为25m/s，热风炉进口处压力为0.16MPa，求风管直径及风机出口处压力？

4. 一流化床反应器输入$30℃$的空气，所需风量为$16000 \text{m}^3/\text{h}$，已估计出反应器上部的表压强$6000 \text{Pa}$，通风机出口至反应器上部的流体阻力损失为$5000 \text{Pa}$，当大气压强为$0.1 \text{MPa}$时，试选择一台合适的风机。

5. 根据通用气体常数$8314/M (\text{m}^2/\text{s}^2 \cdot \text{K})$，试计算空气、氧气、氩气、氮气的气体常数。（M表示各种气体的分子量）

6. 试求空气、氧气、氮气、水蒸汽在$15℃$时的音速，若$M = 2$试求其相应的速度。

7. 氧气瓶内的稳定压力为0.8MPa，温度27℃，当出流马赫数$M = 0.6, 0.8, 1.0, 2.0$，试求出口的气流速度u，温度t，静压P和密度ρ。

8. 氧气拉瓦尔喷管出口马赫数1.8，出口直径0.02m，出口压力0.1MPa，出口温度173K，试求氧气总压P_0，总温T_0，质量流量？

9. 氧气每小时体积流量为1200m³/h，氧气温度$t = 15$℃，氧气总压0.8MPa，喷出口的反压为$P = 0.12$MPa，试计算喷管尺寸，并绘制简图。

10. 氧气流量为0.50kg/s，温度15℃，氧气总压波动在0.6～1.2MPa范围内，试绘制流量与总压的曲线关系图。

11. 总压$P_0 = 1.3$MPa，$T_0 = 345$K，若喷咀出口断面为10cm²，出口压力$P = 0.103$MPa，当喷管按设计条件下工作时，求通过喷咀的空气的质量流量。

12. 设计三孔超音速氧枪喷头，并规定其工作压力。该氧枪在马赫数$M = 2$时，氧气流量为280Nm³/min，三股射流在距喷头1.5m地方相接触。

第6章 真空系统

真空技术应用于冶金工业，主要是真空熔炼、真空处理和真空浇注等。

真空是指低于一个大气压（即小于98066.5Pa）的稀薄的气体状态，其特点是真空容器受着大气压的压强作用，且由于气体稀薄，单位体积内气体分子数目较少，故分子间、分子与其它质点间、分子与器壁间的碰撞次数减少。

真空度表示单位体积内的气体分子的数目。实际上采用气体压强来表示，采用国际单位N/m²，简称帕（Pa）。目前，生产中还沿用毫米汞柱表示真空度，1毫米汞柱称为1托（Torr），其换算关系1Torr＝1.333224×10²Pa。

真空区域划分为五个区域，粗真空大于1330Pa(10Torr)，低真空为1330～0.13Pa(10～10⁻³Torr)，高真空为0.13～1.3×10⁻⁶Pa(10⁻³～10⁻⁸Torr)，超高真空为1.3×10⁻⁶～1.3×10⁻¹¹Pa(10⁻⁸～10⁻¹³Torr)，极高真空小于1.3×10⁻¹¹Pa(10⁻¹³Torr)。

6.1 真空系统

真空系统包括真空泵、真空计、真空管路及其元件阀门、捕集器、储气器等，它按照一定要求组合而成，具有所需要的抽气功能。真空系统应该满足的基本要求：

（1）被抽器件（或工作室）中，获得所需的极限真空度和工作真空度；

（2）被抽器件中，获得所需的抽速，抽速大小决定于达到工作和极限真空度所需的时间；

（3）被抽器件中，含有合适的残气成分。

凡是由两个以上的真空泵串联组成的真空系统，通常把抽低真空的泵称为其上一级高真空泵的前级泵，最高一级的真空泵称为主泵。容器中的真空度就是由主泵决定的。典型的真空系统示于图6-1。

真空系统的概念就是用来获得并测量其有特定要求的真空抽气系统。图6-2表示真空

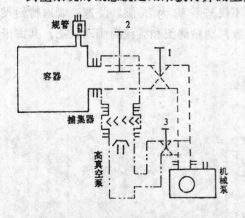

图6-1 真空系统简图
1、2、3—阀门

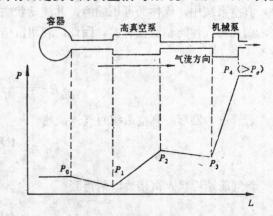

图6-2 真空系统的基本工作状态

系统的工作状态。真空系统抽气前，系统内压强为大气压强 P_0。抽气开始后，用真空 系统的压强沿管路的变化曲线表示其工作状态。沿管路和泵中的压强变化，虽然不是直线关系，但是，它表示着其工作状态的特征点，P_1、P_2、P_3、P_3 和 P_4 各点压强 的实际值。即只要真空系统中有气流存在，气流沿管道总是由高压流向低压；相反，泵中的气流是由低压流向高压。这就是真空系统排气过程中的基本工作状态。

真空系统的抽气过程分为动态真空系统和静态真空系统。

在真空系统中，有气流存在，各处压强不同，凡是真空室或系 统 有 放 气和漏气现象的，称为动态真空系统。凡真空系统中，没有气体流动，各处压力相等，且长时间不发生变化，系统内没有放气或漏气现象的，称为静态真空系统。任何一个真空系统只有达到其极限真空度时，才成为静态真空系统，实际上的真空系统都属于动态的真空系统。

真空系统设计，主要是根据被抽容器对真空的要求，选择真空系统方案，选择和配置真空泵、确定管道、阀门、捕集器、真空计等元件，且合理 配置 真 空 系统，绘制真空系统图。

6.2 真空系统气体的运动状态

真空系统启动时，其管路内就有气体的定向流动，这种气体流动是稀薄气体流动，与常压气体沿管道的流动即有区别，又有联系。真空系统内 气 体 流动 是真空技术的重要内容，在真空系统设计中，是不可缺少的。

真空系统的气流分为湍流、粘滞流和分子流三种基本流动状态。气体从一种状态向另一状态的转变称为过渡状态，因此，又有湍—粘滞流动和粘滞—分子流动状态。

当真空系统开始启动的瞬间，出现湍流状态，粗抽真空时，气体密度大，气体分子的平均自由程远小于管道直径（$1\sim10^{-5}$cm），此时气体流动状态主要决 定 于 气体粘度，称为粘滞流动。在低压强系统内，气体密度较小，以致气体的平均自由程大于管道尺寸，粘度不再是决定气流状态的主要因素，这种气体流动称为分子流动。在中等压强下，当气体分子的平均自由程与管道处于同数量级时，称为粘滞—分子流。本节主要介绍分子流的特点及气体流动状态的判别。

6.2.1 粘滞流与湍流的判别

真空系统中，气体为可压缩的，其流动状态不仅与系 统 内 压强、流速、管道特性尺寸，而且与气体的粘滞性有关。因此，利用雷诺数判别粘滞流和湍流的流动状态。其雷诺数

$$Re = \frac{\rho u D}{\eta}$$

若管道为圆形，真空系统的气体流速

$$u = \frac{4Q}{\pi D^2 P}$$

将气流速度代入雷诺数，则得到

$$Re = \frac{4\rho Q}{\pi D^2 \eta P} \tag{6-1}$$

$$Q = \frac{\pi D^2 \eta P}{4\rho} Re \qquad (6\text{-}2)$$

式中　Q——气体流量，Pa·m³/s；

　　　η——气体内摩擦系统，N·s/m²；

　　　ρ——气体密度，kg/m³；

　　　P——气体压强，Pa；

　　　D——管道直径，m。

对于20℃的空气，一个大气压下（0.101325MPa）的气体密度$\rho=1.205$kg/m³，粘度$\eta=1.91\times10^{-5}$N·s/m²，根据实验总结，湍流时$Re>2200$，粘滞流$Re<1200$，将其代入（6-2）式，根据气体流量来判断气体的流动状态，见表6-1。

表 6-1　湍流与粘滞流的判别

流 动 状 态	流 量 判 别 式 Q	
	(SI单位制)	(CGS制)
湍　流	$>260D$	$>200D$
粘滞流	$<133D$	$<100D$
过渡状态	$133D<Q<260D$	$100D<Q<200D$

6.2.2　粘滞流与分子流的判断

1908年克努曾研究了分子流动状态，得到利用分子平均自由程来判断气体流动状态的结果，即克努曾数λ/D（λ为分子平均自由程，D为管径）用于判断分子流和粘滞流。分子平均自由程$\lambda=\dfrac{KT}{\sqrt{2}\,\pi\sigma^2\overline{P}}$。式中$K$为玻尔兹曼常数，$T$为气体的绝对温度，$\sigma$是气体分子直径，$\overline{P}$是气体压强。对于一定气体和温度，$\lambda\overline{P}=$常数，如20℃的空气，$K=1.38\times10^{-23}$J/K，$\sigma=3.7\times10^{-10}$m，则$\lambda\overline{P}=6.5\times10^{-3}$J/m²，再代入克努曾数$\lambda/D$，可得到应用$\overline{P}D$来判断气体流动状态，示于表6-2。

表 6-2　粘滞流与分子流的判别

流动状态	克努曾数λ/D	$\overline{P}D$	
		(Pa·m) (SI制)	(Torr·cm) (CGS制)
粘滞流	<0.01	>0.65	>0.5
分子流	>1	<0.02	<0.015
过渡状态	$0.01<\dfrac{\lambda}{D}<1$	$0.02<\overline{P}D<0.65$	$0.015<\overline{P}D<0.5$

例 6-1：用抽速为10^{-3}m³/s的机械泵，其入口直径为0.014m，试判断从大气条件下抽气，压强多大时为湍流，粘滞流及分子流？

解：根据判断湍流、粘滞流及分子流的要求，应用$Q>260D$，$Q<133D$，$\overline{P}D<$

0.02，且流量$Q = PS$，其中S为抽速，所以

湍流　$Q > 260D$

$$P > \frac{260D}{S} = \frac{260(0.014)}{10^{-3}} = 2640 \text{Pa} \qquad \text{（湍流）}$$

粘滞流　$Q < 133D$

$$P < \frac{133D}{S} = \frac{133(0.014)}{10^{-3}} = 1862 \text{Pa} \qquad \text{（粘滞流）}$$

分子流　$PD < 0.02 \text{Pa·m}$

$$\overline{P} < \frac{0.02}{D} = \frac{0.02}{0.014} = 1.428 \text{Pa} \qquad \text{（分子流）}$$

6.3　沿管道流动的气体流量方程

真空系统中，在抽气开始的一段短时间内，呈现湍流，随后，很快进入粘滞流动，最后，进入分子流动，因此，本节仅介绍粘滞流和分子流动的流量方程。

6.3.1　粘滞性流动的气体流量方程

粘滞流动的状态，气体压强和密度仍较大，气体的内摩擦起决定性作用，这时，离管壁愈近，气体的流速愈慢，离管壁愈远则愈快。贴近管壁的气体，因受管壁的摩擦作用，其流速可认为是零。当流动状态到稳定时，流过管道内任一截面的气体的质量流量相等。对于均匀圆形管道，两端压力为P_1，P_2，且（$P_1 > P_2$），平均压力为$\overline{P}$时，单位时间流过任一截面的气体量称为流量，气体量应等于气体的体积乘以压强，因此，粘滞流条件下的气体流量方程应用伯肖叶（Poisseuille）公式。

$$Q = \frac{\pi}{128} \frac{D^4}{\eta L} \overline{P}(P_1 - P_2) \tag{6-3}$$

由流量方程知道，流量与管道直径D的四次方成正比，与管道长度L、气体粘度η成反比，与平均压强$\overline{P}$和压强差（$P_1 - P_2$）成正比，即与管道两端的压强的平方差（$P_1^2 - P_2^2$）成正比。

6.3.2　分子流气体流量方程

粘滞性流动时，是以分子相互碰撞为主，当压强逐渐降低时，出现分子平均自由程λ接近管道直径，此时，分子间相互碰撞跟分子与器壁碰撞次数已可相互比拟。这种情况下两种作用都同样重要，但是，当压强继续降低，以致系统内气体分子的平均自由程远大于管道直径时，气体分子间碰撞次数较少，可以忽略。而气体分子依靠自身的热运动与管壁频繁碰撞，管道内在分子密度梯度的推动下，由高压端流向低压端，这种流动称为分子流动。

为了便于计算，设有相当长（入口影响可忽略）的圆管，管的两端维持恒定的压强P_1、P_2（$P_1 > P_2$）。分子经过与管壁的多次碰撞，由左飞往右，亦可由右飞往左（见图6-3）。因管道的两端气体密度不同，结果便出现净流量。该净流量系由某给定区域的分子数和重新进入该区域的分子数统计结果得到的。克努普（Knudsen）假设分子碰撞器壁后的余弦定律漫射，导出分子流动下的气体流量方程。

$$Q = \frac{2}{3} \pi \frac{r^3}{L} \overline{V}(P_1 - P_2) \qquad (6-4)$$

由分子流量方程可知，流量分别与管道半径的三次方，气体分子平均热运动速率$\overline{V} = \sqrt{\frac{8KT}{\pi m}}$，以及管道两端的压强差（$P_1 - P_2$）成正比，且与管道长度成反比。

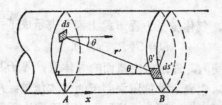

图 6-3 管道分子流动

6.4 气体通过小孔的流量

设用截面积为A的孔，将压强为P_1、P_2（$P_1 > P_2$）的两个容器相连通，见图6-4，气体从压强较高的1容器流往压强较低的2容器。若压强较高时，即$\lambda \ll D$（D为小孔直径），则惯性力与粘滞力起主要作用。气体逸出小孔时，由于孔的阻力，先收缩后立即以波浪式扩张，形成湍流。这种状态下，通常流量随P_2降低而增加。但是，当$P_2/P_1 = P_*/P_0$为临界压力比时，通过小孔的气体流量不再随P_2变化，此时，气体在小孔处的流速已达声速，因此，当$P_2/P_1 > P_*/P_0$，应用可压缩流体流量公式

$$Q = \left(\frac{P_2}{P_1}\right)^{\frac{1}{K}} \sqrt{\frac{2K}{K-1} \frac{RT_1}{M} \left[1 - \left(\frac{P_2}{P_1}\right)^{\frac{K-1}{K}}\right]} P_1 A \qquad (6-5)$$

当压力很低时，$\lambda \gg D$时，气体分子通过小孔时相互无碰撞，见图6-5，由1飞往2的分子或由2飞往1的分子，都是相互独立的。因此，通过小孔的分子数为单位时间碰撞于单位面积的分子数，$z = \frac{n\overline{V}}{4}$，单位为分子数/$m^2 \cdot s$，其流量

$$Q_1 = \frac{1}{4} \overline{V} A P_1$$

$$Q_2 = \frac{1}{4} \overline{V} A P_2$$

式中$\overline{V}$为分子平均速度，n为气体分子浓度（分子数/m^2），A为管道截面积，P_1、P_2为压强、Q_1、Q_2为流量，则从P_1流向P_2的净流量为

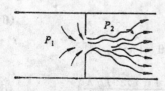

图 6-4 孔眼的粘滞流动

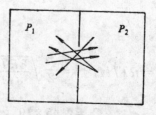

图 6-5 孔眼的分子流

$$Q = Q_1 - Q_2 = \frac{1}{4}\overline{V}A(P_1 - P_2) \tag{6-6}$$

该式说明，通过小孔流量与压强差 $(P_1 - P_2)$ 和小孔面积 A 成正比，且取决于 $\overline{V}$。因为，$\overline{V}$ 是与气体种类有关的量，故流量 Q 与气体种类亦有关。

6.5 管道的流导

根据管道或孔眼的情况，气体流量方程形式上都可表示成下式：

$$Q = C(P_1 - P_2) \tag{6-7}$$

流量方程是表示单位时间内，通过给定截面的气体量，等于某个量 C 乘上两端的压强差。C 称为管道或孔眼的流导，它表示单位压强差下的气体流量。用于衡量气体通过管道或孔眼的流动能力，流导常用单位 m^3/s 或 $1/s$。流导大小主要取决于管道或孔眼的尺寸，亦与流动类型有关。管道流导主要有长管、孔眼和短管三类。短管的流导，可以应用长管流导与薄壁孔的流导串联计算。

6.5.1 长管道流导

$L/D \geqslant 20$ 为长管道，$L/D \leqslant 20$ 为短管道。

（1）粘滞性流动。比较（6-3）与（6-7）式，得粘滞流的长管道的流导公式

$$C_l = 2.45 \times 10^{-2} \frac{D^4}{\eta L}\overline{P} \qquad \text{（SI制）} \tag{6-8}$$

20℃的空气 $\eta = 1.82 \times 10^{-5} N \cdot s/m^2$，则

$$C_l = 1.34 \times 10^2 \frac{D^4}{L}\overline{P} \qquad m^3/s \tag{6-9}$$

（2）分子性流动。比较（6-4）与（6-7）式，得分子流的长管道的流导公式

$$C_l = \frac{10^{3/2}}{6}\sqrt{\frac{2\pi RT}{M}}\frac{D^3}{L} \qquad \text{（SI制）} \tag{6-10}$$

20℃的空气 $\quad R = 8.315 J/K \cdot mol$

$$C_l = 1.21 \times 10^2 \frac{D^3}{L} \qquad m^3/s \tag{6-11}$$

（3）粘滞分子性流动。气体处于中等压强，$0.01 < \dfrac{\lambda}{D} < 1$ 时的气体为粘滞流动。

$$C_l = 2.45 \times 10^{-2}\frac{D^4}{\eta L}\overline{P} + \frac{10^{3/2}}{6}\sqrt{\frac{2\pi RT}{M}}\left(\frac{1 + D/\eta\sqrt{\dfrac{M}{RT}}\overline{P}}{1 + 1.24\sqrt{\dfrac{M}{RT}}\overline{P}}\right) \qquad \text{（SI制）} \tag{6-12}$$

式中 $P\rho^{-1} = RT/M$，$\eta = \dfrac{P}{2}\sqrt{\dfrac{8RT}{\pi M}}\lambda$，$\lambda\overline{P} = 3.75 \times 10^{-3} Pa \cdot m$，则

$$C_l = 2.45 \times 10^{-2}\frac{D^4}{\eta L}\overline{P} + 3.81\sqrt{\frac{T}{M}}\left(\frac{1 + 1.25 D/\lambda}{1 + 1.55 D/\lambda}\right) \tag{6-13}$$

对于20℃空气

$$C_t = 1.34 \times 10^3 \frac{D^4}{L} \overline{P} + 1.21 \times 10^- \frac{D^3}{L} \left(\frac{1 + 192 D \overline{P}}{1 + 238 D \overline{P}} \right) \tag{6-14}$$

6.5.2 孔眼的流导

（1）粘滞流。

$$C_h = 10^{3/2} \gamma^{\frac{1}{K}} \sqrt{\frac{2K}{K-1} \frac{RT_1}{M} \left(1 - \gamma^{\frac{K-1}{K}} \right)} \frac{A}{1-\gamma} \qquad \text{(SI)} \tag{6-15}$$

式中 $\gamma = \dfrac{P_2}{P_1}$，$A$ 的单位为 m^2。

20℃空气的流导：

$$\gamma \leqslant 0.525 \quad C \approx 200 \frac{A}{1-\gamma} \qquad m^3/s \tag{6-16}$$

$$\gamma < 0.1 \quad C \approx 200 A \qquad m^3/s \tag{6-17}$$

式中 A 的单位为 m^2。

（2）分子流。

$$C_h = \frac{1}{4} \overline{V} A \qquad \text{(SI制)} \tag{6-18}$$

又 $\because \quad \overline{V} = \sqrt{\frac{8RT}{\pi M}}$

$$\therefore \quad C_h = 36.38 \sqrt{\frac{T}{M}} A \tag{6-19}$$

20℃空气：

$$C_h = 116 A \qquad m^3/s \tag{6-20}$$

比较以上各式，当管道直径确定后，粘滞流的管道流导与系统压强有关，小孔流导近似为常数，而分子流的小孔和管道的流导都是常数。

6.5.3 并联和串联管路的流导

几个管道并联所得到的流导等于各管道流导之和。

$$C = C_1 + C_2 + C_3 + \cdots\cdots + C_n = \sum_{i=1}^{n} C_i \tag{6-21}$$

几个管道串联所得到的流导的倒数等于各个管道流导倒数之和

$$\frac{1}{C} = \frac{1}{C_1} + \frac{1}{C_2} + \frac{1}{C_3} + \cdots\cdots + \frac{1}{C_n} = \sum_{i=1}^{n} \frac{1}{C_i} \tag{6-22}$$

流导的倒数称为流阻，用 R 来表示，应用流阻的概念，则流导的倒数关系式可表示为

$$R = R_1 + R_2 + R_3 + \cdots\cdots + R_n = \sum_{i=1}^{n} R_i \tag{6-23}$$

几个管道串联所得流阻，等于各个管道流阻之和。

由流导的定义方程（6-7）和并联、串联流导公式（6-21）、（6-22），联想到气体流动与电流的流动有一定的类似性。流导公式（6-7）类似于欧姆定律，压强差（$P_1 - P_2$）

相当于电位，流量 Q 相当于电流，流导 C 相当于电导，而流阻 R 相当于电阻。真空系统复杂管路中，因粘滞流的流导值与压强有关，故类比仅适用于分子流的管路系统。

6.5.4 短管流导

当管道的长径比 $L/D \geqslant 20$ 的情况下，为长管道的流导计算，可以忽略管入口对气体流动的影响。当管道的长径比 $L/D < 20$，管口对流导的影响则不能忽略，这就是所谓短管。将短管道流导的计算视为管口和长管道的流导的串联结果，因此，粘滞流和分子流的短管流导公式为：

$$C_d = \frac{1}{\dfrac{1}{C_l} + \dfrac{1}{C_h}} = \frac{C_l}{1 + \dfrac{C_l}{C_h}} \tag{6-24}$$

式中　C_d 为短管道流导，C_l 为长管道流导，C_h 为管口流导。

（1）粘滞流短管流导。

$$C_d = 2.45 \times 10^{-2} \frac{D^4 \overline{P}}{\eta} \cdot \frac{1}{L + 4.53 \times 10^{-4} \dfrac{MQ}{R \eta T}} \quad \text{（SI制）} \tag{6-25}$$

对于20℃空气，短管流导

$$C_d = 1.34 \times 10^3 \frac{D^4 \overline{P}}{L + 2.99 C_d P} \quad \text{m}^3/\text{s} \tag{6-26}$$

式中　D、L 的单位都用 m，$\overline{P}$ 为 Pa，C 为 m³/s。

（2）分子流短管流导—圆截面短管。

$$C_d = 38.1 \sqrt{\frac{T}{M}} \frac{D^3}{L} \cdot \frac{1}{1 + \dfrac{4}{3} \dfrac{D}{L}} \quad \text{m}^3/\text{s} \tag{6-27}$$

20℃空气：$\quad C_d = 1.21 \times 10^2 \dfrac{D^3}{L} \dfrac{1}{1 + 1.33 D/L} \quad \text{m}^3/\text{s} \tag{6-28}$

例6-2： 泵与真空容器连接导管直径为0.01m，长度为1m，试计算真空室温度为20℃，压强分别为150Pa，15Pa和1Pa时，导管的流导。

解： $\dfrac{L}{D} = \dfrac{1}{0.01} = 100$，　$\dfrac{L}{D} > 20$ 为长管道

1）判断气流状态：利用表6-2的判别式。

$$\overline{P}D = \frac{150}{2} \cdot (0.01) = 0.75 > 0.65 \text{ 为粘滞流}$$

$$\overline{P}D = \frac{15}{2} (0.01) = 0.075$$

$$0.02 < \overline{P}D < 0.65 \text{ 为粘滞—分子流}$$

$$\overline{P}D = \frac{1}{2}(0.01) = 5 \times 10^{-3} < 0.02 \text{ 为分子流}$$

2）导管的流导：粘滞流时，用（6-9）式。

$$C_l = 1.34 \times 10^3 \frac{D^4}{L} \overline{P} \quad m^3/s$$

$$= 1.34 \times 10^3 \frac{(0.01)^4}{1} \frac{150}{2} = 0.001 m^3/s$$

粘滞分子流，用（6-14）式。

$$C_l = 1.34 \times 10^3 \frac{D^4}{L} \overline{P} + 1.21 \times 10^2 \frac{D^3}{L} \frac{1 + 192 D \overline{P}}{1 + 238 D \overline{P}} \quad m^3/s$$

$$= 1.34 \times 10^3 \frac{(0.01)^4}{1} \frac{15}{2} + 1.21 \times 10^2 \frac{0.01^3}{1} \frac{1 + 192(0.01) \cdot \frac{15}{2}}{1 + 238(0.01) \frac{15}{2}}$$

$$= 0.00019 m^3/s$$

分子流，用（6-11）式

$$C_l = 1.21 \times 10^2 \frac{D^3}{L}$$

$$= 1.21 \times 10^2 \frac{0.01^3}{1} = 0.0001 m^3/s$$

例 6-3： 如前例，若导管长度缩短为100mm，其它条件均不变化，则导管的流导？

解： 长径比 $L/D = \frac{1}{0.1} = 10$，$\therefore L/D < 20$ 属于短管

1）当 $P = 150Pa$ 时，$\overline{P}D > 0.65$ 为粘滞流，用（6-26）式计算短管流导

$$C_d = 1.34 \times 10^3 \frac{D^4 \overline{P}}{(L + 2.99 C_d P)}$$

$$C_d = 1.34 \times 10^3 \frac{(0.01)^4 (150/2)}{0.1 + 2.99(150) C_d}$$

解方程 $C_d = 0.00138 m^3/s$

2）当压强为15Pa时，$0.02 < \overline{P}D < 0.65$ 为粘滞分子流动。

A．长管道流导，用（6-14）式

$$C_l = 1.34 \times 10^3 \frac{D^4}{L} \overline{P} + 1.21 \times 10^2 \frac{D^3}{L} \left(\frac{1 + 192 D \overline{P}}{1 + 238 D \overline{P}} \right)$$

$D = 0.01m$，$L = 0.1m$，$\overline{P} = 15Pa$ 代入上式

$C_l = 0.00199 m^3/s$

B．圆形孔口流导，用（6-17）和（6-20）式。

$\gamma < 0.1$ 粘滞流，用（6-17）式

$$C_{h1} = 200 A$$

$$= 200(0.01)^2 \frac{\pi}{4} = 0.0157 m^3/s$$

分子流，用（6-20）式

$$C_{h_2} = 116A$$

$$= 116(0.01)^2 \frac{\pi}{4} = 0.0091 \text{ m}^3/\text{s}$$

$$\overline{C_h} = \frac{C_{h_1} + C_{h_2}}{2} = \frac{0.0157 + 0.0091}{2} = 0.0124 \text{ m}^3/\text{s}$$

C．短管道流导

$$C_h = \frac{1}{\frac{1}{C_l} + \frac{1}{C_h}} = \frac{1}{\frac{1}{0.00198} + \frac{1}{0.0124}}$$

$$= 0.0017 \text{ m}^3/\text{s}$$

3）当压强为1Pa时，$\overline{P}D < 0.02$为分子流动，用（6-28）式

$$C_d = 1.21 \times 10^2 \frac{D^3}{L} \frac{1}{1 + 1.33D/L}$$

$$= 1.21 \times 10^2 \frac{0.01^3}{0.1} \frac{1}{1 + 1.33(0.01/0.1)}$$

$$= 0.00107 \text{ m}^3/\text{s}$$

6.6 真空获得装置

产生真空的过程称为抽气或排气，用来获得真空的器械称为真空泵，按其工作原理可分为气体传输泵和气体捕集泵两大类型。

任何真空泵，除抽气作用外，还伴随着出现破坏抽气的效应。只有在泵的抽气作用强于破坏抽气的因素时，泵才能有效地工作。因此，每种泵都有其有效运行压强范围及固有特点。只能根据不同的工作压强和工作要求，选择不同类型的真空泵，有时将各种真空泵按其性能要求组合起来，形成真空泵组。

表6-3示出常用的各种真空泵类型 及 其运用范围。有些泵可直接从大气下抽气，如机械泵和吸附泵；有些泵不能从大气开始抽气，如扩散泵、分子泵、离子泵等，这时就必须辅以一定的前级泵，提供其正常抽气所需的真空度。

1）气体传输泵：它是一种能使气体不断地吸入和排出，以达到抽气目的的 真 空泵。包括变容式和动量传输式两大类。

A．变容式泵：利用泵腔容积的周期性变化来完成吸气和排气的装置。气体排出前被压缩。该泵分为往复式及旋转式二类。

往复真空泵是利用腔内活塞 的 往 复 运

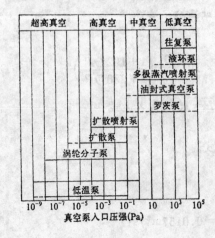

表6-3 各种真空泵的使用范围

142

动，将气体吸入、压缩并排出。 旋转真空泵是利用活塞旋转运动将气体吸入、压缩并排出。

旋转真空泵类别很多，包括油封式真空泵、液环真空泵、罗兹真空泵。

B．动量传输泵：利用高速旋转的叶片或高速射流，把动量传输给气体或气体分子，使气体连续不断地从泵的入口传输到出口的一种动量传输泵，适于粘滞流和过渡状态工作。包括分子真空泵、喷射真空泵、扩散泵、扩散喷射泵，离子传输泵。

2）气体捕集泵：它是一种气体分子被吸咐或凝结在内表面的真空泵。包括吸咐泵、吸气剂泵、吸气剂离子泵、低温泵等。

6.6.1 真空泵的基本参数

（1）真空泵的抽气速率。在泵的进气口处，在任一给定压强下，单位时间内流入泵的气体体积数，简称泵的抽速S，单位m^3/s，$1/s$。

$$S = \frac{\Delta V}{\Delta t}\bigg|_{P=P_1} \tag{6-29}$$

式中 ΔV 为 Δt 时间内从泵进口流入泵的气体体积数，P_1 为测定该气体体积时的进口压强。

单位时间内流入泵内的气体量Q，称为真空泵的抽气量，单位为$Pa \cdot m^3/s$，$Pa \cdot L/s$，抽气量与抽速的关系式为

$$Q = SP \tag{6-30}$$

$$S = \frac{Q}{P}$$

抽速在泵的运行压强范围内，一般不是常数，通常的产品说明书中，给出的泵的抽速是其最大值，称额定抽速。

（2）真空泵的极限压强。泵对于一个不漏气，不放气的标准容器抽气时，所能达到的最低平衡压强，单位为Pa。

（3）最大工作压强。泵能正常工作的最高压强，若超过此压强，泵将失去抽气能力。

（4）压缩比。泵对给定气体出口压强与入口压强之比。

根据真空系统的要求，选择几种真空泵所组成真空泵组。按真空泵的性能及真空系统承担的工作性质和作用，分为主泵、前级泵、增压泵、维持泵和粗轴泵等。

主泵：在真空系统中，用来获得所要求的真空度。

前级泵：用以使另一个泵的前级压强维持在其最高允许的前级压强以下的真空泵。

增压泵：在高真空泵和低真空泵之间，用来提高真空系统在中间压强范围的抽气量和降低前级泵容量。

维持泵：在真空系统中，当抽气量较小时，不能有效地利用前级泵，为此，配置一种容量较小的辅助前级泵维持主泵正常工作或维持已抽真空的容器所需的低压泵。

粗真空泵：从大气开始，降低容器压强且工作在低真空系统，可做前级泵。

真空泵的型号示于表6-4。

6.6.2 旋转机械真空泵

应用机械周期性地改变泵内吸气空腔的容积，使被抽容器中气体不断膨胀从而被排

出，这种泵称机械真空泵。改变空腔容积方式的泵，包括活塞式往复泵、定片或旋片式泵，仅介绍旋片真空泵。

表 6-4　各种真空泵的型号与名称

型　号	名　　称	型　号	名　　称	型　号	名　　称
W	往复泵	XD	旋转多片泵	L	溅射离子泵
SZ	水环泵	F	分子泵	S	升华泵
X	旋片泵	ZJ	机械增压泵	P	水蒸气喷射泵
D	定片泵	Z	油增压泵	PS	水喷射泵
H	滑阀泵	KC	超高真空油扩散泵	N	冷凝泵
YZ	余摆线泵	K	油扩散泵	IF	分子筛吸附泵

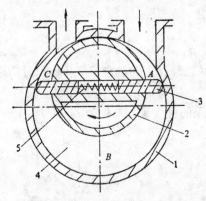

图 6-6　旋片泵工作原理

（1）旋片式机械真空泵的工作原理。旋片泵主要包括泵体 1、转子 2、旋片 3、端盖 4、弹簧 5 等，见图6-6。在泵腔内偏心地安装转子，转子外圆与泵腔内表面相切，转子槽内安装有弹簧的两个旋片，转子旋转带动两个旋片顶端沿泵腔内壁滑动。

两个旋片将转子、泵腔和两个端盖围成的月牙形空间分隔成 A、B、C 三部分。当转子按图6-6所示箭头方向旋转时，与吸气口相通的空间 A 的容积是逐渐增大的，处于吸气过程。而与排气口相通的空间 C 的容积是逐渐缩小的，处于排气过程。空间 B 的容积也是逐渐缩小，处于压缩过程。由于空间 A 的容积逐渐扩大，其气体压强逐渐降低，泵入口端外部气体压强大于空间 A 内的压强，因此，将气体吸入 A 内。当空间 A 与吸气口隔绝时，即旋片一端转至空间 B 的位置，气体被压缩，容积逐渐缩小至 C，最后与排气口相通。当被压缩气体超过排气压强时，排气阀被推开，气体通过油箱内的油层排至大气中。由泵的连续运转，达到连续抽气的目的。若排出的气体通过气道而转入另一级，由低真空级抽走，再经低真空级压缩后排至大气中，即组成双级泵。这时总压缩比由二级承担，因而提高了极限真空度。

（2）旋片泵的特性。真空泵的主要特性是极限真空度和抽气速率间关系曲线，机械泵的典型特性曲线见图6-7。

1）极限真空度：真空泵能够达到的稳定的最低压强。

泵的极限真空度的影响因素，包括零件加工精度，有害空间，密封状况等，运动件之间间隙一般要求0.02mm左右，且还要选择良好的轴头密封。由于影响极限真空度的因素较多，有些也很难精确控制，故出厂时要逐台检验。

单级泵的极限压强为1.33～0.133Pa，双级泵极限压强为1.33×10^{-2}～1.33×10^{-3}Pa，为了减少来自水汽的压强，泵附设冷邯或化学集气槽，以及用气镇或机械真空泵，以便提高极限真空度。

2）抽气速率：泵的名义抽速是指在101325Pa下，泵所达到的抽速，以S_p表示。

泵的理论抽速是按额定转数运转时，单位时间内所排除的几何容积，以S_0表示。一般理论抽速应比名义抽速大10～15％。

泵的额定抽速S_p，压强P_p。当泵达极限压强 P_u 时，其抽速 $S \rightarrow 0$，气体回漏量为 Q_u，则泵的入口端

$$S_p = \frac{Q - Q_u}{P_p} = S_0 \left(1 - \frac{Q_u}{Q}\right) \tag{6-31}$$

初始条件下　$Q \ll Q_u$,　　$S_0 = \dfrac{Q}{P_p}$

极限压强下　$Q = Q_u$,　　$S_0 = \dfrac{Q_u}{P_u}$

因此

$$S_p = S_0 \left(1 - \frac{P_u}{P_p}\right) \tag{6-32}$$

各种机械泵典型特性曲线图6-7表示泵的抽速和压强的关系。

6.6.3 蒸汽流扩散泵

蒸汽流扩散泵利用气体扩散 现 象 来 抽气。泵中有一股高速运动的蒸汽流，被抽气体扩散到蒸汽流中，被携带到泵出口排出。蒸汽流系由工作液体加热转化而来，工作液

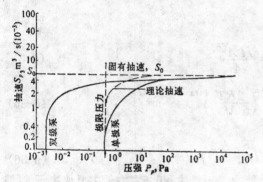

图 6-7　单级和双级回转、油封、叶片式机械泵的抽速—压力特性曲线

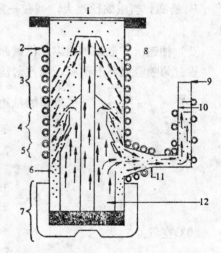

——泵液蒸汽流动方向
⋯ 气体分子

图 6-8　典型蒸汽扩散泵的纵断面
1—泵入口端（低压）；2—水冷圈；3—第一级压缩；4—第二级压缩；5—第三级压缩；6—蒸汽凝成液体回到蒸发器；7—电加热蒸发器；8—高前级压力（通往机械前级泵）；9—前级管道；10—捕集泵液的隔板；11—第四级压缩（喷射泵式）；12—泵液

体有汞和油两种，小型泵多用玻璃制造，大型泵则由金属制成。

（1）扩散泵的工作原理。扩散泵的结构如图6-8所示，包括泵液加热蒸发器、泵体、蒸汽导管、喷咀，冷却器等。泵液在蒸发器内加热直至它的蒸汽压达 133Pa 左 右，产生的油蒸汽沿着导流管经伞形喷咀向下喷出。因喷咀外有机械泵提供真空$1.33 \sim 1.33 \times 10^{-1}$ Pa，故可构成向出气方向运动的射流。被抽气体通过扩散流入泵体壁与斜体圆柱之间环形空间，通常含有一定比率的分子H与第一级射流相遇被吸入射流，并以高于气体分子速度

带到下游。射流从喷咀流出后要膨胀，撞击水冷壁，其工作蒸汽凝成液体，沿泵壁向下流回蒸发器。在多级喷射泵中，被抽的气体分子集结在一连串的喷射的流股中，最后，从扩散泵排入前级管道。

为使扩散泵有效地工作，要求被抽气体为自由分子流动，故它的入口端压力应等于或小于0.033Pa，且机械前级泵维持比较低的前级压强，将其气体分子抽送到大气中。任何一种扩散泵都有一个极限前级压强，否则，泵液蒸汽分子与被抽气体分子混合射流速度降低，而不能与水冷壁撞击，失去有效地抽吸作用。对于多级泵的极限前级压强为66.5Pa，单级泵为6.6Pa。

1）压缩比：设蒸汽射流速度u，蒸汽分子密度n_d射流有效长度L，蒸汽分子的扩散系数D_0，极限压强P_u，出口压强P_L，则压缩比为

$$\frac{P_L}{P_u} = \exp\left[\frac{un_dL}{D_0}\right] \tag{6-33}$$

因u、n_d、D_0、L等均为正值，故压缩比P_L/P_u总是大于1的，由上式可知，若射流速度u和射流有效长度L越大，气体分子扩散系数$D=D_0/n_d$越小，则喷咀所产生的压缩比P_L/P_u越高。当压缩比越大，则在一定前级压强下，经该泵抽气后所得的极限压强越低。

2）抽速：扩散泵抽速以和机械泵相同的方法来确定。

设A为喷咀处环形面积，蒸汽射流吸收气体分子的速率H，称为何氏系数，分子的平均速度$\overline{V} = \sqrt{\frac{8RT}{\pi M}}$，则扩散泵的抽速为：

$$S_p = \frac{Q}{P} = \frac{HA\overline{V}}{4} \tag{6-3}$$

$$S_p = \frac{15.81H}{\sqrt{\pi}}\left(\frac{2RT}{M}\right)^{1/2}A \quad \text{m}^3/\text{s} \tag{6-35}$$

20℃空气

$$S_p = 116HA \quad \text{m}^3/\text{s} \tag{6-36}$$

何氏系数H表示蒸汽射流运载气体分子的能力，一般达到0.5左右，主要取决于喷嘴结构和工作液体蒸发率。由(6-36)式可知，抽速与泵的压强无关。若获较大的抽速，则要求有较大的环形面积，较高的何氏系数和流导值，即直径较大的进口管道。

（2）扩散泵的特性。泵的抽速与压强的关系见图6-9，它可分为水平区域，随入口压强增高抽速下降区（右支）及随入口压强降低抽速下降区（左支）。曲线的左支，由于压强愈低，逆蒸汽流反扩散返回的气体量增加，表现为抽速下降，当蒸汽抽气量与反扩散量相等时，抽速为零。曲线的右支，随压强增高，蒸汽分子与被抽气体碰撞频率增加，定向运动速度衰减加快，因此，抽速下降。

扩散泵最佳抽速的压强为0.133～0.0133Pa，由图6-10所示，当选择扩散泵抽吸的压强为0.106Pa，相应扩散泵抽气量Q，抽速S，相应前级泵抽气量Q^x，抽速S^x，最佳抽气压强P_x为13.3Pa范围。因此，真空系统启动时，首先启动前级泵，其压强达到P^x，再启动扩散泵。

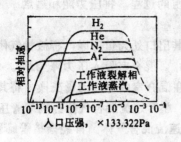

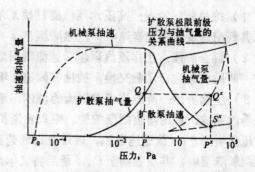

图 6-9 扩散泵的抽速—压强关系　　图 6-10　典型真空扩散泵的特性曲线（并附有与之相匹配的机械前级泵的特性曲线）

6.6.4 水蒸汽喷射泵

水蒸汽喷射泵是利用水蒸汽流体作为抽气介质，通过能量转换来获得真空的装置。

水蒸汽喷射泵抽气量大，抽气压强范围宽。每小时可达几千克到几百千克的质量流量，可在101325Pa～1.33×10^{-2}Pa之间正常工作，且对抽气介质适应性强，安全可靠，维修方便。因此，该泵广泛用于真空冶炼，真空处理和浇注等。

（1）水蒸汽喷射泵的工作原理。喷射泵由工作喷咀，扩压器和混合室组成，形成截

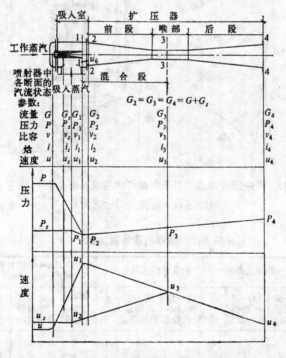

图 6-11　蒸汽喷射器中工作蒸汽及吸入蒸汽压力和速度变化曲线

面变化的特殊的气流管道。气流通过喷嘴可将压力能转化为动能，而通过扩压器又将动能回复转变为压力能。工作蒸汽压强P_0和泵的出口反应压强P_4之间压差，使工作蒸汽在管道中流动。图6-11表示喷射器和扩压器内压强和速度变化曲线。

喷射泵的工作过程分为三个阶段：

1）绝热膨胀阶段：高压水蒸汽通过拉瓦尔喷咀的过程，将压力能和热焓转化为动能，其气流速度达到超音速u_1，压强降至P_1。

2）混合阶段：工作蒸汽以超音速流喷出后，其出口处为负压区，将被抽气体吸入混合室，两股流体进行动量交换，被抽气体速度增至u_b，混合室吸入压力降为P_1。

3）压缩阶段：两股速度差很大的流体，难以在混合室内完成动量交换，将其推移至扩压器内完成。扩压器包括渐缩管、喉口和渐扩管，超音速流混合气体经渐缩管压缩至喉口，压强增至P_3，流速达音速，通过喉口则为亚音速流混合气体，再经渐扩管膨胀，气流速度继续降至u_4，其压强增至P_4，最后将气体排出。

单级喷射泵的压缩比小于10，工作压强低于$10^{k}Pa$。当喷射器吸入压强较低时，就需要多级喷射器串联，才能使最后一级喷射器的排出压强达一个大气压。图6-12为三级水蒸汽喷射泵，包括喷射器和冷凝器，一般根据吸入压强来确定喷射器的级数，见表6-5。

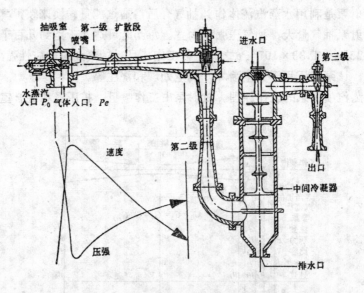

图 6-12　带中间冷凝器的三级水蒸汽喷射泵（附有第一级喷射泵内的压强—速度关系示意图）

表 6-5　推荐的喷射器级数[4]

喷射泵入口处的压强 $\times 133.322Pa$	一般使用条件			精确节约蒸汽量时			具有$(0.13\sim0.17)10^6$ N/m^2的排出压强时			冷凝水温高于27℃		
	第一级冷凝器前的级数	第一级冷凝器后的级数	合计	第一级冷凝器前的级数	第一级冷凝器后的级数	合计	第一级冷凝器前的级数	第一级冷凝器后的级数	合计	第一级冷凝器前的级数	第一级冷凝器后的级数	合计
2～4	2	2	4	2	3	5	2	3	5	2	2	4
4～8	2	2	4	2	3	5	2	3	5	2	2	4
8～15	1	2	3	1	3	4	1	3	4	2	2	4
15～30	1	2	3	1	3	4	1	3	4	1	2	3
30～50	1	2	3	1	2	3	1	2	3	1	2	3
50～100	1	1	2	1	2	3	1	2	3	1	1	2
100～200	1	1	2	1	1	2	1	1	2	1	1	2
200～300			1			1	1	1	2			1

冷凝器的作用是将混合物中的可凝性蒸汽部分凝结排除，以减少下一级泵的负荷，降低蒸汽消耗，为此应采用中间冷凝器。冷凝器分为混合冷凝和间接冷凝器两类。典型冷凝器可见图6-13。混合式冷凝器又分为喷淋式和孔板式两类。冷却与被冷却介质直接混合进行热量交换，冷却效果好。混合式冷凝器的结构简单、冷却效率高，故被广泛应用。间接冷凝器为列管式（见图6-14）。

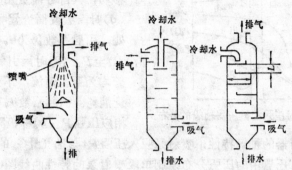

图 6-13　混合式冷凝器

水蒸汽喷射泵，还包括供蒸汽、供水、计量、控制系统等。当喷射器工作压强小于133Pa时，还需要安装蒸汽减压和过热装置。

当工作压强低于533Pa时，喷咀和扩压器渐缩部分安装蒸汽夹套，通入工作蒸汽加热，防止喷嘴出口和扩压器入口结冰，见图6-15。

为满足某些工艺过程的快速抽气和有效利用蒸汽流的潜力，采用辅助启动泵与主泵并联。同时，可增设与最后一级泵的并联辅助泵，加速排气过程。增加的辅助泵与并联的喷射泵蒸汽总耗量应等于正常运转时各级喷射泵蒸汽耗量的总和。此外，为减少排气噪音，常加消音器。

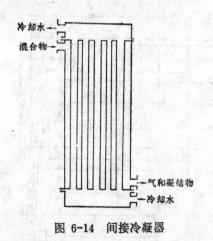

图 6-14　间接冷凝器

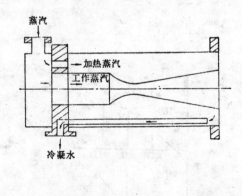

图 6-15　喷嘴加热套

（2）喷射泵特性曲线。

1）沿扩压器轴线的压强分布：当混合室吸入口压强为 P_1，扩压器出口压强为 P_4 (0)，激波在扩压器渐缩段产生，如图6-16。此时，引射系数 $\mu = 0$（即被抽气体与工作蒸汽流量之比，$\mu = \dfrac{G_h}{G_0}$），工作蒸汽射流的能量完全用于克服扩压器的反 压 强。当反压强降至 $P_4(1)$，且入口压强 P_1 不变，于是混合室吸入一定量的气体，引射系数 上升至 μ_1，

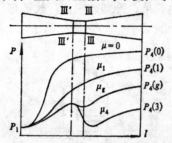

图 6-16 变工况时压强沿扩压器轴线的分布

此时，激波面在渐缩管内已较前向喉口方向移动，其部分能量用于抽气。当 P_4 降 至 P_4 (g) 时，激波面恰置喉口入口 Ⅲ′ — Ⅲ′ 断面处，引射系数仍为 μ_g 达最大值。继续降低 P_4 至 P_4 (3) 时，引射系数仍为 μ_4，在渐扩管均为亚音速流，不会出现激波面再引起能量消耗。引射系数 μ_g 称为极限的引射系数，相应压强 P_4 (g) 称极限反压强。

2）单级喷射器的抽气特性：喷射泵吸入压强 P_1 与抽气量 G_h 的关系曲线称为 特 性曲线。根据变工况扩压器中的压强分布绘制单级喷射泵的特性曲线图6-17，吸入压强分别为 $P_1(1)$、$P_1(2)$、$P_1(3)$、$P_1(g)$，其相应引射系数分 别 为 $\mu_g(1)$，$\mu_g(2)$、$\mu_g(3)$。ab 线表示极限工况下的反压强与引射系数关系曲线。cd 线表示下一级喷射泵吸入压强与引射系数的关系曲线（假设两级喷射泵的负荷相等），则 ab 线与 cd 线交于 M 点决定了前级喷 射器的过载点 g。当前级喷射泵的引射系数小于 $\mu_g(2)$ 时，表示前级喷射泵运 行 在极限工况下的工作段 fg。当引射系数大于 $\mu_g(2)$ 时，表示前级喷射泵运行在过载段 gh。

在一定的工作蒸汽压强下，喷射泵的抽气量与吸入压强和极限排气压强间的关系见图 6-18。随着喷射泵抽气量的增加，吸入压强显著上升，使真空系统真空度降低，而排气压强仅略有上升。说明增大抽气量，则降低系统真空度，若减少抽气量，系统真空度可以提高。故当系统抽气量即负荷有变化时，根据负荷状况决定可选择喷射泵并联运行，以节约蒸汽耗量。

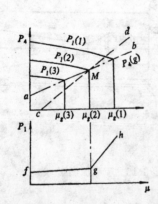

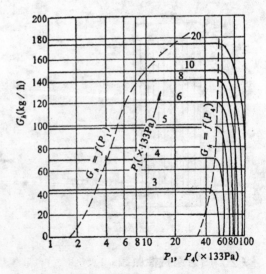

图 6-17 在不同入口压强下 $P_1(1) > P_1(2)$
$> P_1(3)$时喷射器特性与反压强关系

图 6-18 $G_h = f(P_1)$，$G_h = f(P_4)$ 的关系曲线

（3）喷射泵的参数。

1）压缩比：蒸汽喷射泵的排出压强P_4与吸入压强P_1的比值称为喷射泵的压缩比，以Y表示。工作蒸汽压强P_0与吸入压力P_1之比称膨胀比，以B表示。喷射泵的压缩比一般小于10。当真空容器压强较低时，则需多级喷射泵串联，则每级泵压缩比选择原则：

A、根据真空容器极限真空度及末级喷射泵排放压力应大于大气压强的$1.05\sim1.10$倍的要求，并考虑真空系统尽早引入冷凝器。故从第一级到末级压缩比应逐渐减少。一般最大压缩比为$10\sim12$，最小压缩比$3\sim4$。压缩比太小，泵的性能不稳定。

B、进入第一级冷凝器的混合物中，水蒸汽分压强所对应的饱和温度，应高于冷却水入口温度$8\sim12℃$。

C、相邻两级喷射泵的前级泵排出压强应比后级吸入后强高10％左右。

D、冷凝器阻力损失应为$670\sim1330Pa$，位于高真空处阻力损失取下限，低真空处阻力损失可取上限。

蒸汽喷射泵各级平均压缩比：

$$\overline{K}_n = \sqrt[n]{\frac{P_n}{P_1}} \tag{6-37}$$

式中　$\overline{K}_n$为平均压缩比，P_n为最后一级排出压强P_0，P_1为泵的吸入压强。

各级压缩比是以平均压缩比$\overline{K}_n$为基准，相应地进行调正，其各级压缩比的乘积应大于大气压，即$P_1 \cdot K_1 \cdot K_2 \cdot K_3 \cdots\cdots K_n > P_0$。根据真空度的要求和各级压缩比的确定，就可以选择喷射泵的级数，一般第一级和最后一级压缩比应取小些，以利于调节空载时的压强和节约蒸汽。真空度与喷射泵级数间的关系见表6-6。

表 6-6

级数	1	2	3	4	5	6
吸入压强（Pa）	$1.33\times10^4\sim1.0\times10^5$	$2.7\times10^3\sim2.7\times10^4$	$4\times10^2\sim4\times10^3$	$6.7\times10\sim6.7\times10^2$	$6.7\sim133.3$	$0.67\sim13.33$

2）蒸汽喷射泵的抽速和排气能力：水蒸汽喷射泵的抽速随进口压强而变，在工作区间有一最大抽速峰值，图6-19是一个小型六级泵的排气量、抽气速率和吸入压强关系图。显然，最佳工作状态应是$S-P$和$Q-P$两条曲线的交点，其吸入压强应为93Pa。

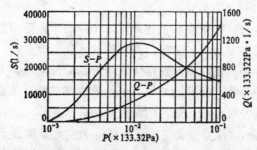

图 6-19　小型六级水蒸汽喷射泵排气量、抽速与进口压强的关系

3）引射系数：被抽气体与工作蒸汽流量之比称引射系数，$\mu_h = \dfrac{G_h}{G_0}$，根据膨胀比 $B = P_0/P_1$ 和压缩比 $Y = P_4/P_1$ 来确定 μ_h 值，见表6-7。

表 6-7　引射系数的选择表

μ_h　B Y	10	15	20	30	40	60	80	100	150	200	300	400	600	800	1000	1500	2000	3000	4000
1.2	3.1	3.42	3.6	3.71	3.8	3.89	3.95	4.0	4.01	4.02	4.03	4.04	4.05	4.06	4.06	4.06	4.07	4.07	4.07
1.4	1.73	1.98	2.11	2.31	2.4	2.47	2.52	2.56	2.59	2.61	2.61	2.62	2.62	2.63	2.34	2.65	2.65	2.66	2.66
1.6	1.12	1.32	1.45	1.58	1.67	1.75	1.79	1.83	1.88	1.92	1.95	1.98	2.00	2.00	2.01	2.01	2.01	2.01	2.01
1.8	0.81	1.00	1.11	1.23	1.29	1.36	1.41	1.44	1.49	1.53	1.58	1.61	1.64	1.66	1.67	1.67	1.69	1.70	1.71
2.0	0.58	0.76	0.87	0.98	1.05	1.12	1.17	1.20	1.24	1.28	1.32	1.35	1.38	1.40	1.42	1.44	1.45	1.46	1.47
2.2	0.46	0.60	0.71	0.82	0.89	0.97	1.01	1.05	1.09	1.13	1.17	1.2	1.23	1.21	1.26	1.28	1.30	1.32	1.33
2.4	0.37	0.48	0.55	0.68	0.72	0.82	0.86	0.90	0.94	0.98	1.02	1.05	1.09	1.12	1.14	1.17	1.20	1.22	1.23
2.6	0.30	0.41	0.49	0.58	0.65	0.71	0.77	0.81	0.86	0.90	0.94	0.97	1.00	1.03	1.06	1.06	1.10	1.12	1.13
2.8	0.24	0.34	0.41	0.50	0.57	0.64	0.69	0.73	0.78	0.82	0.87	0.89	0.93	0.96	0.98	1.00	1.03	1.04	1.05
3.0	0.19	0.28	0.34	0.41	0.47	0.53	0.59	0.62	0.68	0.71	0.77	0.81	0.86	0.89	0.91	0.93	0.94	0.96	0.98
3.2	0.17	0.25	0.31	0.38	0.43	0.50	0.54	0.57	0.62	0.67	0.71	0.75	0.79	0.82	0.84	0.86	0.89	0.91	0.92
3.4	0.16	0.22	0.27	0.35	0.40	0.46	0.50	0.52	0.58	0.62	0.67	0.70	0.73	0.76	0.78	0.80	0.82	0.84	0.85
3.6		0.19	0.24	0.31	0.36	0.42	0.46	0.49	0.54	0.59	0.63	0.65	0.69	0.71	0.73	0.75	0.76	0.78	0.79
3.8		0.17	0.22	0.27	0.33	0.39	0.43	0.46	0.50	0.53	0.57	0.60	0.63	0.65	0.67	0.69	0.71	0.73	0.74
4.0			0.19	0.25	0.30	0.35	0.40	0.42	0.46	0.50	0.53	0.55	0.59	0.61	0.62	0.64	0.66	0.68	0.70
4.5			0.15	0.20	0.24	0.29	0.33	0.36	0.40	0.44	0.48	0.51	0.53	0.55	0.57	0.59	0.60	0.62	0.63
5.0				0.16	0.19	0.24	0.28	0.31	0.35	0.38	0.41	0.43	0.46	0.48	0.50	0.51	0.53	0.55	0.56
5.5					0.16	0.21	0.24	0.27	0.30	0.33	0.37	0.40	0.42	0.44	0.45	0.47	0.49	0.51	0.52
6.0						0.18	0.20	0.23	0.26	0.30	0.33	0.36	0.39	0.41	0.42	0.43	0.45	0.46	0.47
7.0						0.15	0.17	0.19	0.22	0.25	0.29	0.31	0.34	0.36	0.37	0.39	0.41	0.42	0.43
8.0							0.16	0.19	0.22	0.25	0.27	0.30	0.32	0.33	0.35	0.36	0.38	0.39	
9.0								0.16	0.19	0.21	0.23	0.26	0.28	0.30	0.32	0.33	0.35	0.36	
10.0									0.18	0.20	0.23	0.25	0.27	0.29	0.30	0.32	0.33		

$$P_1 \text{——吸入压强(Pa)};$$

$$B = \frac{P_0}{P_1} \text{—— 膨胀比}$$

4）工作蒸汽选择：工作蒸汽压强愈高，蒸汽和冷却水消耗愈少，当蒸汽压强＞1.2 MPa，喷嘴损失增加，蒸汽耗量增大。因此，一般选择工作蒸汽压强为 (0.4~1.0)MPa 之内。选择蒸汽过热度以10～20℃为宜。

5）冷却水的选择：应选择软水或净工业用水作为冷却水，采用密闭循环。冷却水入口温度应低些，冷却水入口温度愈低，工作蒸汽和冷却水耗量愈少。

b）气体的等效换算：为简化计算，被抽气体均指20℃纯空气。为此，当量换算应包括两部分，其一是温度当量换算，即非20℃的气体换算成20℃的气体量。其二是分子当量换算，即非空气分子换算成空气分子，通常用修正系数来修正。

G_{20} 为当量20℃纯空气量，G_k 为抽吸空气量，K_{kT} 为空气温度修正系数。G_z 被抽吸水蒸汽量，K_{zT} 水蒸汽温度修正系数，K_M 为摩尔质量修正系数。G_h 的混合气体总量。

对于温度超过20℃的空气

$$G_{20} = G_k \cdot K_{kT} \tag{6-38}$$

对于水蒸汽

$$G_{20} = G_z K_{zT} \cdot K_M \tag{6-39}$$

对于蒸汽和空气混合气体

$$G_{20} = G_k K_{kT} + G_z K_{zT} K_M \tag{6-40}$$

对于混合气体

$$G_{20} = G_h \cdot K_M \cdot K_{kT} \tag{6-41}$$

K_M、K_{zT}、K_{kT} 修正系数，可以从有关资料查出（例如20kg的水蒸汽的同温度当量 空气）。

$$G_k = G_z \cdot K_M = 20 \times 1.21 = 24.2 \text{kg}$$

例6-4：100kg的150℃水蒸汽当量为20℃的空气

$$G_{20} = G_z \cdot K_{zT} \cdot K_M$$
$$= (100\text{kg})(1.1)(1.21)$$
$$= 133.1 \text{kg}$$

7）被抽气体负荷：气体负荷包括生产过程中放出来的不可凝气体 G_1、可凝气体 G_2、设备连接不密封的漏气 G_3 和冷却水中析出的空气量 G_4，其总的被抽气体负荷为

$$G_M = G_1 + G_2 + G_3 + G_4 \tag{6-42}$$

生产过程释放的可凝性气体 G_2 为工作蒸汽耗量的0.1%，冷却水放气量为冷却水量的 10^{-5}。漏气量按图6-20查出。

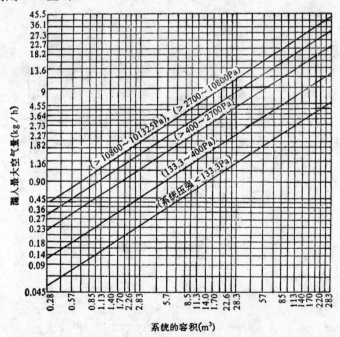

图 6-20 密封系统漏入空气的最大量

（4）水蒸汽喷射泵的设计。虽然喷射泵的结构简单，但其流体的热力过 程 却 很 复杂，流体的膨胀—混合和压缩过程均伴随着各种损失，包括摩擦、碰撞、涡流和激波的损

失。同时，伴随着水蒸汽物态变化，且泵的工作压强范围宽，而不同压强范围内的抽气机理存在差异。这些因素均增加了设计的困难。因此，本节主要介绍简易计算法，采用经验公式和经验数据进行设计计算。

1）假设：

A、喷射器和扩压器的喉口，均处于临界工况（马赫数 $M=1$）；

B、喷射泵遵循几何相似；

C、设计参数确定后，包括工作蒸汽压强 P_4、喷嘴喉口直径 d_0，扩压器喉口直径 D_0，引射系数 μ_h，则按下式计算喷射器排出压力 P_4。

$$P_4 = \left(\frac{d_0}{D_0}\right)^2 (1+\mu_h) P_0 \qquad \text{Pa} \tag{6-43}$$

D、被抽气体的摩尔质量为19～50g，温度10～50℃，不作当量换算。

2）设计计算程序：

A、已知条件：工作蒸汽压强 P_0、喷射器排出压强 P_4，吸入压强 P_1，膨胀比 $B = \dfrac{P_0}{P_1}$，压缩比 $Y = \dfrac{P_4}{P_1}$，冷却水入口温度 t_1，被抽气体量 G_h（kg/h）。

B、设计步骤：确定各级喷射器、喷嘴、扩压器和吸入室尺寸(见图6-21)。

a、根据膨胀比 B 和压缩比 Y 从表6-7查出引射系数 μ_h。

b、工作蒸汽量 G_0（kg/h）

$$G_0 = \frac{G_h}{\mu_h} \tag{6-44}$$

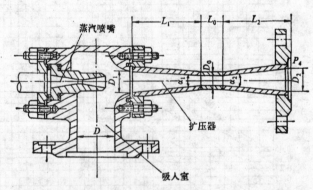

图 6-21 喷射器的结构

3）喷嘴设计：

A、喷嘴喉口直径 D_0（见图6-21）。

$$D_0 = 2.3 \times 10^{-2} \frac{G_0^{1/2}}{\left(\dfrac{P_0}{v_0''}\right)^{1/4}} \qquad \text{m} \tag{6-45}$$

式中　v_0''——工作蒸汽比容。

B、喷嘴出口直径 D_2

$$D_2 = CD_0 \quad \text{m} \tag{6-46}$$

式中常数 C 根据膨胀比计算：

$$C = 0.54(2.64)^{\lg B} \tag{6-47}$$

C、喷嘴其它尺寸：

a、喷嘴入口直径

$$D_1 = 3D_0 \tag{6-48}$$

b、收缩段长度

$$L_1 = 6D_0 \tag{6-49}$$

c、扩张段长度

$$L_2 = \frac{D_2 - D_0}{2 \operatorname{tg} \dfrac{\alpha_1}{2}}$$

z_1 为喷嘴出口圆锥角，一般取 $15° \sim 20°$。喷嘴喉部长度 $0.003 \sim 0.005\,\text{m}$。

4）扩压器设计：扩压器喉口直径：

$$D_0 = 5 \times 10^3 \sqrt{\frac{\dfrac{18}{29}(G_1 + G_3 + G_4) + G_2 + G_0}{P_4}} \quad \text{m} \tag{6-50}$$

式中　G_1——被抽混合气体中不可凝气体初始量，kg/h；

G_2——喷射器入口处可凝气体（包括水蒸汽）量，kg/h；

G_3——设备连接处漏入的空气量，kg/h；

G_4——混合冷凝器中，水中析出空气量，kg/h；

G_0——工作蒸汽的消耗量，kg/h；

P_4——喷射器排出口压强，Pa；

扩压器其它尺寸：

扩压器进口直径 $\qquad D_1 = 1.5D_0 \tag{6-51}$

扩压器出口直径 $\qquad D_2 = 1.8D_0 \tag{6-52}$

扩压器收缩段长度 $\qquad L_1 = 13(D_1 - D_0) \tag{6-53}$

扩压器扩张段长度 $\qquad L_2 = 10(D_2 - D_0) \tag{6-54}$

扩压器喉口长度 $\qquad L_0 = 3D_0 \tag{6-55}$

扩压器收缩段圆锥角 $\qquad \alpha_1 = 10°$

扩压器扩张段圆锥角 $\qquad \alpha_2 = 6°$

5）吸入室尺寸：

吸入口直径：

A、$D = 1.88 \times 10^{-2} \sqrt{\dfrac{Q_x}{u_x}} \tag{6-56}$

B、吸入室长度：取决于喷管出口至扩压器喉口收缩段长度，其长度随压缩比的增加而增大，其经验式为

$$L = A' D_0 \tag{6-57}$$

式中被抽气体体积量（m^3/h）指气体的体积流量 Q_x（m^3/h），入口截面上被抽气体的流速

u_x(m/s)，一般取40～60m/s，A'系数按表6-8来选取。计算的吸入室长度L应减去扩压器收缩段长度，再加上喷嘴的安装长度。

表 6-8　A'值的选择

压缩比Y	3～5	6	7	8
A'	5～5.5	6	7	8

6）冷凝器的计算：

A、已知条件：冷却水入口温度t_1，排出压强P_4，冷凝器入口处非可凝气体量G_1，冷凝器入口可凝性蒸汽量G_2。

B、设计程序：首先根据喷射器排出压强P_4查出水蒸汽对应的饱和温度t_s（℃），求得冷却水出口温度t_2

$$t_2 = \frac{1}{3}(t_s - t_1) + t_1 + (1 \sim 3℃) \tag{6-58}$$

冷却水的耗量G_B

$$G_B = 0.6\frac{G_0 + G_2 - G_C}{t_2 - t_1} \qquad t/h \tag{6-59}$$

从冷凝器中排出的未冷凝的水蒸汽量G_C(kg/h)

$$G_C = 18\left(\frac{G_1}{M} + \frac{G_3 + G_4}{29}\right)\frac{P_s}{P_2 - P_s} \qquad kg/h \tag{6-60}$$

M、G_0、G_1、G_2、G_3、G_4意义与公式（6-50）相同，P_2为冷凝器前一级喷射器出口的绝对压强(Pa)，P_s为对应于冷凝器出口温度t_2的饱和水蒸汽压强。

冷凝器圆柱体直径D（蒸汽混合物通过冷凝器速度15～20m/s条件下）

$$D = (5 \sim 8)10^{-3}\sqrt{G_{\Sigma h} \cdot v_{\Sigma h}} \qquad m \tag{6-61}$$

式中$G_{\Sigma h}$为进入冷凝器的混合物流量（kg/h），$v_{\Sigma h}$以P_4查得饱和蒸汽比容（m³/kg）。

冷凝器圆柱部分的高度H

$$H = (4 \sim 6)D \tag{6-62}$$

喷淋式混合冷凝器喷头孔板的每个孔的水流量Q

$$Q = 36.4A\phi_3\sqrt{2\Delta P} \tag{6-63}$$

式中A为喷头孔板每个孔的截面积（m²），ϕ_3为流量系数，$\phi_3 = 0.7 \sim 0.8$，ΔP为喷头进水压强与工作压强差（Pa）。喷头孔的个数为

$$n = \frac{G_B}{Q} \tag{6-64}$$

（5）抽气时间计算。根据工艺过程给定的负荷，计算泵的抽气时间

$$\tau = \frac{1.2 \times 10^{-4}\alpha VM(P_1 - P_2)}{(G_2 - \alpha G_A)(273 + t)} \qquad h \tag{6-65}$$

式中τ为抽气时间，V为被抽空间容积（m³），P_1，P_2分别为抽气开始与终止压强(Pa)，G_2为P_2压强和温度t时，对摩尔质量为M的抽气量(kg/h)，t为被抽气体温度，M为被抽气

体摩尔质量，G_1为系统漏气量，α为泵决定的修正系数。末级泵修正系数由图6-22选取，其它各级α近似取1。

6.7 真空系统抽气时间的计算

真空系统抽气时，系统内压强P是随时间t变化的。当泵抽出的气体流量等于系统中放气量时，则系统内压强P不再随时间变化。因此，建立真空的抽气过程，分为非稳定流动和稳定流动两阶段。为简化计算，当真空室容积大于管路体积，抽气过程较慢则视为稳定流动，被称为亚稳定流动。

6.7.1 泵的有效抽速

真空系统包括真空室、管路、元件、泵等，其抽速与泵的抽气能力、与管路及其它元件流导有关。图6-23示出真空系统图，若P_1和S_P分别是泵的入口压强和抽速，P_0和S_e分别是容器出口压强和泵对该出口的有效抽速，C是连接容器管道流导。当稳定流动时，单位时间内流过管道中每一截面的气流量均相等，称真空系统基本方程。

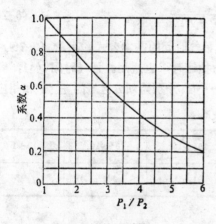

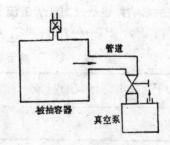

图 6-22　修正系数　　　　　　　图 6-23　最简单的真空系统

$$Q = P_0 S_e = P_1 S_P = C(P_0 - P_1)$$

由该式得到真空系统有效抽速方程

$$\frac{1}{S_e} - \frac{1}{S_P} = \frac{1}{C} \tag{6-66}$$

$$S_e = \frac{S_P}{1 + S_P/C} \tag{6-67}$$

（1）泵的有效抽速S_e永远小于泵的抽速和管道流导；

（2）管道流导很小时，则泵的有效抽速也很小；

（3）管道流导愈大，泵的有效抽速愈接近泵的额定抽速，说明应选粗大而短的管道。

6.7.2 真空抽气时间的计算

真空泵的气体负荷应包含容器内的大气$\left(-V\dfrac{dP}{dt}\right)$、容器和真空元件放气$Q_d$、微隙漏气量$Q_1$、大气向真空室渗气量$Q_P$、工艺过程蒸发的气体量$Q_e$等，其动态平衡方程称为真空系统抽气方程。

$$V \frac{dP}{dT} = -S_e P + Q_d + Q_l + Q_p + Q_e \tag{6-68}$$

真空系统的抽气初期，泵的负荷主要是大气，真空系统压强为$1 \sim 10^{-1}$Pa时，容器中残存气体主要是容器放气和水蒸汽。从大气压开始至0.5Pa抽气范围，称低真空系统。从大气压至10^{-2}Pa，抽速近似常数，在$10^{-2} \sim 0.5$Pa抽速变化较大。因此，采用近似常数抽速和变抽速计算。

（1）近似常抽速时抽气时间计算。

1）粘滞流状态的抽气时间：泵的抽速S_p为常数，流导C随压强而变化，先将真空设备工作压强划分为几个区域，见图6-24，按每个区域的平均压强的流导，计算抽气时间

$$\tau = \frac{V}{S_p} \ln \frac{P_1}{P_{n+1}} + V \left(\frac{1}{C_1} \ln \frac{P_1}{P_2} + \frac{1}{C_2} \ln \frac{P_2}{P_3} + \cdots\cdots + \frac{1}{C_n} \ln \frac{P_n}{P_{n+1}} \right)$$

$$\tag{6-69}$$

或者

$$\tau = 2.3 K_g \frac{V}{S_p} \lg \frac{P_1 - P_u}{P - P_u} \tag{6-70}$$

式中τ是$P_1 - P$的抽气时间，两式均是计算低真空抽气时间的基本公式。虽然（6-70）式未考虑管道的影响，但是，对于管道流导大于泵的抽速时，也适用。抽气时间τ(s)，容积V(m³)，P_1、P_2、P_3······P_{n+1}和C_1、C_2、C_3······C_n分别为划分区域的压强和相应的

表6-9　修正系数K_g

压强P(Pa)	$10^5 \sim 10^4$	$10^4 \sim 10^3$	$10^3 \sim 10^2$	$10^2 \sim 10$	$10 \sim 1$
系数K_g	1	1.25	1.5	2	4

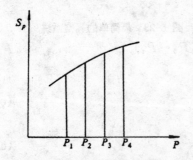

图6-24　抽速曲线$S_p = f(P)$

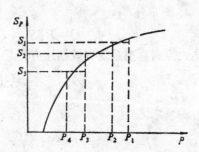

图6-25　分段法计算抽气时间附图

流导，P_u真空泵的极限真空度，K_g为修正系数，与设备终止压强有关，见表6-9。

2）分子流抽气时间：分子流的管道流导与压强无关，因而泵对容器的有效抽速亦与压强无关。当抽气过程中，气流满足连续方程，则抽气时间为

$$\tau = \frac{V}{S_e} \ln \frac{P_1 - P_u}{P - P_u} = \frac{V(S_p + C)}{S_p \cdot C} \ln \frac{P_1 - P_u}{P - P_u} \tag{6-71}$$

工程上允许用分子流计算抽气时间来代替过渡状态。

（2）变抽速时抽气时间。多数真空泵的抽速都随其入口压强变化而变，尤以机械真空泵抽真空到10Pa以下时抽速随入口压强变化显著。计算抽气时间，应知道抽速与入口压强关系，采用分段计算法。如图6-25，将初始压强P_1和终止压强P_h之间分成数段，设相应抽气时间为τ_1、τ_2……τ_n，其平均抽速S_1、S_2……S_n，用相应公式计算各阶段抽气时间，再相加得总抽气时间，

$$\tau = \tau_1 + \tau_2 + \cdots\cdots + \tau_n$$

6.8 真空系统设计

真空系统设计计算主要解决两个基本问题：

1）根据真空设备产生的气体量、工作压强、极限真空度及抽气时间等选配主泵的类型，确定管路及选择真空元件。

2）计算真空设备的抽气时间，或计算给定的抽气时间内，所达到的压强。

真空室的极限真空度

$$P_f = P_u + \frac{Q_0}{S_e} \qquad \text{Pa} \qquad (6\text{-}72)$$

式中　P_u——真空泵极限真空度，Pa；

　　　Q_0——空载时，长期抽气后，真空室的气体负荷，Pa·m³/s；

　　　S_e——真空室抽气口附近，泵的有效抽速，m³/s。

真空室的工作压强

$$P_g = P_f + \frac{Q_e}{S}$$

$$= P_u + \frac{Q_0}{S_e} + \frac{Q_e}{S_e}$$

真空室的工作压强一般高于其极限真空度，工作压强选择愈接近极限真空度，真空抽气设备的经济效率愈低。从经济方面考虑，最好在主泵的最大抽速或最大排气量附近选择工作压强。一般工作压强多半选择高于极限真空度半个到一个数量级。

6.8.1 真空系统设计计算一般程序

（1）真空室内总放气量的计算；

（2）确定真空室有效抽速；

（3）粗选主泵和粗配前级真空泵；

（4）根据要求选择阀门、捕集器、除尘器等真空元件；

（5）绘制真空系统装配草图，确定各部分尺寸；

（6）精算各真空泵，使其满足给定参数要求，若达不到，重新选择主泵和配置前级泵，直至达到要求；

（7）绘制真空系统图。

以上为真空系统设计不可缺少的部分，其核心是设计参数的确定，选主泵和配置辅助

泵，及相应的真空元件的选择。应注意选择短而粗的真空管路，合适的真空元件与之匹配，并保证抽气时间短，达到工作所需的真空度，运行稳定，排气稳定，安全可靠。

6.8.2 真空室内放气流量的计算

当真空系统抽气达到真空室工作压强时，真空室内的放气量就是主泵应抽走的气体流量，该流量按下式计算：

$$Q = Q_e + Q_n + Q_m + Q_L \qquad Pa \cdot m^3/s \qquad (6\text{-}73)$$

式中

Q_e——工艺过程释放气体的流量；

Q_n——真空室耐火材料出气流量；

Q_m——真空室内壁和构件表面解吸气体流量；

Q_L——真空室外大气通过连接件及壳体渗到真空室内的气体流量。

（1）工艺放气的计算Q_e。根据真空熔炼过程中，合金中碳、氢、氮含量变化计算，用下式

$$Q_e = v_1 \times 10^3 (3.15C + 1.35N + 18.9H) \qquad Pa \cdot m^3/s \qquad (6\text{-}74)$$

式中v_1为熔炼速度kg/min。

（2）耐火材料放气量Q_n。

$$Q_n = \frac{10^{-6} q_2 V_n P_a}{\tau_2} \qquad Pa \cdot m^3/s \qquad (6\text{-}75)$$

式中　q_2——耐火材料单位体积放气为标准状态的体积，m^3/m^3；

V_2——耐火材料体积，m^3；

P_a——气体压强，Pa；

τ_2——耐火材料加热时间，s。

（3）真空室内壁及构件表面放气。

$$Q_m = \sum_{i=1}^{m} q_i A_i \qquad Pa \cdot m^3/s \qquad (6\text{-}76)$$

式中　q_i——每种材料表面积出气率，$Pa \cdot m^3/(s \cdot m^2)$；

A_i——每种材料暴露在真空中面积，m^2；

m——真空元件数量。

（4）漏气流量Q_L。采用真空室内允许的压强增长率$P_z = 1.33 Pa/h$

$$Q_L = P_z V / 3600 \qquad Pa \cdot m^3/s \qquad (6\text{-}77)$$

式中　P_z——升压率，Pa/h；

V——真空室容积，m^3。

6.8.3 选泵

真空系统设计的关键是选择主泵，其内容为确定主泵的类型和决定主泵的大小。

（1）主泵类型选择。

1）真空室所要达到的极限真空度：选择主泵的极限真空度要比真空室的极限真空度高半个到一个数量级。

2）真空室所需工作压强：根据工艺生产中放出的气量，系统漏气量及所需的工作压

强来选择主泵，以保证真空室的工作压强处在主泵最佳抽速压强范围内。

3）根据被抽气体种类，气体中夹杂灰尘情况来选择主泵。

4）根据投资和日常维护费用：压强在13.3～0.133Pa范围，选择油增压泵为主泵较经济；在0.133Pa以下，以油扩散泵为主泵；压强高于13.3Pa的真空系统，选择罗兹泵做主泵最佳。

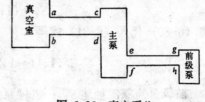

图 6-26　真空系统

（2）主泵的计算。真空系统如图6-26所示。

1）计算主泵的有效抽速：根据真空室的最大排气流量Q_{max}和真空室的工作压强P_g，计算泵的有效抽速S_{e1}。

$$S_{e1} = \frac{Q_{max}}{P_g} \tag{6-78}$$

2）确定主泵抽速S_{P1}：

A．粗算主泵抽速S_1：选泵前，真空室出口到主泵入口间的管道直径及其流导为未知，根据（6-67）式无法计算主泵抽速，此时，可用经验公式计算。

$$S_1 = K_s S_{e1} \qquad m^3/s \tag{6-79}$$

式中K_s为主泵到真空室出口的抽速损失系数，主泵与真空室间采用捕集器时，$K_s = 2 \sim 2.5$，若无捕集器$K_s = 1.3 \sim 1.4$。

根据主泵抽速，选择主泵。

B．精算主泵抽速S_{P1}：

根据粗选主泵入口尺寸，选择管道直径（包括阀门和捕集器），选择相应的流导公式求出管道流导C_1，再按（6-67）计算主泵抽速。

$$S_{p1} = \frac{S_{e1} C_1}{C_1 - S_{e1}} \qquad m^3/s$$

由该式计算得到S_{p1}，若与粗算主泵抽速相差较小，则确定粗算的泵为主泵，否则要重新选算。

（3）配泵。主泵确定后，主要是如何选配合适的前级泵。前级泵直接影响主泵的性能，影响真空系统抽气时间和经济效益。在真空系统处于稳定流动时，系统中串联的各个泵的气体流量是相等的。但是，由于系统各截面气体压强不同，则各截面抽气速率亦不同。

1）选配前级泵的原则：

A．前级泵造成主泵工作所需预真空条件；

B．前级泵应及时抽出主泵所排出的最大气体量，前级泵有效抽速应满足下列条件：

$$S_{e2} \geqslant \frac{P_{max} S_{p1}}{P_n} = \frac{Q_{max}}{P_n} \tag{6-80}$$

式中P_n为主泵出口最大排气压强，P_{max}为主泵额定抽速S_{p1}时的最大工作压强，S_{e2}为前级泵的有效抽速。

2）配泵计算：主泵是油扩散泵和油增压泵，该泵需前级泵在其出口始终造成低于该泵的最大排气压强，才能正常抽气。油扩散泵最大排气压强为27～40Pa，油增压泵最大排气压强133～267Pa。

A. 粗算前级泵抽速S_2：由于前级泵管道及其流导C_2未知，只能用经验公式粗算。

$$S_2=(1.11\sim1.25)S_{e2} \tag{6-81}$$

将（6-80）代入（6-81）式得

$$S_2\geqslant(1.11\sim1.25)\frac{Q_{max}}{P_n}\qquad m^3/s \tag{6-82}$$

B. 前级泵的额定抽速S_{P2}：机械泵的额定抽速S_{P2}为大气压下测得，实际抽速随泵的入口压强降低而下降，在27Pa压强下，其抽速下降很大，此时，不能满足抽气要求。故所配前级泵用下式计算

$$S_{P2}=(1.5\sim3)S_2\qquad m^3/s \tag{6-83}$$

C. 精算：根据前级泵入口尺寸，确定低真空管路，进而计算管道流导C_2，由式（6-67）得

$$S_{e2}=\frac{S_{p_2}C_2}{S_{p_2}+C_2} \tag{6-84}$$

将（6-66）式代入（6-80）式得到

$$S_{P2}\geqslant\frac{Q_{max}}{P_n-\dfrac{Q_{max}}{C_2}}\qquad m^3/s \tag{6-85}$$

由（6-85）式所计算得到抽速S_{P2}与式（6-82）计算抽速S_2相差很少，说明配泵满足要求，否则需重新配泵。

D. 主泵为罗兹泵的配泵：罗兹泵转子与转子间、转子和定子间隙较大，所以对气体的压缩比较小，一般选择前级泵要大些。根据经验式计算配泵抽速。

$$S_2=\left(\frac{1}{10}\sim\frac{1}{2}\right)S_1\qquad m^3/s \tag{6-86}$$

例6-5： 真空室直径$D=1m$，容积1.5m³，内表面积$A=7.5m^2$（不锈钢出气率2.26×$10^{-4}Pa\cdot m^3/(m^2\cdot s)$，真空室工作压力$P_g=1.33\times10^{-3}Pa$，工艺放气为$Q_1=1.33\times10^{-3}Pa\cdot m^3/s$，系统漏气6.65×$10^{-4}Pa\cdot m^3/s$，被抽气体为20℃的空气，试选择真空系统真空泵。

设计：

1）真空系统的有效抽速，用（6-78）式。

$$Q=Q_1+Q_2+Q_3$$
$$=1.33\times10^{-3}+6.65\times10^{-4}+(2.26\times10^{-4})7.5$$
$$=3.69\times10^{-3}Pa\cdot m^3/s$$

$$S_{e1}=\frac{Q}{P_g}=\frac{3.69\times10^{-3}}{1.33\times10^{-3}}=2.77m^3/s$$

（2）选择主泵。油扩散泵在6.5×10^{-2}～6.65×$10^{-5}Pa$范围内具有最大抽速，因此选择油扩散泵。

1）粗算主泵抽速S_1，用（6-79）式。

因为，油扩散泵应设捕集器，所以$K_s = 2.5$

$$S_1 = K_s S_{e1} = 2.5 \times 2.77 = 6.925 \quad \text{m}^3/\text{s}$$

∴由附录11选择K-600油扩散泵，最大排气压强39.9Pa，极限真空度6.65×10^{-5}Pa，抽速11～13m³/s。入口管径0.6m，出口管径0.15m。

2）精算：选择山型障板（捕集器），其比流导31.6m³/(m²·s)，选择真空阀门GDQ-J-600，其流导14m³/s，采用管道、阀门、障板、油扩散泵等串联连接方式。

A. 管道系统流导计算：

a. 判断流动状态：

平均压力 $\overline{P} = \dfrac{1}{2}P_g = \dfrac{1}{2}(1.33 \times 10^{-3}) = 6.65 \times 10^{-4}$Pa

$\overline{P}D = (6.65 \times 10^{-4})(0.6) = 3.99 \times 10^{-4}$Pa·m$< 2 \times 10^{-2}$Pa·m为分子流。

b. 流导计算：真空管道流导计算，管道直径0.6m，长度0.6m，因此，$L/D < 20$ 为短管，选择 (6-28) 式计算真空管道流导：

$$C_d = 1.21 \times 10^2 \frac{D^3}{L} \frac{1}{(1 + 1.33D/L)}$$

$$= 1.21 \times 10^2 \frac{D^3}{L + 1.33D}$$

$$= 1.21 \times 10^2 \frac{0.6^3}{0.6 + 1.33(0.6)} = 18.69 \quad \text{m}^3/\text{s}$$

障板流导：障板管径$D = 0.7$m

$$C_E = (31.6)\left[\frac{\pi}{4}(0.7)^2\right] = 12.16 \quad \text{m}^3/\text{s}$$

总流导计算，应用 (6-22) 式。

$$C_{\dot{a}} = \frac{C_d C_E C_G}{C_d C_G + C_d C_E + C_G C_E}$$

$$= \frac{(18.69)(12.16)(14)}{(18.69)(14) + (18.69)(12.16) + (14)(12.16)}$$

$$= 4.82 \text{m}^3/\text{s}$$

B. 油扩散泵抽速，应用 (6-67) 式。

$$S_{P1} = \frac{S_{e1} C_{\dot{a}}}{C_{\dot{a}} - S_{e1}} = \frac{(2.77)(4.82)}{4.82 - 2.77} = 6.51 \text{m}^3/\text{s}$$

粗选$S_1 = 6.925$m³/s，所以，选K-600油扩散泵是合适的。

（3）配泵（前级泵）。

1）粗算：K-600油扩散泵$P_n = 39.9$Pa，由抽速曲线知在2.66×10^{-2}Pa压强下，扩散泵最大排气量$Q_{max} = PS_1 = 2.66 \times 10^{-2} \times 11 = 0.2926$Pa·m³/s，选 (6-82) 式，取系数1.25，则

$$S_2 \geqslant 1.25 \frac{Q_{max}}{P_n} = 1.25 \frac{0.2926}{39.9} = 0.0092 \text{m}^3/\text{s}$$

前级泵的额定抽速S_p，应用 (6-83) 式，系数取3，则

$$S_{p_2} = 3S_2 = 3 \times 0.0092 = 0.028 \quad \text{m}^3/\text{s}$$

2）精算：根据$S_{p_2} = 0.028\text{m}^3/\text{s}$，选油封2x-30旋片真空机械泵，管路$d=0.15\text{m}$，长度3m，进气口0.063m，排出口0.065m，极限真空度$6.65 \times 10^{-2}\text{Pa}$，抽气速率0.030$\text{m}^3/\text{s}$。油扩散泵最大排气压强$P_n = 39.9\text{Pa}$。

A．流导计算：

$$\overline{P_n}D = \frac{1}{2}(39.9)(0.15) = 2.99\text{Pa·m} > 0.65\text{Pa·m}$$

为粘滞流，前级管道流导，$L/D = 3/0.15 = 20$，选（6-9）式

$$C_l = 1.34 \times 10^3 \frac{D^4}{L}\overline{P}$$

$$= 1.34 \times 10^3 \frac{0.15^4}{3}(19.95) = 4.5\text{m}^3/\text{s}$$

B．前级泵抽速，用（6-85）式。

$$S_2 \geqslant \frac{Q_{max}}{P_n - \dfrac{Q_{max}}{C_2}} = \frac{0.2926}{39.9 - \dfrac{0.2926}{4.5}} = 0.0073\text{m}^3/\text{s}$$

$$S_p = 3S_2 = 3(0.0073) = 0.022\text{m}^3/\text{s}$$

与粗算结果相近，故选2x-30真空泵，$P_1 = 0.1\text{MPa}$，抽气至$P = 13.3\text{Pa}$，额定抽速$S_p = 0.03\text{m}^3/\text{s}$，极限真空度$P_u = 6.65 \times 10^{-2}\text{Pa}$

（4）抽气时间计算。应用（6-70）式计算低真空抽气时间。选择系数$K_g = 2$.

$$\tau = 2.3K_g \frac{V}{S_p} \lg \frac{P_1 - P_u}{P - P_u}$$

$$= 2.3(2)\frac{1.5}{0.03} \lg \frac{10^5}{13.3} = 892\text{s}(14.85\text{min})$$

应用（6-71）式计算高真空抽气时间。

$$\tau = 2.3 \frac{V(S_{p_1} + C)}{S_{p_1}C} \lg \frac{P_1 - P_u}{P - P_u}$$

$$= 2.3 \frac{(1.5)(11 + 4.82)}{(11)(4.82)} \lg \frac{13.3}{1.33 \times 10^{-3}} = 4.12\text{s}$$

高真空抽气时间很短，因此，其抽气时间主要取决于真空室内材料出气，查真空设计手册，不锈钢一小时后放气量为$Q_3 = (2.26 \times 10^{-4})(7.5) = 1.69 \times 10^{-3}\text{Pa·m}^3/\text{s}$，

$$P_g' = \frac{Q_3}{S_{e_1}} = \frac{1.69 \times 10^{-3}}{2.77} = 6.1 \times 10^{-4}\text{Pa} < P_g = 1.33 \times 10^{-3}\text{Pa},$$

因此，高真空只需几分钟就能达到。

习 题 六

1. 设计一个容器，由一根管道连接到一个泵，进行抽气。试求管道的流导，1）为泵抽速的10倍时，2）与泵抽速相等时，3）为泵抽速的$\frac{1}{10}$时，容器出口处的有效抽速，各为泵抽速的几分之几？

2. 设一个容器直径为0.1m，长5m的管道连接到一个泵进行抽气。被抽气体为空气，温度为20°C，试求当容器中的压强分别为1250Pa、2000Pa、2Pa时管道的流导。泵的进口压强比上述诸值都小，故可略去不计。

3. 设管道直径分别为0.2m，0.4m，0.8m，1m，试求长度为0.6m的管道，在分子流情况下的流导，气体设为20°C的空气。

4. 设有一台真空蒸发器，其钟罩体积为55l。扩散泵启动前，需机械泵将其抽至一定的低真空。求机械泵从大气抽至2Pa需多少时间。设机械泵至钟罩的管道长度0.2m，直径0.04m，其抽速4l/s，极限压强为5×10^{-2}Pa。

5. 一个灯泡，体积0.2l，由直径0.24cm，长度10cm的排气管道连接到机械泵抽气。当压强由800Pa抽到2Pa时，需多少时间，机械泵为2x-4型，其抽速4l/s，极限压强500Pa。

6. 需要在20min内，将容积为0.85m³的真空熔炼室抽气至压力为1.33Pa，试设计该真空系统，选择真空泵。

7. 100kg真空自耗电弧炉的真空系统设计。坩埚最大内径为0.365m，高度1.5m，自耗电极直径0.25m。由大气抽至炉子的工作真空度不超过40min，预抽真空时间不超过15min，即由大气压抽至0.1Pa所需时间。

8. 压力$P_0 = 2.0$MPa，$t_0 = 400$°C的水蒸汽，在拉瓦尔喷管流入压力为0.2MPa空间内，蒸汽流量$G = 4$kg/s，求拉瓦尔喷嘴断面积和出口截面积尺寸。

9. 对50t钢液进行脱气处理（除去H_2和N_2）。在15min内氢从5ppm降至1ppm，氮从100ppm降至75ppm，钢液温度1600°C，真空处理的容积为8.5m³，试问真空系统压力？如何选泵？

10. 冷凝蒸汽量为7000kg/h，冷却水温25°C，冷却水出水温度为36°C，蒸汽冷凝温度37°C，试计算冷却水耗量，冷凝器主要尺寸？（蒸汽在冷凝器进口流速为18m/s）

11. 冷凝器中空气量100kg/h，蒸汽量1000kg/h，吸入压力6000Pa，求冷却水出水温度，当冷却水出水温度为20°C时，冷却水耗量？

第7章　冷却系统

7.1　冷却过程的发展和原理综述

冶金行业从来就是在与火、水的搏斗中发展的。讲加热，总是尽量提高温度；抵御高温，只能以"水是最好的耐火材料"，用这种概念去维持耐火材料与炉子构件的正常工作。实际上，在近几十年中，冷却已不只是护炉的手段，而已形成冶金工艺的一部分。例如，没有稳定工作的结晶器，又怎能实现连铸和各种重熔工艺；没有连铸二冷区的合理冷却，钢坯不是开裂就是拉漏。或者说，冷却器由冷却炉衬而只承受 常规热 流（$<0.6 \times 10^6$ W/m^2）进入到直接冷却液体金属而承受超高热流（$\geqslant 1.2 \times 10^6$ W/m^2）。由冷却过 程看，介质已从单相流体变成了有蒸汽泡的两相流体，冷却器破坏的机制也在改变。

不论怎么说，冷却器的破损总是由于冷却器壁与水流之间产生了绝热层。在常规热流下，这绝热层多是水垢，而在超高热流下则是"蒸汽膜"。让我 们用 最简单 的估 计：铸铁 $\lambda = 58$J/(m·s·℃)，耐火材料$\lambda = 1.16$J/(m·s·℃)，水垢$\lambda = 0.58$J/(m·s·℃)，蒸汽膜$\lambda = 0.058$J/(m·s·℃)。那么它们的绝热能力比则为 $\dfrac{1}{58} : \dfrac{1}{1.16} : \dfrac{1}{0.58} : \dfrac{1}{0.058} = 0.02 : 1 : 2 :$

20，也可以说0.1mm厚的蒸汽膜的危害性相当于冷却器壁增厚100mm。更具体地说，我们可以用传热学上的欧姆定律来粗估，当热流为60000W/m^2时5mm厚水垢 造成的 温升，写成热流等于温差被热阻除，即

$$60000 = \frac{\Delta T}{\dfrac{0.005}{0.58}} \qquad \therefore 温差 \Delta T = 620℃$$

假如新冷却器表面温度为300℃，一旦结了5mm厚的水垢，表面温度会升 高到300+620=920℃，这已不是常规冷却器所能承受的。

至于超高热流工作件，例如6×10^6 W/m^2热流，有0.01mm厚的汽膜，则

$$6 \times 10^6 = \frac{\Delta T}{\dfrac{0.00001}{0.058}} \qquad \therefore 温差 \Delta T = 1034℃$$

初学者如不能建立传热学上各种参数的量级概念，又怎么能正确解决不同冷却系统的问题呢？

我们的前辈，当他们处理的热过程还是那样地微弱时，他们对冷却系统最多只是检查其进出水温差，即出水如不烫手的话，就没有问题了。对于这样的认识，先不讨论水的稳定温度，从传热学看，说不定冷却器的内壁已经产生局部沸腾。因为进出水温差只表达了过程的热平衡问题，谈不到研究传热速率。用手去量出水温度，测得的只是水的整体温度（bulk temPerature），不是管壁的局部温度。真要把全部冷却器的出水都 烧开几乎是不可能的。但由于器内水速低，传热速率不足，冷却器的内表面就可能达到饱和温度，产生

166

内表面上的局部沸腾，从而使水垢急剧生成。按后面Dittus公式计算，如水速≥0.5m/s，则只要有$(1-3)\times10^4$W/m²的热流即足以产生局部沸腾。可具体分析一个高炉风口，出水只$25\sim35℃$，但作为产生沸腾的证据，已可在水垢中查出大量SO_4^{--}。

因此作者强调，只讲进出水温差，那只是建立在热平衡基础上的概念，而实际上水的冷却能力还远未被充分利用（远低于沸点或水质稳定温度）。显然这种概念对分析改进冷却器就远远不足了。整体的水没有烧开，但冷却器的内壁已达到100℃，冷却器的工作就会急剧恶化且不被人察觉。这就要求考虑传热速率，如何达到一定的水速，满足传热速率的要求，而不使器壁过热。

7.2 常规热流（$q<0.6\times10^6$W/m²）冷却器设计

如前述，要控制冷却器壁内表面温度，就要找出热流q、器壁温度$T_壁$和水温$T_水$及流速的关联式。这可以用管流强制对流传热的公式（Dittus Boelter公式）。

$$N_u=0.023Re^{0.8}Pr^{0.4}$$

先查出20℃时水的物性参数：$\lambda=0.597$W/m·℃，$Pr=7.06$，$v=1\times10^{-6}$m²/s。再代入上式并整理，得到对流传热系数

$$\alpha=\frac{0.597}{d}\times0.023\left(\frac{v\cdot d}{1\times10^{-6}}\right)^{0.8}(7.06)^{0.4}$$

$$=0.189\times10^4v^{0.8}d^{-0.2}$$

把α代入传热速率式$q=\alpha(T_壁-T_水)$，并设壁温达到100℃时产生局部沸腾。于是热流q和水速v的关联式为

$$v_{局沸}^{0.8}\approx\frac{q\cdot d^{0.2}}{1.5\times10^5}\qquad\text{m/s}\qquad(7-1)$$

因此水速要控制在 $\quad v\geqslant\left(\frac{q\cdot d^{0.2}}{1.5\times10^5}\right)^{1.25}\qquad\text{m/s}\qquad(7-2)$

前苏联学者С.М.Андоньев为了简化计算将上式写成

$$v_{局沸}=\frac{qd^{0.2}}{1.5\times10^5}\qquad\text{m/s}\qquad(7-3)$$

要注意的是使用这种公式应留有较大的安全系数。因为，第一设定的热流值是可能波动的；第二工业水本身的性质也波动，它不但含有钙、镁盐类而且没有脱气，溶于水中的气体受热逸出也造成绝热层；第三对于循环水，水垢沉积温度取决于水的稳定温度，可能只有80°、70°或更低。

例 7-1：某焙烧用竖炉，下部水冷支梁（$\phi100$mm钢管）结垢严重，如何解决？

解：面对工业问题，首先要作工况调查。测得水速$v=0.3$m/s，进水15℃，出水温升23.5℃，管长3.5m，核算的平均热流为2.32×10^5W/m²。

代入式（7-3） $\quad v_{局沸}=\frac{2.32\times10^5\times0.1^{0.2}}{1.5\times10^5}=0.98\text{m/s}$

问题就十分清楚了，目前的0.3m/s水速太低了，导致内壁过热而结垢。办法在于改用$\phi50$mm水管作支梁，但保持水量不变，则水速可达0.3m/s×4=1.2m/s，结垢问题将可初步缓

解。设计人员必须牢记：第一，这情况管子变细抗弯能力不够怎么办？回答是不允许把力学问题和传热学混为一谈。第二，系统阻损是和管径5次方d^5成反比，现在直径只有$\frac{1}{2}$，显然阻损将是$2^5=32$倍，因此要维持水量，加大水压会是个相当大的数字。

7.3 超高热流（$q \geqslant 1.2 \times 10^6 \text{W/m}^2$）冷却器设计

这样强大的热流只出现在冷却器表面裸露在液体金属流股中的情况。这时，烧毁的机理主要是生成蒸汽膜绝热层。

水在被加热时的传热机理有如图7-1所示，它由日本学者拔山（Nukiyama）发表于1934年。随着加热用电阻丝表面温度的升高，热流的变化。在(a)区仍然是单相水的自然对流，传热速率很低。进一步通电升温，进入两相区(b)即产生核泡沸腾（Nucleate boiling），由于生核、成泡的扰动，对流传热被空前地加速，热流大增。亦即壁温稍稍增加，散热能力却是呈量级增大，这自然有利于冷却过程。随着热流继续加大，核泡过份密集而连成片，于是散热的机理产生变化而进入(c)区，成了膜态沸腾（film boiling），或者说生成蒸汽膜绝热层，造成壁温迅速上升，热量不能被水带走，直到电阻丝被过热烧毁。当然，这里讨论的不只是脱气水，而且是软水或纯水，也不存在结水垢问题。这里也还有对机理细节上的争论，即面临烧毁危机时是否出现有完全的"汽膜"？因此我们也可把(c)区称为DNB（departure from nucleate boiling）"偏离核泡沸腾"。同样，汽化冷却也不能在DNB条件下工作。日常生活中见到的膜态沸腾是在红热铁块淬火之瞬间。红热铁块投入水池中，红色并不马上消退，而是生成了一层相当稳定的汽膜绝热层，直到"膜"消失后铁块才迅速降温。

问题是冷却水管内的欠热（局部）沸腾也和拔山的结果一样吗？40年代中期McAdams

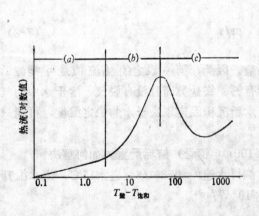

图 7-1　典型的水盆沸腾

a—单相的过渡区；b—核泡沸腾；c—膜态沸腾

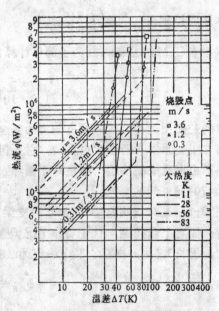

图 7-2　欠热沸腾时热流和烧毁点

等人完成了欠热水的试验，如图7-2所示，过程机理是相同的。大体上热流到$1.2 \times 10^6 \text{W}/\text{m}^2$后出现所谓的尖峰热流$(q/A)_p$，这也相当于图7-1中的尖峰。而且还看出水速和欠热度的影响。更低的进水温度和系统内更高的压力对冷却器承受更高的热流有利。他们把结果写成了十分简易的经验公式

$$\left(\frac{q}{A}\right)_p = 4.688\left\{400,000v^{1/3} + 4800\left[\frac{9}{5}(T_{饱和} - T_{水}) + 32\right]v^{1/3}\right\} \qquad \text{W}/\text{m}^2$$

$$(7-4)$$

这大约相当于$3.6\text{m}/\text{s}$，$38℃$的欠热度的冷却水流能承受$6 \times 10^6 \text{W}/\text{m}^2$热流的量级。

到60年代，还有些更全面的公式，同时表达了水速、欠热度和压力对尖峰热流的影响。到70年代中期日本人鹈饲直道做了更近于工业条件的试验，他用150kg感应炉化铁，将铁水倒在不同材料的冷却板上，得到烧毁热流

$$q_{BO} = 1.16[a \cdot \Delta T_{sub} \cdot v^{0.45}] \qquad \text{W}/\text{m}^2 \qquad (7-5)$$

式中a——$1.75 \times 10^3 \lambda^{0.84} + 5.6 T_{熔} - 2.4 \times 10^3$，它不但受到水速和欠热度$\Delta T_{sub}$（大体上和McAdams公式相近似）的影响，而且还受冷却器材料的导热性λ和熔点$T_{熔}$的影响（注意：这里的单位为$\text{kcal}/\text{m} \cdot \text{h} \cdot ℃$和$℃$）。其冷却器材料为无氧高导热铜（OFHC）、铝、风口铜，其λ值分别为360、233和$279\text{W}/\text{m} \cdot ℃$。按其观点，风口不宜用铝，用OFHC则最合适。

实际上，就铁水冲击铜板而言，冷却水速为$8\text{m}/\text{s}$是最低的，合适的水速应是$16\text{m}/\text{s}$，而更高的水速要求更高的水压能耗太高，则不必要。

7.4 冷却器的热流

工作中冷却器的热流是可以测定的。同一类型的炉子，同一部位的热流及其变化规律大体上相似。有经验的设计师一看其工作条件，就能大体上估计出其热流变化范围。至于人工实测，用定容水桶、温度计和秒表，按热平衡计算出热通量（heat flux）W，再除以冷却器的热交换面积，就得到热流（heat flow）W/m^2，要注意这只是平均热流，而器壁的某局部热流则可能大得多，至于某一短时期，炉子某个局部的峰值可能更大，见表7-1。从测定时机讲，后面两个短期、局部的峰值也是不容易把握住的。这是以前不少实践家犯过的错误。例如铁水滴在风口前端的情况如何？Андоньев就有过长期的错误，他说风口热流不超过$4.6 \times 10^5 \text{W}/\text{m}^2$，因而迟迟不注意高流速风口的开发。其实上述情况的局部热流至少达到$(4 \sim 7) \times 10^6 \text{W}/\text{m}^2$。常规风口被烧毁正属这种情况。

基于上述，测定研究和计算研究常是并行的，特别重要的部位必须计算求得可能产生的尖峰状态。下面以高炉风口为例进行讨论。

表 7-1 高炉炉身冷却器热流的变化

周平均热流	$29000\text{W}/\text{m}^2$
小时平均热流	$70000\text{W}/\text{m}^2$
局部最大（四个冷却器）	$170000\text{W}/\text{m}^2$
点最大（一个冷却器）	$350,000\text{W}/\text{m}^2$

例 7-2：当高炉炉缸堆积严重，风口下部有局部泡在铁水中，试估计其热流。

解：把过程考虑为自然对流传热。首先寻求铁水时物性指数，要注意这些零星数据常常是相互矛盾的，因而寻找、使用这些数据本身就是一种研究工作。实际上，这类计算是允许有相当大的误差的，即使答数能有个明确的量级，也会使人欣慰的。

物性数据：$\lambda_{铁水}=16.7 \text{W/m} \cdot \text{℃}$；   体积膨胀系数 $\beta_{铁水}=1.6 \times 10^{-4} (\text{℃})^{-1}$；

$\nu_{铁水}=3 \times 10^{-7} \text{m}^2/\text{s}$； $a_{铁水}=3 \times 10^{-6} \text{m}^2/\text{s}$

$Pr_{铁水}=0.11$； $g=9.81 \text{m/s}^2$

自然对流的关联式 $Nu=c \cdot Gr^p \cdot Pr^n$ $\qquad\qquad\qquad\qquad$ (7-6)

式中 $n=0.3+\dfrac{0.02}{Pr^{1/3}}=0.3+\dfrac{0.02}{0.11^{1/3}}=0.34$

c，p 取决于 Gr，它实际上也表示自然对流时的流动状态。这里当 $Gr > 1.5 \times 10^8$ 时，$c=0.10s$，$p=1/3$。将数值代入式(7-6)得

对流传热系数 $\alpha=c\lambda \left(\dfrac{\nu}{a}\right)^{0.34} \left(\dfrac{g\beta}{\nu^2}\right)^{1/3} (T_{铁水}-T_{壁})^{1/3}$ $\qquad$ (7-7)

式中 $\left(\dfrac{\nu}{a}\right)^{0.34}$ 是 $Pr^{0.34}$，而 $Gr=\beta\dfrac{gl^3}{\nu}\Delta T$ 故 $Gr^{1/3}$ 中的 $(l^3)^{1/3}$ 与 Nu 中的定性尺寸 l 消去，亦即说明风口直径和传热速率无关。再将物性数据代入式(7-6)

$$\therefore \quad \alpha=2169\sqrt{T_{铁水}-T_{壁}}$$

如铁水温度 $T_{铁水}=1400\text{℃}$，风口壁温为铜的熔点，故 $T_{壁}=1083\text{℃}$，于是

$$\alpha=14789 \text{W/m}^2 \cdot \text{℃}$$

通过计算出的数据，可以想象，常规的强制对流，水的 α 值常为四位数，气体则更小。但这里还只是自然对流，α 值就是五位数。液体金属具有很高的对流传热能力，这是冷却系统难于承受的。

再计算热流 $q=\alpha(T_{铁水}-T_{壁})$

$$=14789(1400-1083)=4.7 \times 10^6 \text{W/m}^2$$

风口遇到铁水时，热流不是 10^5 量级而达到 4×10^6 量级。这个计算可靠吗？第一，对于和铁水间的传热能有个量级的概念已是很大的进步，何况这是难于用工业实测获得的。第二，和专门的实测数据对比此结果也是满意的。

70年代，包钢为了解决风口寿命问题，用8mm壁厚的U形铜管，在出铁时通高压水浸没于铁沟中，得到八次热流数据（$\times 10^6 \text{W/m}^2$）。作者稍加整理，它们是11.6、3.9、8.0、11.0、3.0、5.2、4.7、8.0，平均为 $7 \times 10^6 \text{W/m}^2$。这是强制对流的情况，和自然对流公式计算的数值能互相应证。作这种实测是很难的，有的U形管烧坏，有的没有，每次数值波动如此之大，因此对于某些类型的数据，使用计算结果反而方便可靠。

读者可自己收集数据算一下氧气转炉喷枪头的热流作为简单练习，只考虑辐射传热粗略估算就行了。作者认为，由于没有铁水流股的作用，热流的量级将达不到 10^6W/m^2。

7.5 冷却器结构

基于以上讨论，冷却器的中心问题是要提高传热速率，因此结构上必须与水流的高速化相适应，随之而来的则是系统的高压化。另外，冷却水高压化、高速化之后应该是减少

冷却水用量，而不是伴之而来的惊人的耗水量。为此，冷却器的基本形状应由空腔式转向管流式或极薄的流水通道。老式的空腔结构不但无法提高水速而且造成局部漩涡或死区，设备烧毁是必然的。定量而言，空腔式的高炉风口水流速只有 $0.1\sim0.3m/s$，局部还更低，而相当于管流的高流速风口，流速达到 $10\sim16m/s$，相应的水流通道面积只有 $3\sim4cm^2$，水速高，传热速率高，但耗水量基本上没有变化。变化的只是水压提高了。作为经验数据，这类高水速下工作的超高热流工作件，用 $10m$ 扬程的水泵可使风口水流速度达到 $1m/s$ 左右。例如要达到 $8m/s$ 的风口水速，其入口处水压约相当于具有 $80m$ 扬程水泵的压力。图7-3 是缝隙式高速冷却器，例如管长 $1.5m$，套管间的间隙只 $2\sim3mm$，内用点焊的间隔钉保持固定的间隙。当使用 $100m$ 扬程的泵时，可保持 $8\sim10m/s$ 的风口水速，以去离子水工作，用于工业等离子体加热的一般条件下，将不会损坏。

高炉和大型电炉都用水冷的炉壁，它们是在热面有筋或同时镶砖的冷却壁，背后有水管冷却，高炉用镶砖冷却壁的结构见图7-4。设计时总是希望冷却等内水温一定的条件下，尽量降低受热面的温度，以保证钢或铸铁能长期工作。根据温度场计算：它的镶砖面积和厚度宜小，只不过是生成渣皮的落脚点，并用高导热材料（如碳化硅）为宜，水管间距 $\geqslant200mm$，铸铁基体为铁素体的球铁，以减少受热震而产生的局部应力和避免碳化物存在产生的相变。常用的材料是 QT4020，铸造时不使低碳钢管渗碳。水速不低于 $1.0m/s$，因此在水质没有特别问题时，不增大管径。这种设计能在热流 $70,000W/h$ 时稳定工作。在有更高的尖峰热流时，内壁后面 $50mm$ 的热电偶将控制高炉无钟炉顶流槽角度，以加重高炉的边缘负荷。这对高炉长寿起直接作用。

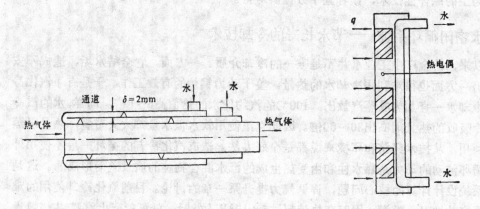

图 7-3　高流速三套管式取样器（冷却器）　　图 7-4　高炉用镶砖冷却壁的示意图

7.6　进出水温差的含意

这里指的进出水温差，不是衡量传热速率的指标而是热平衡指标。出水温度不可能是局部的而是整体水的平均温度。它许可达到怎样的高限，取决于水的稳定温度，因为工业水并非到沸点才产生沉淀，而是到 $70°\sim80°$，这就是稳定温度。此温度的高低大体上取决于水的暂时硬度、pH值、复用次数和给水部门的各种处理。但实际上出水温度离稳定温度还有一定距离，或者说水的冷却能力尚未充分被利用。因此人们除了注意出水温度外，更应注意提高供水系统的水质和用较高水速，由传热速率考虑，防止局部（管壁）沸腾和沉积。

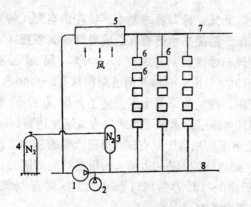

图 7-5 软水密闭循环系统

1—循环水泵；2—软水补充泵；3—膨胀罐；
4—N₂ 瓶，充压用；5—风冷换热器；6—冷却元
件；7—上集水管；8—下集水管

对于高炉这个典型的冷却系统；从日常的操作和护炉说有必要在不同部位规定一个最高的进出水温度差。例如，在炉身下部允许这数值波动在 5°～15°；而在炉缸，特别是炉底，只允许 2°～4°。这说明在不同部位有不同的破损机理。前者工作炉衬实际是渣皮，作业时它会大面积地被熔蚀和生成。由于变动的面积大，能由进出水温差反映出热流成倍地波动，但由于水的冷却潜力很大这种波动不会马上烧毁冷却器。而后者原始砖层很厚，不可能成片脱落，铁水像一利刃沿缝隙穿出。铁水所到之处热流极大，量级可达 $10^6 W/m^2$，但面积极小，因此对一整块冷却壁来说，造成的热流波动值并不大，即进出水温差的波动只有 2～4℃，但却表示局部强大热流的存在，预示设备烧穿在即。对于这类部位，人们并不注意其进出水温差稳定在 2℃ 或 4℃，可能用陶瓷材料内衬为 2℃，而碳素材料则为 4℃。但对冷却壁进出水温差的波动，例如由 2℃ 升到 4℃，则人们极为紧张。对于平均热流增加一倍，仍然是个不大的值，而实际上局部热流却跃升了几个数量级。这种情况下各种应急措施就要启动，例如启动高压泵，改用新水（欠热度增大）和各种操作措施等。因此，判断高炉是否能继续生产，是以传热学为主的综合性技术，读者宜十分谨慎对待。

7.7 软水密闭循环系统——节水长寿的冷却技术

长期以来，冶金厂中工业水并不是唯一的冷却介质。一方面，它会结水垢，造成不安全因素，另一方面也很难利用冷却水的热量。鉴于动力锅炉的有效工作，于是有了汽化冷却，即把冷却水一直加热成蒸汽放出。100℃ 的汽约比水的焓值高 5～6 倍。同样，水的汽冷比常规水冷吸收的热量则高出 30～60 倍。因此它虽使用软水但水量却大大节省，热量以蒸汽形式被利用，从技术经济和环境来说都是个好办法。造成汽化冷却的循环一般不使用外来动力，循环流动的动力是靠水柱和由受热生成的汽水混合物柱的质量差而形成的。这是汽化冷却系统设计计算的核心问题，详见气力提升泵一章的讨论。目前汽化冷却使用的难题在于不能有效地对水脱汽，因而在热流超过 $5 \times 10^5 W/m^2$ 时，就可能产生汽膜并烧毁设备。因此，不少人对汽化冷却用于大型高炉还有顾虑。

既然用软水（各种形式的不生成水垢的去离子水）是冷却器长寿的根本要求，能否退一步将用软水和热水循环结合起来，用泵送来控制水速呢？图 7-5 为现代高炉用软水密闭的循环系统。一般，不能利用该冷却水热量，用氮压提高全系统的欠热度和吸收水的膨胀。此系统保持无水垢或几乎不耗水的特征。同时可通过水泵控制的循环流速来保证在近乎超高热流工况时的安全性。系统在断水时亦能维持较长的时间，深受环保部门和高炉操作者的欢迎。在这种系统中由于散热的需要它的出水温度常可达到 50°～60℃ 或更高。就传热速率而言，水的欠热度下降是不利的，因此在传热速率方面仍应考虑相应较高的流速和用气压来提高欠热度。在高炉后期，保持 1.5m/s 左右的水速是必要的。这种系统的冷却水管直

径宜大或宜小仍有争议，作者不推荐过大的管径，而要求保持水速以保证传热速率，消除一切局部沸腾。

对于软水系统，不要以为不积水垢就行了，由于水处理的方式不同，在结水垢与腐蚀管壁之间并没有个明确的界限，不但要求冷却水不结垢，还要求软水能不腐蚀管壁。

习 题 七

1. 试核实当冷却水速（工业水）在5～6m/s时，钢水喷溅到冷却器表面，其后果如何，作分析讨论。

2. 试估计一下氧气顶吹转炉喷枪头的热流，分析为什么氧枪喷头的工作环境还不像高炉风口那样严峻。

3. 设冷却壁的冷却表面积为2.2m²，表面热流强度为0.17×10^6kJ/m²·h时，冷却管内径为0.04m，求所需的水速和水量。已知：冷却壁内所铸冷却管中心距为0.2m，受热面到管中心的距离为0.1m。

4. 一感应炉有14匝用内径为12.7mm的铜管绕制而成的感应圈，感应圈直径为406.4mm，感应炉功率为30kW，采用水冷却感应圈，为了防止结垢和延长感应圈使用寿命，求所需冷却水量？若冷却水排水压强为0.1MPa，供给水管路系统的合适压强是多少？

第8章 搅拌和气力提升

搅拌是最经常的冶金操作之一，原始的搅拌方法是使用木棒和铁耙的人工操作，在工业化的冶金生产中采用各种搅拌装置和设备，按其操作的物理原理来分类，主要有以下三种：

（1）机械搅拌。机械搅拌可以有多种方式，如：

1）手工机械搅拌。

2）机械冲混。

3）机械搅和。

4）机械摇动。

（2）气力搅拌。气力搅拌在冶金生产中有特殊的工程应用价值，按其工况还可以进一步分为：

1）单纯的气力搅拌：按气体导入熔池的方式有顶吹、插入式顶吹、底吹、侧吹等。

2）真空下的气力搅拌：这类操作多见于精炼。

3）气体反应产物的搅拌：例如炼钢过程中碳氧反应生成的CO气体造成的沸腾（搅拌），这是炼钢生产中最主要的过程。

（3）电磁搅拌。电动力对冶金熔池的搅拌作用也是冶金生产中常遇到的操作，主要有：

1）电冶金熔炼中产生的电磁力对熔池的搅拌。

2）专门设置的电磁搅拌装置产生的电磁力造成的搅拌。

在冶金工程中不同物理本质的搅拌操作可能单独存在，也可能共同起作用。若超越各种搅拌操作的物理本质之差异而归纳得到一般性的技术参数，则是单位（质量或体积）熔池所承受的比搅拌功率 ε，将在8.3中讲述。

工程中采用搅拌操作的主要目的是混匀，其含意包括促使冶金化学反应中的传质、合金料和固体渣料的熔化、成分和温度的均匀化等。因此考查搅拌效果的指标应该是熔池在化学上或物理上的均匀化的程度，并提出"混匀时间"的概念来描述达到均匀化的速率，相应的无因次量是谐时性准数 H_0，这些将在8.4中讨论。

8.1 机械搅拌

机械搅拌主要用于粘性不太大的液体与液体的混和，或使混有少量固体颗粒的悬浮液得到有效的混和，是一类常用的工程操作。机械搅拌的优点是操作简单、原理直观、混匀效果好，缺点是对强腐蚀性液体（如强酸、强碱）及高温熔体（如熔盐、熔渣、熔融金属）的适应能力差。

8.1.1 机械搅拌的功率消耗

大多数机械搅拌器都是用旋转的桨叶来搅拌容器中的液体，在单元设计课程中我们关心的是搅拌器的功率消耗。机械搅拌器的功率消耗主要与三类因素有关：1）操作参数，主要指浆叶的转速；2）液体工质的物理性质；3）几何参数，主要有容器的内径、浆叶的外径，有无挡板，挡板的形状和片数等。因此先规定一类几何结构和形状，然后定义若干个无因次几何尺寸，在几何相似的条件下实验求得功率消耗与操作参数、工质物性的关系。下面介绍具体的做法。

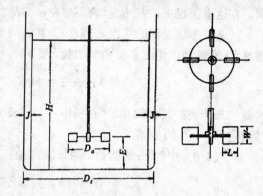

若搅拌器的形状、结构和几何尺寸如图8-1所绘，其中各参数分别是：搅拌器桶内径 D_t，浆叶轮外径 D_a，浆叶宽度 W，浆叶长度 L，挡板宽度 J，浆液深度 H，浆叶距桶底高度 E。因此取各无因次几何尺寸为：

$$S_1 = D_t/D_a \qquad S_2 = E/D_a$$
$$S_3 = L/D_a \qquad S_4 = W/D_a \qquad (8-1)$$
$$S_5 = J/D_a \qquad S_6 = H/D_a$$

图 8-1 搅拌器的几何尺寸示意

对于其他结构的搅拌器还可能有另外的无因次尺寸，一般说来有 S_1, S_2……, S_p，下角 p 为无因次尺寸的项目个数。

现先固定 S_1, ……, S_p 的值，可根据相似原理推导得出功率消耗与操作参数、工质物性的无因次关系。假定下式成立：

$$P = f(D_a, \mu, \rho, n, g) \qquad (8-2)$$

式中　P——搅拌功率，J/s；

　　　μ——液态工质的粘度，kg/m·s；

　　　ρ——液态工质的密度，kg/m³；

　　　n——浆叶转速，r·p·s；

　　　g——重力加速度，9.8m/s²。

则可应用白金汉 π 定理导出无因次关系式：

$$\left(\frac{P}{D_a^5 n^3 \rho}\right) = A\left(\frac{D_a^2 n \rho}{\mu}\right)^\alpha \left(\frac{D_a n^2}{g}\right)^\beta \qquad (8-3)$$

式(8-3)中各无因次量分别是：

$$\frac{P}{D_a^5 n^3 \rho} = P_0 \qquad 无因次功率$$

$$\frac{D_a^2 n \rho}{\mu} = Re \qquad 雷诺数$$

$$\frac{D_a n^2}{g} = Fr \qquad 弗鲁德数$$

故有

$$P_0 = f(Re, Fr) \qquad (8-4)$$

考虑各几何形状因素，得到一般性的结果为：

$$P_0 = f(Re, Fr, S_1, S_2, ……, S_p) \qquad (8-5)$$

根据式（8-5），在不同的结构和几何条件下实验测定 P_0 与 Re、Fr 的关系。有以下几种情况：

（1）不产生漩涡的工况。若$Re<300$，在一定的装置和$S_1, S_2, \cdots\cdots, S_p$下，一般不产生漩涡；另外，若搅拌桶内壁设有挡板，或桨叶由桶的侧面插入，这种情况也不产生漩涡。在这类工况下，Fr的影响不存在，实测得到P_0-Re的关系如表8-1和图8-2。

（2）形成漩涡的工况。若$Re>300$，桶内壁无挡板，将形成漩涡。在这类工况下要考虑Fr的影响，为此定义功率函数ϕ如下：

$$\phi = \frac{P_0}{Fr^m} = \phi(Re, S_1, S_2, \cdots\cdots, S_p) \tag{8-6}$$

实测结果为表8-2和图8-3。图8-3中，$Re>300$的区域是$\phi-Re$的关系，在$Re<300$的区域内是P_0-Re的关系。

式（8-6）中的Fr的指数m的计算式为：

$$m = \frac{a - \lg Re}{b} \tag{8-7}$$

式（8-7）中的常数a和b列于表8-2。

（3）$Re<10$的工况。由图8-2和图8-3可以看出，在$Re<10$的范围内P_0-Re在双对数坐标图上呈直线关系，其斜率为-1，并与有无挡板无关。因而可取：

表 8-1　不同型式的桨叶条件下测得的P_0-Re曲线（曲线编号与图8-2相对应）

桨 叶 型 式	$S_1 = D_t/D_a$	$S_b = \dfrac{H}{D_a}$	$S_2 = \dfrac{E}{D_a}$	挡　板		线　号
				片　数	J/D	
轮机螺桨*1	3	2.7~3.9	0.75~1.3	4	0.17	1
轮机螺桨*1	3	2.7~3.9	0.75~1.3	4	0.10	2
轮机螺桨*1	3	2.7~3.9	0.75~1.3	4	0.04	3
轮机螺桨*1, 弯曲之二叶	3	2.7~3.9	0.75~1.3	4	0.10	4
海军三叶螺桨, 螺距$=D_a$	3	2.7~3.9	0.75~1.3	4	0.10	5
轮机螺桨*2	3	2.7~3.9	0.75~1.3	4	0.10	6
海军三叶螺桨, 螺距$=2D_a$	3	2.7~3.9	0.75~1.3	4	0.10	7

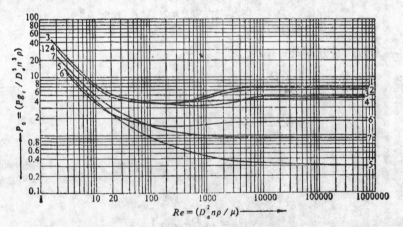

图 8-2　无漩涡工况下的P_0-Re实测关系

$$P_0 \cdot Re = K_L = f_L(S_1, S_2, \cdots\cdots, S_p) \tag{8-8}$$

式中K_L由实测求得。

故可以求得搅拌功率消耗为

$$p = K_L n^2 D_a^2 \mu \tag{8-9}$$

（4）$Re > 10000$ 的工况。由图8-3可以看出，在高 Re 且有档板的情况下 P_0 与 Re 无关，故可取：

$$P_0 = K_T = f_T(S_1, S_2, \cdots\cdots, S_P) \tag{8-10}$$

这样就有：

$$p = K_T n^3 D_a^5 \rho \tag{8-11}$$

表 8-2　不同型式的桨叶条件下测得的 $\phi - Re$ 曲线（曲线编号与图8-3相对应）

桨 叶 型 式	$S_1 = D_t/D_a$	$S_b = \dfrac{H}{D_a}$	$S_2 = \dfrac{E}{D_a}$	a	b	线号
轮叶式海军三叶螺旋桨，螺距 $= 2D_a$	3.3	2.7～3.9	0.75～1.3	1.7	18	1
轮机螺桨1°，螺距 $= 1.05D_a$	2.7	2.7～3.9	0.75～1.3	2.3	18	2
轮机螺桨，1° 螺距 $= 1.04D_a$	4.5	2.7～3.9	0.75～1.3	0	18	3
轮机螺桨，螺距 $= D_a$	3.0	2.7～3.9	0.75～1.3	2.1	18	4

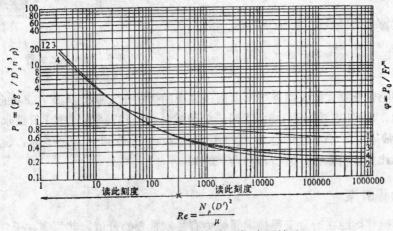

图 8-3　形成漩涡工况下的 $\phi - Re$ 实测关系

即在高雷诺数下，搅拌功率消耗与工质的粘度无关。

对于四片档板的机械搅拌器，在 $S_5 = J/D = 0.1$ 的情况下，实测得 到的 K_L 和 K_T 值列于表8-3。

8.1.2　冶金中的机械搅拌操作

钢铁冶金生产中常使用木耙或铁耙为工具对熔池做人工搅拌。以后出现了专门的机械

表 8-3　四片档板的搅拌器的 K_L 与 K_T 值（$S_5 = 0.1$）

桨　叶　型　式	K_L	K_T
螺叶（方螺距，三轮叶）	41	0.32
螺桨（螺距为 $2D_a$，三轮叶）	43.5	0.90
轮机（六平板轮叶）	71	6.30
风扇轮机（六轮叶）	70	1.65
轮机（六曲板轮叶）	70	4.80
平板桨叶（二轮叶）	36.5	1.70
覆缘轮机（六曲板轮叶）	97.5	1.08
覆缘轮机（附定子，无档板）	172.5	1.12

搅拌装置，例如历史上曾出现过的转鼓脱硫（Kalling）法。60年代中期出现的摇包（Shaking pit）装置（如图8-4所绘），水平的偏心摇动使脱硫剂与铁水混和良好从而促进了脱硫反应，这类装置在70年代曾获得工业应用，处理包的容量一般都不到30t，最大的是日本洞岗的50t摇包。转鼓和摇包都属于容器运动法，功率消耗较大。

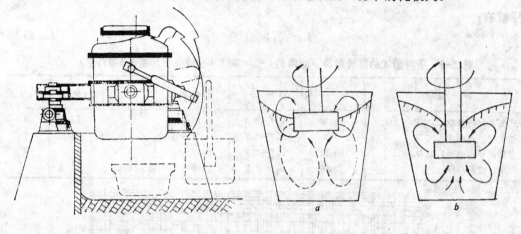

图 8-4 摇包脱硫装置

图 8-5 搅拌脱硫装置

a—莱茵法，b—KR法

将旋转的桨叶垂直插入搅拌熔池以促进脱硫的方法在工业上获得了成功的应用，德国的莱茵法和日本的KR法如图8-5。我国武汉钢铁公司于1979年引进的KR铁水脱硫技术至今仍在正常生产，其铁水包容量为100t，桨叶转数90～120r·p·m，搅拌力矩高达8044N·m，比搅拌功率为1.0～1.5kW/t铁水。

8.2 气力提升泵

用气体搅拌熔池在冶金工程技术领域中有特别重要的价值，其原理在于气力提升泵，为此做较为详细的讨论。气力提升泵原理的另一重要工程应用是汽化冷却，对此本节也给予说明。

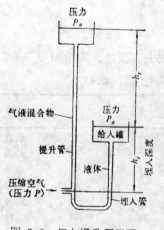

图 8-6 气力提升泵原理

8.2.1 现象和原理

气力提升泵（Air-Lift Pump）的原理如图8-6所示。若不导入气体，则U形管的两边液面是平的，现由一侧导入气体，在该侧的上升管道中形成气—液混和物，其体积密度（宏观的）变小，于是U形管两边产生压差，使一侧液面升高，或者说液体被提升。这样的气力提升过程同时发生着气—液的混和，若导入的气体带有固体粉末，也会产生气—液—粉的混和；类似的也有液—液—粉的混和操作。

从现象上看，气力泵的提升力是由于U形管两侧导管内液体的密度差造成的，实际上其本质在于导入气体的浮力势能；据此可估计气力提升泵的功和效率；若有质量为M的液体被提升到净高h_r，则所做的功为Mgh_r；又假定气力提升泵导入了质量为m的空气，入口处空气的压力为P，空气上升到出口处等温膨胀到大气压P_a，这样由理想气体的气态方程可知空气所做的膨胀功是：

$$W = mP_a v_a \ln(P/P_a) \tag{8-12}$$

其中v_a是空气在大气压力下的比容。

这样，可以求出该气力提升泵的效率η是：

$$\eta = \frac{Mgh_r}{mP_a v_a \ln(P/P_a)} \tag{8-13}$$

该泵输送单位质量液体所需的空气质量为：

$$\frac{m}{M} = \frac{gh_r}{\eta P_a v_a \ln(P/P_a)} \tag{8-14}$$

若假定泵工作时的阻力损失可以忽略不计，则可知空气在入口处的压力等于该处的液体静压力：

$$P = (h_a + h_s)\rho g \tag{8-15}$$

式中　　ρ————液体的密度；

　　　　h_a————以该种液体的液柱高度表示的大气压力；

　　　　h_s————吹气口的净埋入深度（参见图8-6）。

这样式（8-14）可以改写成：

$$\frac{m}{M} = \frac{h_r g}{P_a v_a \ln[(h_a + h_s)/h_a]} \tag{8-16}$$

式（8-16）是不计损失（$\eta = 1$）时最小的空气消耗量。可以看出，吹气口的埋入深度h_s越深，耗气量$\frac{m}{M}$减小，所以设计气力提升泵时希望有最大的埋置深度h_s。推而广之可以看出，采用气体搅拌的钢包都是"深"的钢包，"浅"则搅拌效果较差。

例8-1：用效率$\eta = 30\%$的气力提升泵提升密度$\rho = 1.2 \times 10^3 kg/m^3$的液体，要求提升高度为20m，液体的流量为$2.7 m^3/h$。设泵所用的空气压力为$450 kN/m^2$，空气压缩过程为等熵过程，试求该泵的动力消耗？

解：按题意可知该提升泵的有效功率为：

$$N = W/\tau = \dot{M}gh_r$$

$$= \left(\frac{2.7}{3600}\right) \times (1.2 \times 10^3) \times 9.81 \times 20 = 176.6 W$$

其中$\dot{M}$为液体的质量流量。

所以空气膨胀所做的总功率为：

$$N_a = N/\eta = 176.6/0.3 = 588.6 W$$

按式（8-12）可知总膨胀功率与所需标况的空气流量$Q = \dot{V}/\tau$的关系为

$$N_a = P_a \cdot Q \cdot \ln(P/P_a)$$

其中大气压力$P_a = 101300 N/m^2$。故有：

$$Q = N_a/[P_a \cdot \ln(P/P_a)] = \frac{588.6}{101300 \times \ln\left(\dfrac{450}{101.3}\right)}$$

$$= 0.0039 \ (\text{m}^3/\text{s})$$

又已知在等熵条件下的压缩功的公式是:

$$W = P_1 V_1 \frac{K}{K-1}\left[\left(\frac{P_2}{P_1}\right)^{\frac{K-1}{K}} - 1\right]$$

对于空气,其绝热指数 $K = 1.4$。这样可求知压缩空气消耗的功率是:

$$N = 101300 \times 0.0039 \times \frac{1.4}{1.4-1}\left[\left(\frac{450}{101.3}\right)^{\frac{1.4-1}{1.4}} - 1\right] = 735\,\text{W}$$

8.2.2 汽化冷却

上述气力提升泵是利用打入压缩空气来提升液体的。工程中也常利用液体受热膨胀而造成的密度差来泵送液体,造成液体循环流动强化冷却,这类冷却原理常用于大型电力变压器的散热。若热交换强度提高到一定的程度而造成冷却液体的部分汽化,所形成的蒸汽自然会产生气力提升的作用,从而造成冷却液体的循环大大加速,这就是汽化冷却。汽化冷却的一个重要特点是汽化量随换热强度而变化,并使气力提升泵的能力也相应的改变,因此冷却液体的循环强度也产生相应的变化,结果冷却强度具有"自动调整"的特征。当然,当液体中的含汽率大到一定程度后,密度差和压力差(驱动力)的增长减缓、甚至不再增加,而阻力却急剧上升,以至出现"汽塞"作用,使循环破坏而造成系统被烧毁,这就是汽化冷却系统所能承受的最大热流值。因此从设计的角度来分析汽化冷却系统,实质上可看作是一类气力提升泵。

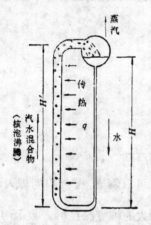

图 8-7 典型的汽化冷却系统

图8-7是简化了的高炉汽化冷却系统,不难看出这是一个典型的气力提升泵。造成水循环的动力在于一侧为液柱、而另一侧为汽—液柱而形成的密度差,结果使 $H' > H$,水被提升造成循环流动。

对于汽化冷却系统的设计,最重要的是计算冷却水在管道中的循环流动速度。为此要考虑以下平衡:

$$驱动压头 = 静压头 + 管道阻损$$

即

$$H\rho_{水}g = H\rho_{汽水}g + \Delta P_{摩} \tag{8-17}$$

式中　$\rho_{水}$——水的密度;

$\rho_{汽水}$——汽—水混和液柱的平均密度,与其含汽率有关。

利用式(8-17)可以计算在一定的驱动压头($H\rho_{水}g$)下,对于具体的工况产生的平衡循环流速,或核验系统是否因阻力过大而不能稳定地工作。摩擦阻力损失 $\Delta P_{摩}$ 与流速、质量含汽率的关系为:

$$\Delta P_{\text{擦}} = \psi \lambda \frac{l}{2d} \rho' u_0^2 \left[1 + \overline{x} \left(\frac{\rho'}{\rho''} - 1 \right) \right] \quad \text{Pa} \tag{8-18}$$

式中　ψ——阻力系数的修正值；

　　　λ——管内流动的阻力系数；

　　l, d——管路长度和管内径，m；

　　u_0——管路内的水流速，m/s；

　ρ', ρ''——水和蒸汽的密度，kg/m^3；

　$\overline{x} = G_{\text{汽}} / G_{\text{汽水}} = 1/$循环倍率，为质量含汽率。

例8-2：某汽化冷却系统的工况是：工作温度120℃；工作压力$1.99 \times 10^5 Pa$；循环倍率为50；循环水流速（管内）0.5m/s；管道内径ϕ80mm。试求汽水混和物通过1m长的管道产生的摩擦阻力损失？

解：

1）查〔3〕知有关的物性参数为（在120℃下）：

蒸汽的密度$\rho'' = 1.122 kg/m^3$；水的密度$\rho' = 943.1 kg/m^3$；

∴$\rho'/\rho'' = 943.1/1.122 = 840.6$

2）质量含汽率$\overline{x} = 1/$循环倍率$= \dfrac{1}{50} = 0.02$

3）工质的质量流率

$$g\rho' u_0 = 9.8 \times 943.1 \times 0.5 = 4621.2 N/m^2 \cdot s$$

4）查表求阻力系数的修正值ψ。根据$\overline{x} = 0.02$，$g\rho' u_0 = 4621.2 N/m^2 \cdot s$，$P = 1.99 \times 10^5 Pa$，由〔4〕查得$\psi = 1.9$。

5）冷却水管路的阻力系数λ在无水垢时为$0.02 \sim 0.025$；有水垢时约为0.05。在此取$\lambda = 0.03$。

将以上各值代入式（8-18），求出摩擦阻力损失为：

$$\Delta P_{\text{擦}} = 1.9 \times 0.03 \times \frac{1.0}{2 \times 0.08} \times 943.1 \times 0.5^2$$

$$\times [1 + 0.02 \times (840.6 - 1)] = 1494.4 \ (Pa)$$

注意：由上述计算可知1m管道的阻力损失大约为$150 mmH_2O$（$150 \times 9.80665 Pa$），而在循环倍率为50时，1m的汽化高度大约能造成$800 mmH_2O$（$800 \times 9.80665 Pa$)的净推力。

8.2.3　RH真空处理装置

将气力提升原理直接应用于冶金生产过程的工业装置如图8-8所示。在钢包中插入一根由耐火材料制作的弯管，自管下方吹入气体，管内的混合气体的钢液被提升。若弯管的位置合适，钢液就可能由管口流出，造成钢液的循环流动。曾报导过〔5〕日本某厂200t的钢包采用这种装置，通入氮气的流量是$7.5 Nm^3/min$，弯管口的高度$H_d = 0.2m$，并以6rpm的转速旋转。包上加盖，用氮气保护，处理时间为15min，脱硫剂用量为5kg/t，处理后钢中硫含量小于等于0.002%。

应用气力提升泵原理的RH法如图8-9所示。RH法具有效率高、灵活性和经济性等综合工程应用优势，是一类应用最广泛的二次精炼方法，自1957年问世以后到1988年，全世

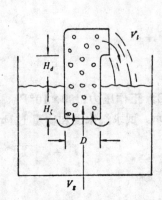

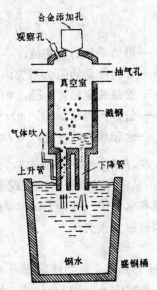

图 8-8　用气力提升泵的钢包脱硫法　　　　　图 8-9　RH法原理图

界已约有100台RH设备先后投入生产。随着钢铁冶金生产的现代化，RH法能可靠地达到冶金目标和快速处理的优势表现得更为突出，这对大型氧气顶吹或复吹转炉炼钢与连铸的生产节奏的配合至关重要。

如图8-9所示，RH装置是一个有两条"腿"的真空室，在工作时将双腿浸入钢液，然后开动真空泵使真空室减压，钢液在外界大气压力的作用下通过双腿的导管上升到真空室内，总的上升高度约为1.5m。这时向上升管（腿）导入Ar气，由于气力提升的作用使钢液由上升管上升，并通过真空室再由下降管流回钢包，钢液在真空室内脱氧、脱气。

设计RH装置的最重要的一项工艺参数是钢液的循环流量(t/min)，现代技术要求在3min内将钢包中的钢液循环处理一遍，每次正常操作为三次循环约需9min，再加上5min的合金化和均匀化操作，总处理时间约15min。

德国蒂森（Thyssen）公司提供的典型RH装置主要技术参数如下：

| 使用厂家 | 投产年份 | 容量，t | 真空室几何尺寸 | | | 提升气体流量 | 钢液循环流量 | 真空泵能力 |
			高度 m	内径 m	"腿"内径 m	m^3/s	t/min	(67Pa下) kg/h
鲁尔奥特	1968	140	7.55	1.74	345/285	6.7×10^{-3}	35	300
哈廷根	1976	150	7.70	1.72	385	9.2×10^{-3}	50	400
贝克威特	1987	250	10.80	2.03	500	16.7×10^{-3}	85	500

8.3　比搅拌功率

描述对冶金熔池搅拌的最重要的宏观技术参数是单位质量熔池所承受的平均搅拌功率，称之为比搅拌功率（Rate of dissipation of energy density），记为 ε，单位是W/t。早期也有按熔池体积计算的，单位是W/m³。

关于比搅拌功率的计算有多种不同的公式，特别是因为气体作功与过程有关，不同的工况或基于对过程的不同认识，都会导致不同的计算式，在选用时应特别谨慎。本书先给出一般性的分析，然后对具体工况作定量的讨论。

8.3.1 比搅拌功率的构成

（1）考虑一般向熔池中吹入气体搅拌的工况如图8-10，若认为气体从导管流出直到上升到钢渣界面处，其(P,T)变化如图8-11所绘。现取各变量及参数如下：

1）包中钢液深度为$H(m)$，钢液密度为$\rho_{st}(kg/m^3)$；渣层厚度为$h_s(m)$，炉渣密度为$\rho_s(kg/m^3)$；钢、渣温度均为$T_{st}=t_{st}+273(K)$。

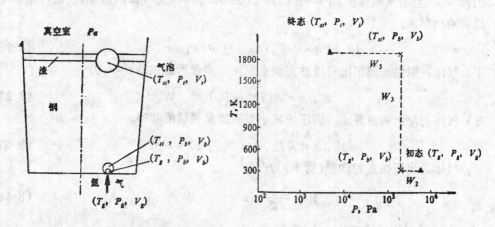

图 8-10 真空下钢包吹氩工况示意　　　　图 8-11 气泡的状态变化

2）包底引入的气体摩尔流量为$\dot{n}(mol/s)$，相应的体积流量$Q=22.4\dot{n}\times10^{-3}(Nm^3/s)$，质量流量$\dot{m}=M\times\dot{n}\times10^{-3}(kg/s)$，其中$M$是气体的摩尔质量$(g/mol)$。

3）气体在管道内压力为$P_g(Pa)$，温度为$T_g=t_g+273(kJ)$。假定气体引入钢包后经恒温膨胀，气泡压力减至为钢包底部的静压力$P_b(Pa)$。

4）气体在钢包底部急剧升温，假定经历了一个等压膨胀过程，即气泡压力仍保持为P_b，但气体温度由T_g上升到$T_{st}(K)$。

5）气泡由钢包底部上浮，假定是等温过程，即气体温度恒为T_{st}，而其压力由包底的P_b减至为钢渣界面处的静压力$P_t(Pa)$。

6）真空室内残压为$P_a(Pa)$，假定渣层和钢液形成的静压力分别为P_s和$P_{st}(Pa)$，则有$(g=9.81m/s^2)$：

$$P_s=\rho_s\cdot h_s\cdot g \qquad Pa \qquad (8-19)$$

$$P_{st}=\rho_{st}\cdot H\cdot g \qquad Pa \qquad (8-20)$$

可知钢渣界面处静压力为：$P_t=P_a+P_s=P_a+\rho_s\cdot h_s\cdot g$ （8-21）

钢包底部静压力为：$P_b=P_a+P_s+P_{st}=P_a+\rho_s h_s g+\rho_{st}\cdot H\cdot g$ （8-22）

（2）比搅拌功率的结构。根据以上的分析和假定，可以认为比搅拌功率的构成如下：

1）气体所具有的初始功能（功率）。若气体引入钢包底部的线速度为$u(m/s)$，则其初始动能功率为：

$$W_t = \frac{1}{2} \dot{m} u^2 \qquad \text{W} \tag{8-23}$$

2）气体进入钢液后在包底做等温膨胀，提供的功率为

$$W_2 = \dot{n} R T_g \cdot \ln(P_g / P_b) \qquad \text{W} \tag{8-24}$$

式中常数 $R = 8.314 \text{N} \cdot \text{m/K} \cdot \text{mol}$

3）钢液中的气泡具有浮力势能，在所论状态下为：

$$E_b = V_b \cdot (\rho_{st} - \rho_g) \cdot H \cdot g \qquad \text{J}$$

因为 $\rho_{st} \gg \rho_g$，且有气泡体积 $V_b = n R T_g / P_b (\text{m}^3)$，其中 n 为气体的摩尔数。故可求得（每秒）提供的功率为：

$$W_3 = \dot{n} \cdot R \cdot T_g \cdot \rho_{st} \cdot H \cdot g / P_b \qquad \text{W} \tag{8-25}$$

4）气体在钢包底部恒压升温达到钢水温度，膨胀所提供的功率为：

$$W_4 = \dot{n} R (T_{st} - T_g) \qquad \text{W} \tag{8-26}$$

5）气体上浮到钢渣界面，因压力减小恒温膨胀提供的功率：

$$W_5 = \dot{n} R T_{st} \cdot \ln(P_b / P_t) \qquad \text{W} \tag{8-27}$$

6）气体逸出所带走的动能(功率)为：

$$W_6 = \frac{1}{2} \dot{m} u'^2 \qquad \text{W} \tag{8-28}$$

式中 u' 为气体逸出的线速度(m/s)。

综上所举六项，得知气体所提供的总搅拌功率是

$$W = W_1 + W_2 + W_3 + W_4 + W_5 - W_6 \qquad \text{W} \tag{8-29}$$

若钢水总质量为 $G(\text{t})$，则每 1t 钢水所承受的比搅拌功率为：

$$\dot{\varepsilon} = W / G \qquad \text{W/t} \tag{8-30}$$

8.3.2 工程估算

某厂 60t 钢包真空下吹氩处理，各数据如下：

钢水量 $G = 60 \text{t}$；包中钢液深度 $H = 2.5 \text{m}$；

钢液密度 $\rho_{st} = 7000 \text{kg/m}^3$；钢液温度 $t_{st} = 1560 \text{℃}$；即 $T_{st} = 1833 \text{K}$；

渣层厚度 $h_s = 0.2 \text{m}$；渣液密度 $\rho_s = 2500 \text{kg/m}^3$；

真空室内残压 $P_a = 1.0 \times 10^4 \text{Pa}$；大气压 $P_a^0 = 1.0133 \times 10^5 \text{Pa}$；

管道内氩气为室温 $t_g = 25 \text{℃}$，即 $T_g = 298 \text{K}$；氩气在管道内压力 $P_g = 5.8841 \times 10^5 \text{Pa}$(即表压为 5kg/cm²)；温度 $t_g = 25 \text{℃}$，$T_g = 298 \text{K}$。

取氩气流量 $Q = 0.0015 \text{Nm}^3/\text{s}$，即 $\dot{n} = 0.067 \text{mol/s}$；$\dot{m} = 2.68 \times 10^{-3} \text{kg/s}$；假定气体吹入和逸出的线速度分别是 $u = 1.0 \text{m/s}$；$u' = 10.0 \text{m/s}$。

由这些数据计算可求知各压力参数值：

$$P_s = \rho_s \cdot h_s \cdot g = 4905 \text{Pa}, \qquad P_{st} = \rho_{st} \cdot H \cdot g = 1.71675 \times 10^5 \text{Pa}$$

$$\therefore \quad P_t = P_a + P_s = 14905 \text{Pa}, \qquad P_b = P_a + P_s + P_{st} = 1.8658 \times 10^5 \text{Pa}$$

将以上各值代入式(8-23)～式(8-30)，得到表 8-4。由表 8-4 可看出 W_4 和 W_5 两项在比搅拌功率的构成中占主导地位(约90%)。而初始动能和逸出动能两项均贡献甚微。

表 8-4 比搅拌功率的构成

构　成		功　率 W	比 搅 拌 功 率	
			$\dot{\varepsilon}$, W/t	%
总　　　计		3778.68	62.98	100.01
初始动能功率	W_1	1.34×10^{-3}	2.2×10^{-5}	3.5×10^{-5}
等温膨胀	W_2	190.66	3.18	5.05
浮力势能（功率）	W_3	152.74	2.55	4.05
等压升温	W_4	855.05	14.25	22.63
等温上浮膨胀	W_5	2580.36	43.01	68.29
逸出功率损失	W_6	−0.134	-2.2×10^{-3}	−0.004

8.3.3　常用公式

（1）桑德伯格（Sundberg）公式。如上所述，在功率构成中略去 影响较小的 项，仅保留 W_3 和 W_5，即只考虑在出口处气体的等压升温和上浮的等温膨 胀 两 个 过程。整理后得到式(8-31)，这就是工程中较常用桑德伯格(Sundberg)公式：

$$\dot{\varepsilon} = \frac{371QT_{st}}{G}\left[1 - \frac{T_g}{T_{st}} + \ln\frac{P_b}{P_t} \right] \qquad (8-31)$$

根据实际工况和对过程的假定，常用的计算公式还有多种，以下列举一些较典型的计算式（单位制经换算，故系数与原文献不同）：

（2）中西公式。由中西恭二(Nakanishi)[6]提出

$$\dot{\varepsilon} = \frac{742QT_{st}}{G}\ln\left[1 + \frac{\rho_{st}H_g}{P_a} \right] \qquad (8-32)$$

（3）川崎公式[7]，用于喷粉

$$\dot{\varepsilon} = \frac{854QT_{st}}{G} \cdot \lg\left(\frac{P_g}{9.807 \times 10^4} \right) \qquad (8-33)$$

例8-3：试按川崎公式(8-33)估算50t钢包喷粉处理时产生的比搅拌功率。已知喷粉管道内径 $d=25\text{mm}$，气体流速 $u=30\text{Nm/s}$，管道出口处气体压力为 $3.9228 \times 10^5 \text{Pa}(4\text{kg/cm}^2)$，钢液温度取 $t_{st}=1500℃$。

解：先求气体的体积流量：

$$Q = \frac{\pi}{4}d^2u = \frac{\pi}{4} \times (0.025)^2 \times 30 = 0.0147(\text{Nm}^3/\text{s})$$

代入川崎公式(8-33)求比搅拌功率

$$\dot{\varepsilon} = \frac{854QT_{st}}{G} \quad \lg\left(\frac{P_g}{9.807 \times 10^4} \right)$$

$$= \frac{1}{50} \times \left[854 \times 0.0147 \times (1500 + 273) \times \lg\left(\frac{3.9228 \times 10^5}{9.807 \times 10^4} \right) \right]$$

$$= 277(\text{W/t})$$

（4）在RH处理的工况下计算比搅拌功率，可认为等于下降"腿"中流过的钢液的动能（单位时间，单位质量钢液），即有[6]

$$\dot{\varepsilon} = 0.00835 \, u^2 \, \widetilde{w}/G \tag{8-34}$$

式中　u——下降"腿"中钢液的流出速度，cm/s；

　　　$\widetilde{w}$——钢液的循环流量，t/min，与导入的气体流量，上升及下降"腿"的内径，吹气深度有关。

8.3.4　电磁搅拌的比搅拌功率

以上讨论的是气力搅拌的情况。在钢铁冶金工程中电磁搅拌也是一类经常应用的技术，在大型电弧炉、ASEA-SKF钢包炉，以及连铸机上都装有专门的电磁搅拌器，而在感应炉、电渣炉、直流电弧炉以及真空电弧炉的熔炼过程中本身就伴随着电磁搅拌作用。图8-12给出连铸中使用的电磁搅拌所造成的钢液流动情况[8]，图8-13是ASEA-SKF钢包炉的示意图，可按式（8-35）计算比搅拌功率[6]：

$$\dot{\varepsilon} = \frac{H_{z0}^2}{a^2\rho}\int_0^a \left\{ \left(\frac{\sigma\mu\omega^2}{\xi}\right)\left(\frac{1}{\sigma} + \frac{\varepsilon}{2\sigma^2}\right)\left(\frac{I_1(\xi r)}{I_0(\xi a)}\right)^2 + \frac{\mu}{2}\left[\left(\frac{I_0(\xi r)}{I_0(\xi a)}\right)^2 + \right. \right.$$
$$\left. \left. + \left(\frac{\lambda}{\xi}\right)\left(\frac{I_1(\xi r)}{I_0(\xi a)}\right)^2\right]\right\} r\,\mathrm{d}r \tag{8-35}$$

式中：H_{z0}——钢包包壁处z方向磁场强度的最大值，A-turn/m(安匝/米)；

　　　I_0和I_1——零级和一级变形贝塞尔函数(modified Bessel function)；

　　　a和H——钢包的内半径和钢液深度，m；

　　　ρ——钢液的密度，kg/m³；

　　　σ——钢液的比电导，$Q^{-1}\cdot m^{-1}$；

　　　μ——钢液的导磁率，H/m；

　　　ε——钢液的介电常数，F/m；

　　　ω——磁场旋转的角速度，rad/s；

　　　$\xi^2 = \lambda^2 - K^2$，其中：

$$\lambda^2 = 2\pi/H$$
$$K^2 = \omega^2\varepsilon\mu - j\omega\sigma\mu$$
$$j^2 = -1$$

例如容量为50t的ASEA-SKF钢包炉，使用1.4Hz的低频电源，电流强度为1300A，其他参数为：$\omega = 8.8$；$\mu = 1.26\times10^{-6}$；$1/\sigma = 1.4\times10^{-6}$；$\varepsilon = 1.0\times10^{-11}$；则有$H_{z0} = 3.7\times10^{-4}$A-turn/m，比搅拌功率$\dot{\varepsilon} = 593$W/t。

8.4　混匀时间和谐时性准数

如前所述，对于比搅拌功率的认识是关于冶金熔池搅拌现象理解的深化，因为$\dot{\varepsilon}$是不依赖具体技术手段甚至不依赖搅拌的物理原理的一个共性参数。但是$\dot{\varepsilon}$不能直接描述搅拌的效果，它是"因"，还不是"果"。关于搅拌效果的评价，广泛应用的宏观技术指标是完全混匀时间，简称之为混匀时间，记为τ。更进一步的无因次指标是谐时性准数H_0。关于混匀时间τ和谐时性准数H_0的定义和测量方法属于专门的技术内容，本书不予叙述。

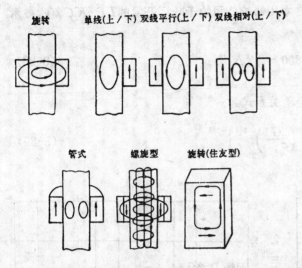

图 8-12　方坯连铸的电磁搅拌示意

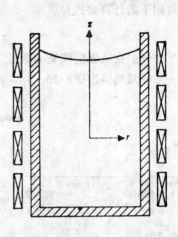

图 8-13　ASEA-SKF钢包炉示意

8.4.1　混匀时间的经验公式

　　工程上很早就注意到强烈的搅拌会加速熔池的均匀化。将这个规律性总结为混匀时间与比搅拌功率之间的定量关系的当首推中西恭二等人的工作[6]，对不同容量、不同工况所做的统计结果如图8-14，相应的经验关系式就是著名的中西公式：

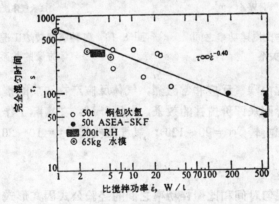

图 8-14　混匀时间与比搅拌功率的统计结果

$$\tau = 800 \; \dot{\varepsilon}^{-0\cdot4} \quad s \tag{8-36}$$

　　例 8-4：按例8-3所给出的工况，试估计熔池的混匀时间？

　　解：由例8-3已知比搅拌功率 $\dot{\varepsilon} = 277W/t$，代入式(8-36)，有：

$$\tau = 800 \; \dot{\varepsilon}^{-0\cdot4} = 800 \times (277)^{-0\cdot4} = 84 \; (s)$$

故在例8-3所给的工况下，熔池的完全混匀时间为84s。

　　中西的这个结果是富有启发性的，以后许多的工作都证明混匀时间与比搅拌功率之间存在着负指数形式的关系：

$$\tau = K \cdot \dot{\varepsilon}^{-n} \tag{8-37}$$

在不同的工况下经验常数K和n有不同的数值。

类似的还有许多变形的结果，例如日本川崎钢公司的千叶厂开发的LD-KG复吹技术中，使用如下的计算公式：

$$\tau = 800\dot{\varepsilon}^{-0.4}N^{1/3} \tag{8-38}$$

式中　N——炉底吹氩的喷嘴个数。

森一美等总结得出图8-15，相应的经验关系式为：

$$\tau \propto \left[\dot{\varepsilon}\left(\frac{G}{\rho_{s\,l}}\right)^{-2/3}\right]^{-1/3} \tag{8-39}$$

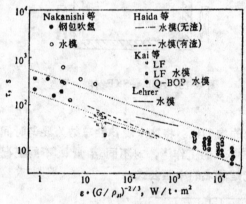

图 8-15　混匀时间与比搅拌功率之间
的统计关系

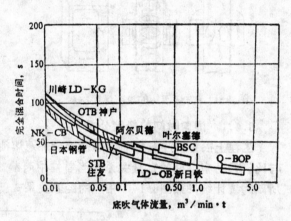

图 8-16　各种氧气转炉工况下混匀时间与底吹
气体流量的关系

氧气转炉炼钢过程中碳氧反应非常激烈，气体反应产物造成的搅拌不容易定量估算，这时可直接测定混匀时间来评价搅拌的效果，如图8-16。在实际工作中可选用如下的混匀时间的经验值：氧气顶吹转炉$\tau = 90\sim120s$；氧气底吹转炉$\tau = 10\sim20s$；复吹转炉$\tau = 20\sim50s$。

8.4.2　无因次模型

以上介绍的关于混匀时间和比搅拌功率之间的经验公式因其形式简明而在工程上得到广泛应用，但有关的系数却需依具体工况而定。从理论上讲这些经验式等号两侧量纲不和谐，因此不完备。后来提出了许多无因次的模型，其中我国的冶金工作者有许多成果。

（1）较早的工作是Helle等对钢包吹氩的工况，导出无因次式：

$$\tau = 0.0189\left(\frac{D}{H}\right)^{1.616}\left(\frac{H\sigma\rho}{\eta^2}\right)^{0.3}\cdot H\gamma^{-0.25}\dot{\varepsilon}^{-0.25} \tag{8-40}$$

式中　D和H分别是钢包的内直径和钢液深度，m；

　　　ρ和σ分别是钢液的密度(kg/m^3)和表面张力，N/m；

　　　η和γ分别是钢液的动力粘度($kg/m\cdot s$)和运动粘度，m^2/s；

（2）北京科技大学采用广义相似的理论，直接将可操作因子综合成无因次模型。通过底吹氩钢包的水模实验得到

表 8-5 底部透气砖的位置及其无量纲数值 W_i

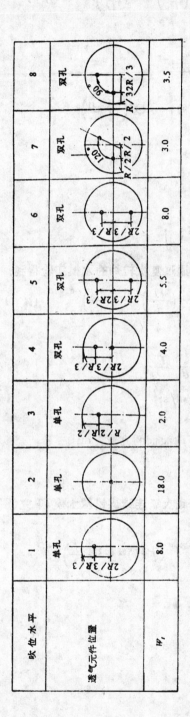

吹位水平	1	2	3	4	5	6	7	8
透气元件位置	单孔	单孔	单孔	双孔	双孔	双孔	双孔	双孔
W_i	8.0	18.0	2.0	4.0	5.5	8.0	3.0	3.5

表 8-6 底部透气砖的位置及其无量纲数值 W_i

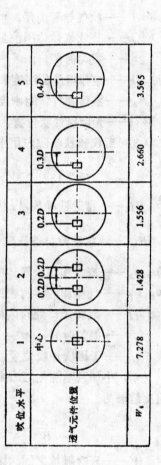

吹位水平	1	2	3	4	5
透气元件位置	中心				
W_i	7.278	1.428	1.556	2.660	3.565

$$H_0 = 7.764 \times (Fr')^{0.17} \cdot \left(\frac{\rho_e}{\rho_g}\right)^{0.47} \cdot \left(\frac{H}{D}\right)^{-0.18} \cdot (W_t)^{0.54} \tag{8-41}$$

式中　H_0——谐时性准数 $H_0 = u\tau/D$;

$\quad$ Fr'——修正弗鲁德准数, $Fr = \dfrac{u^2 \rho_g}{g D \rho_l}$;

$\quad$ u——出口处表观气体线速度(m/s), $u = Q / \left(\dfrac{\pi}{4} d^2\right)$;

$\quad$ d——吹气导管内径, m;

$\quad$ Q——底吹气体体积流量, Nm^3/s;

$\quad$ τ——混匀时间, s;

$\quad$ H, D——液体熔池的深度和直径, m;

$\quad$ ρ_l, ρ_g——液体和气体的密度, kg/m^3;

$\quad$ W_t——无因次底吹位置, 见表8-5。

（3）武汉钢铁学院应用上述原理, 通过复吹转炉的水模实验得到:

$$H_0 = 7.58 \times 10^4 \times (Fr')^{0.069} \left(\frac{H}{d}\right)^{0.261} \left(\frac{u_B}{u_0}\right)^{-0.078} \cdot (W_t)^{0.24} \tag{8-42}$$

式中　H_0——谐时性准数, $H_0 = u_0 \tau / d$;

$\quad$ Fr'——修正弗鲁德准数, $Fr' = \dfrac{u_0^3}{gd} \cdot \dfrac{\rho_g}{\rho_l}$;

$\quad$ u_0, u_B——底吹和顶吹气体的线速度, m/s;

$\quad$ ρ_g, ρ_l——气体和液体的密度, kg/m^3;

$\quad$ d, H——氧枪出口处的内径和氧枪距熔池面的高度, m;

$\quad$ τ——混匀时间, s;

$\quad$ W_t——无因次底吹位置, 见表8-6。

（4）中国科学院化工冶金研究所对底吹氧连续炼铅做水模研究(图8-17), 得到的无因次结果为:

$$\frac{S}{W} = 26.2 \left(\frac{W}{d_0}\right)^{-0.629} \quad (Fr')^{0.122} \left(\frac{H}{D}\right)^{0.523} \tag{8-43}$$

式中　W——底吹氧枪之间的距离, m;

$\quad$ S——实测的有效搅拌区直径, m;

$\quad$ d_0——底吹喷嘴直径, m;

$\quad$ H, D——熔池的深度和直径, m;

$\quad$ $Fr' = \dfrac{u_0^2}{g d_0} \cdot \dfrac{\rho_g}{\rho_l}$——修正弗鲁德数;

$\quad$ ρ_g, ρ_l——气体和液体的密度, kg/m^3;

$\quad$ u_0——底吹喷嘴出口处气体的标态流速, Nm/s。

（5）钢铁研究总院关于复吹炼钢转炉的研究结果列于表8-7。

表中各项参数分别为:

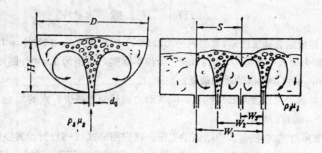

图 8-17　连续炼铅的底吹氧枪布置

表 8-7　复吹转炉水模研究的无因次结果

几何特征		$\dfrac{h}{D}=0.35,\ \dfrac{L}{D}=1.7$	$\dfrac{h}{D}=0.47,\ \dfrac{L}{D}=1.05$	$\dfrac{h}{D}=0.59\ \ \dfrac{L}{D}=0.93$
炉容量 t	6.5	$H_0=616(Re\cdot Fr')^{0.21}$	$H_0=239(Re\cdot Fr')^{0.23}$	$H_0=204(Re\cdot Fr')^{0.23}$
	120.0	$H_0=3981(Fr')^{0.357}$	$H_0=2818(Fr')^{0.357}$	$H_0=2344(Fr')^{0.357}$
	200.0	同　　上	同　　上	同　　上

表中　τ——混匀时间，s；

　　　u——底部喷口处的气体标态流速，m/s；

　D,H——熔池的直径和深度，m；

　ρ_g,ρ_l——气体和液体的密度，kg/m³；

　　　L——顶吹氧枪距液面的高度，m；

　　　μ——液体的粘度；

　$H_0=\tau u/D$——谐时性准数；

　$Re=\rho u D/\mu$——表观雷诺数；

$$Fr'=\frac{u^2}{gD}\cdot\frac{\rho_g}{\rho_L-\rho_g}$$——修正弗鲁德数。

该研究结果与工业生产数据对照的情况绘于图8-18。

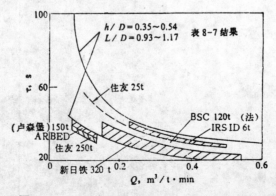

图 8-18　无因次模型（表8-7）与生产数据的对照

习　　题

1. 设有四块挡板的圆桶搅拌器,桶的内径为2.1m, 内盛粘度$\mu = 10^5$cP($= 10^4$Pa·s)、密度$\rho = 1100$ kg/m³的乳胶浆, 桶内伸入一直径 $D = 0.7$m的三叶海军螺桨, 螺距为 1.4m, 距桶底高度 $E = 0.7$m。若桨叶转速为100rpm, 试求搅拌器的动力消耗?

2. 若上述搅拌器中工质改为25°C的水, 问其动力消耗变为多少? 水的物性参数取 $\mu = 0.8937$cP (0.08937Pa·s), $\rho = 997$kg/m³。

3. 根据8.3节所给的60t钢包真空吹氩的工况, 试应用公式(8-31)讨论真空室内的残余压力P_a对比搅拌功率的影响? 计算时取氩气流量$Q = 0.0015$Nm₃/s, 真空室残压$P_a = 10^2 \sim 10^5$Pa。

4. 钢包底吹氩。已知钢液深度$H = 1.5$m, 钢包深径比$H/D = 1.1$, 钢液密度$\rho = 7500$kg/m³, 粘度 $\eta = 0.005$kg/m·s, 表面张力$\sigma = 1.4$N/m, 钢液温度$t_{st} = 1600$°C。试按中西公式(8-32)和(8-36)估算比搅拌功率ε和混匀时间τ。底吹氩气流量分别取为$Q = 0.001$;0.005和0.01Nm³/s。

5. 对习题4所给的工况, 利用式(8-39)计算混匀时间τ, 并与中西公式所得结果做比较。

6. 根据表8-5所给的数据, 试按无因次关系式(8-41)讨论底吹位置对谐时性准数H_0和混匀时间τ的影响? 取$H/D = 1$; $\rho_l/\rho_g = 11465$, $Fr' = 10^{-5}$, $D = 1.5$m。

第 9 章　　凝固和连铸

对液态金属进行加工和处理（如精炼、合金化以及成型等）有许多优越性，所以火法冶金至今仍是金属生产、特别是钢铁生产的主要方法。在火法冶金中，熔化和凝固都是必不可少的单元，是一对正、逆向的物理过程。本书只讨论凝固过程。

沿生产工艺流程来观察，凝固是连接液态金属的冶炼与固态金属的加工之间的纽带，对于整个生产系统的技术经济指标和产品的质量都是至关重要的，其重要性并不亚于高温冶炼的物理化学反应。在钢铁工业中与凝固直接有关的工程技术主要有：

（1）钢铁冶金生产中的铸锭。

（2）钢铁冶金生产中的连续铸钢。

（3）铁和钢的铸造。

（4）大型锻钢件的毛坯的制造。

（5）电渣重熔和真空电弧重熔等。

生产的发展和技术进步都要求对凝固过程作深入的认识。在钢铁工业中，近二、三十年来连铸发展迅速，采用连铸代替模铸，金属收得率可提高10％以上，现在大型连铸机单机年生产能力超过了百万吨，另外合金钢连铸，特殊钢连铸，以及各种高速机型都陆续在生产中应用和推广，为了提高连铸比，提高铸坯质量，进而实现全连铸、热装热送、连铸连轧等等，都要求对连铸过程的本质——凝固现象进行研究。又如大型铸锻件的制造技术也是一项重大的工程技术问题，钢锭或铸件的单质可达400～500t，液态金属的全凝固时间长达3～4天，在这么长的时间内欲控制凝固的产生和发展、收缩和补缩、偏析等过程，都要求人们对凝固有定量的认识。

对于凝固规律的研究，除在固态下采用金相、理化分检手段做间接研究外，也开发了许多直接的热态研究方法，如翻倒法、射钉法，放射性同位素示踪法等等。但是，由于金属凝固自身的特殊条件使得实验观测和研究昂贵而且困难。

通过求解凝固传热微分方程来研究凝固现象的工作开始于本世纪20年代，对纯金属的一维凝固的某些特殊情况获得了解析解。1954年Sarjant.R.J.和Slack.M.R.首先用数值方法求解8t钢锭的凝固传热获得成功。1963年以后Hills.A.W.D.等采用解析方法和图解积分方法来求解连铸过程中的凝固问题，1967年Mizikar.E.A.用有限差分法求解连铸凝固传热微分方程，奠定了连铸数学模型的基础。现在许多先进的连铸机都配有多个数学模型做为生产控制的核心，另外铸造过程的计算机辅助设计(CAD)和计算机辅助操作(CAO)也获得了工程应用。我国在这些领域内大约比国际先进水平落后5～10年，个别方面接近或达到国际先进水平。

9.1　凝固现象的基本认识

凝固过程非常复杂，至今所能了解和掌握的只是其主要的一些规律。在定量地介绍这些规律之前，有必要对凝固现象的基本认识做简要的说明。

9.1.1　平衡状态图和平衡凝固

对凝固现象最基本规律的认识仍归结于平衡凝固和平衡状态图。图9-1是铝—铜二元合金的相图，从图中可以了解到下述各重要参数和情况：

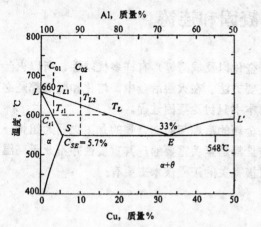

图 9-1　Al-Cu二元合金平衡状态图

（1）液相线（温度T_L），固相线（温度T_s）和共晶线（温度T_E）。

（2）固—液两相区，及其温度区间（宽度）。

（3）固相浓度和液相浓度。如图9-1所绘，在600℃时溶质（Cu）在固相中的浓度为$C_s \doteq 3\%$，液相中的浓度$C_L \doteq 17.5\%$。对应的可求出相应的平衡分配系数

$$k_0 = \frac{C_s}{C_L} \tag{9-1}$$

$$\doteq 0.171$$

（4）固相率、液相率和杠杆定律。在液固两相共存的某一温度下，对于体积为V、密度为ρ的领域，若其中固相和液相的体积、密度分别为V_S，V_L和ρ_S，ρ_L，则有质量守恒：

$$\rho_s V_s + \rho_L V_L = \rho V \tag{9-2}$$

定义质量固相率f_S和液相率f_L分别是：

$$f_s = \frac{\rho_s V_s}{\rho V}, \quad f_L = \frac{\rho_L V_L}{\rho V} \tag{9-3}$$

并可知：

$$f_s + f_L = \frac{\rho_s V_s}{\rho V} + \frac{\rho_L V_L}{\rho V} = 1 \tag{9-4}$$

若溶质在固相、液相和凝固前液相中的浓度分别是C_S、C_L和C_0，则关于溶质的质量守恒为：

$$\rho V C_0 = \rho_L V_L C_L + \rho_s V_s C_s \tag{9-5}$$

则可导出杠杆定律：

$$f_s = \frac{C_L - C_0}{C_L - C_s} \tag{9-6}$$

另外，还可以定义体积固相率g_S和体积液相率g_L。在$\rho_s = \rho_L$时有

$$g_s + g_L = 1 \qquad g_L = f_L \qquad g_s = f_s \tag{9-7}$$

（5）冷却曲线。对应于图9-1中C_{01}和C_{02}的成分的液态合金凝固时的温度—时间关系绘于图9-2，称之为冷却曲线。

9.1.2　凝固潜热

合金在凝固过程中由液相转变成固相，内能改变$\Delta E = E_L - E_S$，外部表现为释放出凝固潜热L_f（J/kg），这也是该合金的熔化潜热。凝固潜热的释放对凝固现象是非常重要的，其原因在于：

（1）如果没有失去凝固潜热，即使冷却到液相线温度仍不会产生凝固。

（2）凝固潜热的释放不会引起温度的回升（无过热时），即凝固潜热的释放是凝固的结果。

（3）凝固潜热其数值很大，对于常见的钢铁材料约为300kJ/kg，占模铸或连铸过程散热（冷却到800～1000℃）总量的1/3～1/2。

根据焓的定义：$H = E + PV$，以及一般讨论的凝固现象其系统压力P和体积V大致可以认为是常数，这样凝固过程焓的变化H_f与凝固潜热L_f的数值相当。故在实用中常借助于已得到的物质的焓的数据，图9-3是某些常见的碳钢的热焓—温度曲线。不难看出实际合金的热焓变化在两相区内不是简单线性的。

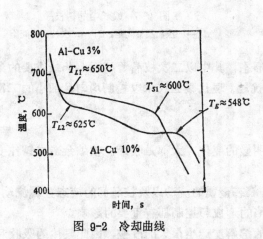

图 9-2　冷却曲线　　　　图 9-3　某些碳钢在1300～1550℃的热焓

必须指出，对于大多数合金，可靠的数据并不多。因此测定相应温度区间内的热焓变化往往是研究某种合金凝固现象的基础工作。

9.1.3　实际合金的非平衡凝固

（1）非平衡凝固。实际的凝固过程是非平衡凝固，与平衡状态图有差异。主要表现在：

1）过冷：液相需冷却到液相线温度T_L以下的某个温度T'_L才产生凝固，这个温度差$\Delta T = T_L - T'_L$称之为过冷。一般说来冷却越快，过冷度越大。但钢的过冷值通常都很小。

2）溶质的再分配：实际合金凝固过程中，固相内的扩散不一定充分，在开始凝固的部位与凝固结束的部位有可能出现溶质成分浓度的差别。若在液相侧平衡分配系数小于1，则凝固过程中溶质会在液相中富集，图9-4是Al-Cu合金富铝侧的合金凝固过程中液相中溶质富集的情况。

由于在固、液相内溶质的分布不再均匀，因此杠杆定律不再适用。

3）形核和长大。

（2）真实合金。真实的合金很少是简单的二元合金，除了多种合金元素外，往往还含有或多或少的多种杂质元素。对于大多数的真实合金的相图的了解往往并不充分，因此对真实合金凝固的基础知识并不完备。

（3）树枝晶凝固。实际合金的非平衡凝固是以树枝晶的形态进行的，如图9-5所示。

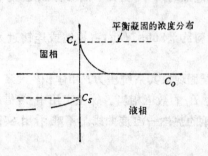

图 9-4 局部平衡凝固（固液界面
处于平衡态）的溶质分布

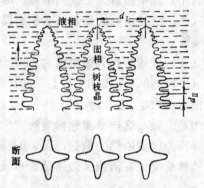

图 9-5 成长中的树枝晶
d_I——一次枝晶臂间距；d_{II}——二次枝晶臂间距

不论等轴晶还是柱状晶都以树枝状晶为基本形态，其中以二次枝晶臂间距d_{II}为最重要的参数，d_{II}关系到铸态组织的性能，d_{II}小则性能优越。现代凝固技术以控制均匀且细小的二次枝晶臂间距d_{II}为其最重要的目标之一。

9.1.4 凝固收缩和流体流动

金属在凝固过程中体积和尺寸都产生较明显的变化，大都是收缩。收缩会造成铸件变形和产生热应力，甚至造成裂纹或开裂。

在凝固过程中液态金属所形成的静压力，液态金属的流动以及枝晶间的液态金属流动，对铸件的变形、偏析、补缩和其他重要的缺陷的形成与控制都有重要的影响。

此外液态金属在凝固过程中对气体溶质的溶解度产生很大的改变，因此气体的吸收和释放也是凝固过程的重要伴生现象，且对铸件的成形、致密性、缩孔、成材率，可加工性等有重要影响。

对于上述各方面，已有许多理论和经验，在指导操作和设计都有广泛的工程应用，其中成熟的结果已实现了定量的计算，并引用于计算机辅助操作和设计中。

9.2 凝固参数

9.2.1 宏观参数

对凝固做定量的描述，首先关心的是铸件的完全凝固时间。1940年，契沃里诺夫（Chvorinov.N.）基于凝固潜热和显热的释放与铸型吸热的平衡，提出了著名的定量关系式：

$$\tau_I = K\left(\frac{V}{F}\right)^2 = \left(\frac{M}{q}\right)^2 \tag{9-8}$$

式中 V 和 F 分别是铸件的体积和表面积；$M = \dfrac{V}{F}$，称为铸件的热模系数；K 和 q 是经验常数。对于砂型铁系铸件

$$K = \left(\frac{1}{q^2}\right) = 127 \sim 151 \, \text{s/cm}^2$$

对从10cm厚到65t的不同尺寸和质量、不同形状的铸件的实验测定结果如图9-6，可以

看出实测结果符合经验式（9-8）所描述的规律性。

以后的许多工作都是在经验公式(9-8)的基础上进行的，目前已普遍承认凝固的进程与时间的宏观关系符合如下的平方根定律：

$$S = c\sqrt{\tau} \qquad (9-9)$$

或

$$S = a\sqrt{\tau} - b \qquad (9-10)$$

式中：S 和 τ 分别是凝固进程和凝固时间；c，a，b，分别为经验常数，其中 c 习惯称之为结晶系数。

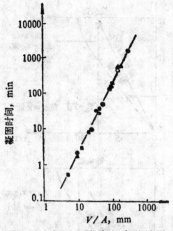

图 9-6　契沃里诺夫的实验结果
V—铸件的体积；F—铸件的表面积

式（9-9）因其简明而得到广泛的应用。许多研究者在不同的工程条件下实验测定得到结晶系数 c 的经验值，以下数据可供估算全凝固时间和凝固进程。值得指出的是对 c 的单位各文献资料并不统一，在选用时应予注意（由上文可看出 c 相当于式（9-8）中的 q）。

工艺条件	结晶系数c (mm/min$^{1/2}$)	
砂模、铸铁和铸钢	12.5	
模铸、钢锭	22	（22～26）
连续铸钢	28	（25～30）
真空电弧重熔	28	
电渣重熔	33	（30～38）

例9-1：厚度为200mm的板坯，试估算在不同的铸造工况下的全凝固时间。

解：厚度为200mm的铸件全凝固最大进程为100mm，由平方根定律式（9-8）或式（9-9）可知全凝固时间为：

$$\tau_T = \left(\frac{S}{c}\right)^2$$

根据不同工况下的凝固系数 c 的经验值可得知相应工况下的全凝时间分别如下：

工艺条件	c (mm/min$^{1/2}$)	τ_T (min)
砂模铸造	12.5	64.0
钢　锭	22.0	20.7
连　铸	28.0	12.8
电渣重熔	33.0	9.2

9.2.2　凝固参数

直接与树枝状结晶和偏析有关的是固液两相区内的凝固参数。典型的合金单向凝固进程如图9-7所示。由图可以看出固—液两相区的出现、发展和终结，以及主要的下述凝固参数：

（1）液相线温度T_L、固相线温度T_S和两相区温度区间$\Delta T = T_L - T_S$。

（2）两相区宽度Δx。在某一时刻 τ 可测得即时的两相区宽度 $\Delta x = x_L - x_S$，即为图

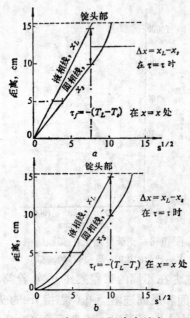

图 9-7 Al-4.5%Cu合金单向
凝固进程（无过热、水冷）
传热系数分别为：$a—h = 10W/m^2 \cdot K$
$b—h = 0.167 \times 10^4 W/m^2 \cdot K$

9-7中的x_L与x_S之间的纵向垂直距离。

（3）当地凝固时间τ_f，亦称局部凝固时间。指铸件中某一点由液相线温度T_L降至固相线温度T_S的时间间隔。即为图9-7中的x_L与x_S之间的水平距离 $\tau_f = \tau_S - \tau_L$（在x处）。

（4）当地冷却速度$\dot{\varepsilon}$。指铸件内某一点的温度由T_L降至T_S的平均冷却速度，由以上可知有：

$$\dot{\varepsilon} = \frac{\Delta T}{\tau_f} \qquad (9\text{-}11)$$

可见$\dot{\varepsilon}$更准确地应称之为"当地两相区内平均冷却速度"。

（5）温度梯度G。更准确地应称之为"当地两相区内平均温度梯度"：

$$G = \frac{\Delta T}{\Delta x} \qquad (9\text{-}12)$$

（6）凝固推进速度R。如图9-7所示的单向凝固过程，其当地的凝固平均推进速度为：

$$R = \frac{\Delta x}{\tau_f} \qquad (9\text{-}13)$$

故有：

$$\tau_f = \frac{\Delta T}{G \cdot R} \qquad (9\text{-}14)$$

和

$$\dot{\varepsilon} = G \cdot R \qquad (9\text{-}15)$$

另外$\dfrac{G}{R}$和$\dfrac{G}{\sqrt{R}}$也是常用于讨论铸态结构的参数。

9.2.3 二次枝晶臂间距d_{II}

实验结果和理论分析都证明二次枝晶臂间距d_{II}与凝固过程中当地冷却速度关系密切。不同工艺条件下的情况如图9-8和图9-9所绘，这类结果常归纳表示为如下的经验式：

$$d_{\text{II}} = a \cdot \tau_f^n = b(GR)^{-n} \qquad (9\text{-}16)$$

其中常数a，b，n由实验测定，主要与合金成分有关。对于一般碳钢n值接近于1/3。τ_f，G，R分别为当地凝固时间、温度梯度和凝固推进速度。

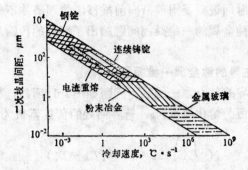

图 9-8 钢在不同工艺下凝固的树枝晶间距

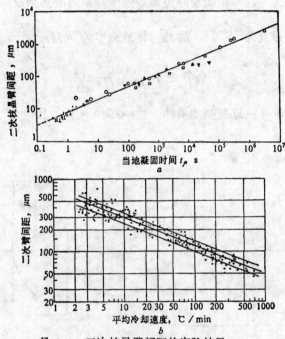

图 9-9 二次枝晶臂间距的实验结果
a—Al—4.5%Cu合金；b—0.1～0.9%C工业用钢

9.3 纯金属的一维凝固

只有在纯金属一维凝固的某些特定的场合下才能求得解析形式的解，早期的努力主要在于寻求这些解析解。近年来由于计算机的广泛应用，数值解法在工程实用中占了主导地位，这里介绍理想条件下的解析解的目的主要在于理解凝固过程的规律。

相应的经常被引用的解析解有如下五种工况：

（1）界面热阻占主导的纯金属一维凝固。

（2）砂模中的纯金属一维凝固。

（3）水冷金属模中的纯金属一维凝固。

（4）金属模中的纯金属一维凝固。

（5）考虑界面热阻的金属模中的纯金属一维凝固。

与简单的传导传热问题相比，上述一维凝固问题的复杂性主要表现在边界 条 件 不 规范；几何条件不规范，随时间进程凝固前沿向前推移；物理条件不规范，在凝固前沿有潜热释放。因此严格的讲，纯金属的一维凝固问题超出了经典的传输原理讨论的范畴，属于单元操作。

9.3.1 界面热阻占主导的纯金属一维凝固

模—金界面热阻占主导的纯金属一维凝固问题如图9-10所绘，模子温度恒为T_0，已凝固和未凝固的金属温度恒为熔化温度T_M，若界面处的传热系数为h，则可知流入模子的热流密度q/A为：

$$(q/A)|_{x=-0} = -h(T_M - T_0) \tag{9-17}$$

在已凝固的金属壳层中无热量积累，所以流入模子内的热流应与凝固前沿释放潜热的速率相等。若金属的密度为ρ，单位质量的金属凝固所释放的潜热为H_f，已凝固壳层厚度为S。则凝固前沿推进速度为$dS/d\tau$，潜热的释放速率为$\rho H_f \dfrac{dS}{d\tau}$，故有：

$$h(T_M - T_0) = \rho H_f \frac{dS}{d\tau} \tag{9-18}$$

分离变量后做定积分，并注意到初始条件：$\tau = 0$ 时$S = 0$，且$\tau = \tau$ 时$S = S$，得到：

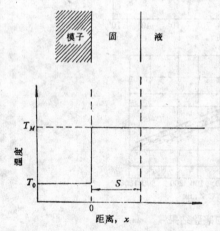

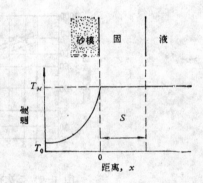

图 9-10　模—金界面热阻占主导
的纯金属一维凝固问题

图 9-11　纯金属在砂模中凝固的一维问题

$$S = \frac{h(T_M - T_0)}{\rho H_f} \cdot \tau \tag{9-19}$$

特别要注意的是，式（9-19）表明在界面热阻占主导的情况下，凝固层的厚度S随时间进程τ的变化呈线性关系，这是唯一的不遵守平方根规律的特殊情况。

9.3.2 砂模或熔模铸造

金属在砂模中凝固，因模子材料的导热性很低，故模子热阻占主导地位，一般说来已凝固的金属壳层的热阻和界面热阻可忽略不计，问题如图9-11所绘。若模子足够厚，模子的外表面温度可取为环境温度T_0；又假定注入的金属液体无过热，液相温度恒为熔点温度T_M；另外，初始条件是在时间$\tau = 0$时注入液态金属，在该时间模内壁温度突然升高到T_M。

考查砂模内的传导传热，其定解问题是：

$$\frac{\partial T}{\partial \tau} = \alpha_m \frac{\partial^2 T}{\partial x^2} \qquad (x<0, \ \tau>0)$$

$$T\big|_{x=0} = T_M \qquad\qquad (\tau \geqslant 0)$$

$$T\big|_{x=-\infty} = T_0 \qquad\quad (\tau \geqslant 0)$$

$$T\big|_{\tau=0} = T_0 \qquad\qquad (x \leqslant 0)$$

$$(9-20)$$

式中 模子材料的热扩散系数 $\alpha_m = \dfrac{K_m}{\rho_m \cdot C_m}$；$K_m$、$\rho_m$、$C_m$ 分别是模子材料的导热系数、密度和比热。

在模—金边界处流入模子的热流密度是：

$$\left(\frac{q}{A}\right)\bigg|_{x=-0} = -K_m \left(\frac{\partial T}{\partial x}\right)\bigg|_{x=-0} \tag{9-21}$$

又因界面无热量积累，故两侧热流密度应相等：

$$\left(\frac{q}{A}\right)\bigg|_{x=+0} = \left(\frac{q}{A}\right)\bigg|_{x=-0} \tag{9-22}$$

在已凝固的金属壳层内亦无热量积累，故在模—金界面所散失的热流密度与在 凝 固 前 沿（$x=S$ 处）潜热释放的速率应相等，即

$$\left(\frac{q}{A}\right)\bigg|_{x=+0} = -\rho_s H_f \left(\frac{\partial S}{\partial \tau}\right)\bigg|_{x=s} \tag{9-23}$$

对上述微分方程式 (9-20) ～ (9-23) 联立求解，得到模子内 温 度 分 布 的 无 因 次解：

$$\frac{T-T_M}{T_0-T_M} = \mathrm{erf}\left\{\frac{-x}{2\sqrt{\alpha_m \tau}}\right\} \tag{9-24}$$

式中 erf——误差函数符号，定义是：$\mathrm{erf}(\eta) = \dfrac{2}{\sqrt{\pi}} \displaystyle\int_0^{\eta} e^{-t^2} \cdot dt$

进而可求得凝固层厚度 S 与时间 τ 的关系为：

$$S = \frac{2}{\sqrt{\pi}} \frac{T_M - T_0}{\rho_s H_f} \cdot \sqrt{K_m \cdot \rho_m \cdot C_m} \cdot \sqrt{\tau} \tag{9-25}$$

式 (9-23) 和 (9-25) 中 ρ_s 和 H_f 分别是金属的密度和凝固潜热。

不难看出式 (9-25) 符合契沃里诺夫平方根关系式 (9-8) 和 (9-9)。对比 可知结晶系数 C 相应的为：

$$C = \frac{2}{\sqrt{\pi}} \frac{T_M - T_0}{\rho_s H_f} \cdot \sqrt{K_m \cdot \rho_m \cdot C_m} \tag{9-26}$$

考虑到铸件形状的影响可在上述结果的基础上做进一步的修正，这些结果应用于工程中估计铸件的全凝固时间 τ_T。

9.3.3 水冷金属模中的纯金属一维凝固

在许多种工程技术中金属是在水冷金属模中凝固的，例如连续铸钢、电渣重熔等。这里讨论的是更为一般的理想情况：液态金属以熔点温度 T_M（无过热）注入 金 属 模，模—

金界面处恒为冷却水温度T_o，热阻仅来自于已凝固的金属壳层，问题如图9-12。为了获得解析解仍假定为半无限型，即液态金属延伸到$x \to \infty$处。

这样，定解问题是：

$$\partial T/\partial \tau = \frac{\alpha_s \partial^2 T}{\partial x^2} \quad (x>0, \ \tau>0)$$

$$\begin{aligned}
T \big|_{x=0} &= T_o \quad (\tau \geqslant 0) \\
T \big|_{x=+\infty} &= T_\infty \quad (\tau \geqslant 0) \\
T \big|_{\tau=0} &= T_M \quad (x \geqslant 0)
\end{aligned} \tag{9-27}$$

其中金属的热扩散系数$\alpha_s = K_s/\rho_s \cdot C_s$；$K_s$，$\rho_s$，$C_s$分别是金属的导热系数、密度和比热。

待定积分常数T_∞，由联立的凝固前沿$x=S$处的下述条件来确定：

$$T \big|_{x=S} = T_M$$

$$K_s(\partial T/\partial x)\big|_{x=S} = H_f \rho_s \partial S/\partial \tau \tag{9-28}$$

对微分方程式（9-27），（9-28）联立求解，得到已凝固的金属壳层中的温度分布是：

$$\frac{T-T_o}{T_\infty-T_o} = \mathrm{erf}\left\{\frac{x}{2\sqrt{\alpha_s \tau}}\right\} \tag{9-29}$$

凝固层的厚度S与时间τ的关系是：

$$S = 2\beta\sqrt{\alpha_s \tau} \tag{9-30}$$

其中常系数β由下述超越方程来确定：

$$\beta \cdot e^{\beta^2} \cdot \mathrm{erf}[\beta] = (T_M-T_o)\frac{C_s}{H_f\sqrt{\pi}} \tag{9-31}$$

由于超越方程计算困难，工程上常用图9-13求β：即先求出无因次量$(T_M-T_o)C_s/H_f \cdot \sqrt{\pi}$，由图查出相应的$\beta$值。

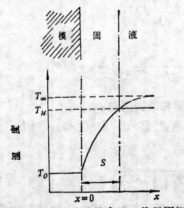

图 9-12 纯金属在水冷模内的一维凝固问题

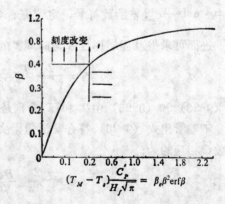

图 9-13 式（9-31）中的β值

待定的积分常数T_∞由下式确定：

$$\frac{T_M-T_o}{T_\infty-T_o} = \mathrm{erf}[\beta] \tag{9-32}$$

对照平方根定律可知相应的结晶系数为：

$$C = 2\beta\sqrt{a_s} \qquad (9\text{-}33)$$

亚当斯用幂级数展开将上述结果推广到长圆柱体和球体，在一定程度上可应用于工程。

9.3.4 金属模中的纯金属一维凝固

纯金属在金属模中的凝固其物理特点在于金属模子的热阻与已凝固的金属壳层的热阻大致相当，因之在传热计算中模、金两方面的传导传热 都必需考虑，问题如图 9-14所示。

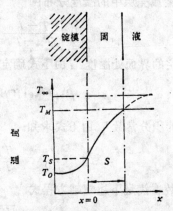

图 9-14 金属模中的纯金属一维凝固问题

对此问题的求解关键在于假定在模—金界面处存在着一个共同的恒定界面温度T_s。而模子侧相当于9.3.2中的砂模问题，金属侧则相当于9.3.3中的水冷模问题。即对下述两组微分方程和有关的条件联立求解：

（1）模子侧。

$$\partial T / \partial \tau = a_m \frac{\partial^2 T}{\partial x^2} \qquad (x < 0, \ \tau > 0)$$

$$\begin{aligned}
T \mid_{x=-0} &= T_s & (\tau \geqslant 0) \\
T \mid_{x \to -\infty} &= T_0 & (\tau \geqslant 0) \\
T \mid_{\tau=0} &= T_0 & (x \leqslant 0)
\end{aligned} \qquad (9\text{-}34)$$

（2）金属侧。

$$\partial T / \partial \tau = a_s \frac{\partial^2 T}{\partial x^2} \qquad (x > 0, \ \tau > 0)$$

$$\begin{aligned}
T \mid_{x=+0} &= T_s & (\tau \geqslant 0) \\
T \mid_{x \to +\infty} &= T_\infty & (\tau \geqslant 0) \\
T \mid_{\tau=0} &= T_\infty & (x \geqslant 0)
\end{aligned} \qquad (9\text{-}35)$$

（3）在模—金界面满足温度场连续且恒定。

$$T \mid_{x=-0} = T \mid_{x=+0} = T_s \qquad (9\text{-}36)$$

模—金界面无热量积累，故两侧热流密度符合衡算条件：

$$-K_m \left(\frac{\partial T}{\partial x}\right)\bigg|_{x=-0} = -K_s \left(\frac{\partial T}{\partial x}\right)\bigg|_{x=+0} \qquad (9\text{-}37)$$

（4）在凝固前沿也满足温度场的连续且恒定条件。

$$T \mid_{x=S} = T_M \qquad (9\text{-}38)$$

凝固前沿也没有热量积累，故也满足热流密度的衡算条件：

$$-K_s \left(\frac{\partial T}{\partial x}\right)\bigg|_{x=S} = \rho_s H_f \left(\frac{\partial S}{\partial \tau}\right) \qquad (9\text{-}39)$$

对上述式（9-34）～（9-39）联立求解，得到模子内的温度分布：

$$\frac{T-T_s}{T_0-T_s}=\mathrm{erf}\left[\frac{-x}{2\sqrt{\alpha_m\tau}}\right] \qquad (x<0) \qquad\qquad (9\text{-}40)$$

已凝固的金属壳层中的温度分布：

$$\frac{T-T_s}{T_\infty-T_s}=\mathrm{erf}\left[\frac{x}{2\sqrt{\alpha_s\tau}}\right] \qquad (x>0) \qquad\qquad (9\text{-}41)$$

其中，待定的界面处温度T_s由下式确定：

$$\beta\cdot e^{\beta^2}\cdot\mathrm{erf}[\beta]=(T_M-T_s)\frac{C_s}{H_f\sqrt{\pi}} \qquad\qquad (9\text{-}42)$$

待定的积分常数T_∞由下式求知：

$$\frac{T_M-T_s}{T_\infty-T_s}=\mathrm{erf}[\beta] \qquad\qquad (9\text{-}43)$$

常系数β满足下述超越方程式

$$\beta\cdot e^{\beta^2}\left[\mathrm{erf}(\beta)+\sqrt{\frac{K_s\rho_sC_s}{K_m\rho_mC_m}}\right]=(T_M-T_0)\frac{C_s}{H_f\sqrt{\pi}} \qquad\qquad (9\text{-}44)$$

凝固壳层厚度与时间的关系为：

$$S=2\beta\sqrt{\alpha_s\tau} \qquad\qquad (9\text{-}45)$$

可见也符合平方根定律，且结晶系数为：

$$C=2\beta\sqrt{\alpha_s} \qquad\qquad (9\text{-}46)$$

由于求解超越方程式（9-44）很不方便，工程应用中多使用算图（图9-15和图9-16）。先求出无因次量$(T_M-T_0)\dfrac{C_s}{H_f}$和$\sqrt{K_s\rho_sC_s/K_m\rho_mC_m}$，由图9-15可求知$\beta$值，由图9-16

可求知无因次温度$\dfrac{T_s-T_0}{T_M-T_0}$，然后可确定界面处温度T_s，再利用式（9-43）求T_∞，以及

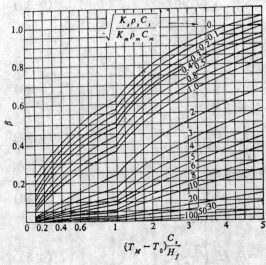

图 9-15 超越方程式（9-44）中的β值算图

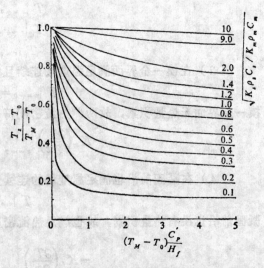

图 9-16 金属模中纯金属凝固的模—金界面
温度算图

由式（9-45）求凝固进程。

例9-2： 求厚度为100mm 的板形铸件在下述三种模子内冷却的全凝固时间：1) 砂模；2）厚铜模；3) 水冷铜模。已知金属为纯铁，浇铸温度为其熔点 $T_M = 1539℃$；凝固潜热 $H_f = 272 kJ/kg$，环境温度取 $T_0 = 27℃$；材料的热物理性能如下：

	C比热$(kJ/kg\cdot℃)$	ρ密度(kg/m^3)	K导热系数$(W/m\cdot℃)$
纯 铁	0.670	7850	83.2
砂 模	1.172	1602	0.865
纯铜模	0.377	8900	398.0

解： 根据题意按纯金属一维凝固做计算。所求的全凝固尺度为铸件厚度之半：

$$M = 0.05 m$$

1）在砂模中凝固，按式（9-26）的结果做计算，结晶系数 C_1 为：

$$C_1 = \frac{2}{\sqrt{\pi}} \frac{T_M - T_0}{\rho_s H_f} \cdot \sqrt{K_m \rho_m C_m}$$

$$= \frac{2}{\sqrt{\pi}} \times \frac{1539 - 27}{7850 \times 272} \times \sqrt{1.172 \times 1602 \times 0.865 \times 10^{-3}}$$

$$= 0.00102 m/s^{\frac{1}{2}} (7.9 mm/min^{\frac{1}{2}})$$

∴ 全凝固时间

$$\tau_T' = (M/C)^2$$

$$= (0.05/0.00102)^2 = 2411 s （或40.2 min）$$

2）在厚铜模中凝固。先求下述两个无因次量：

$$(T_M - T_0)\frac{C_s}{H_f} = (1539 - 27)\frac{0.670}{272} = 3.72$$

$$\sqrt{K_s \rho_s C_s / K_m \rho_m C_m} = \sqrt{\frac{83.2 \times 7850 \times 0.670}{398.0 \times 8900 \times 0.377}}$$

$$= 0.572$$

查图9-15得知 $\beta = 0.80$。根据式（9-46）求结晶系数 C_2 为：

$$C_2 = 2\beta\sqrt{a_s} = 2 \times 0.80 \times \sqrt{\frac{83.2 \times 10^{-3}}{7850 \times 0.670}}$$

$$= 0.00636 (m/s^{\frac{1}{2}} 或49.3 mm/min^{\frac{1}{2}})$$

∴ 全凝固时间

$$\tau_T'' = (M/C_2)^2$$

$$= (0.05/0.00636)^2 = 61.8 s （或1.03 min）$$

3）在水冷模内凝固。先求出无因次量：

$$(T_M - T_0)C_s/H_f \cdot \sqrt{\pi} = (1539 - 27) \times 0.670/272 \times \sqrt{\pi}$$

$$= 2.10$$

查图9-13得出 $\beta = 0.98$，根据式（9-33）求出结晶系数 C_3：

$$C_3 = 2\beta\sqrt{a_s} = 2 \times 0.98 \times \sqrt{\frac{83.2 \times 10^{-3}}{7850 \times 0.670}}$$

$$= 0.00780 \text{ m/s}^{\frac{1}{2}} \text{ 或 } (60.4 \text{ mm/min}^{\frac{1}{2}})$$

∴ 全凝固时间

$$\tau_T''' = (M/C_3)^2$$
$$= (0.05/0.00780)^2 = 41.1 \text{ (s 或 0.68min)}$$

9.3.5 考虑界面热阻的金属模中的纯金属一维凝固

大多数液态金属在凝固时都会产生收缩，结果在铸件和模壁之间形成气隙，气隙具有较高的热阻（例如钢锭模铸时平均综合给热系数大约是 $\overline{h} = 10^3 \text{ W/m}^2 \cdot ℃$）。在这种工况下讨论凝固过程需考虑模子、金属和模—金界面三方面的热阻，如图9-17所示。

对这种问题求解比较困难，这里介绍亚当斯的处理结果：假想在气隙中存在某一平

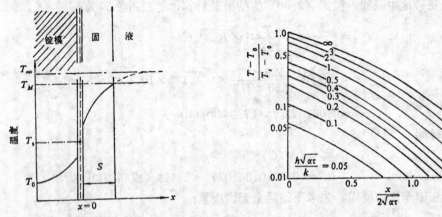

图 9-17 考虑界面热阻的金属模中纯金属一维凝固　　图 9-18 关于式（9-51）和（9-52）的算图

面，其温度恒为 T_s。这样可用逐次逼近法求得凝固层的厚度 S 为：

$$S = \frac{h_s(T_M - T_s)}{\rho_s H_f B} \cdot \tau - \frac{h_s}{2K_s} S^2 \tag{9-47}$$

其中无因次常系数

$$B = \frac{1}{2} + \sqrt{\frac{1}{4} + \frac{C_s(T_M - T_s)}{3H_f}} \tag{9-48}$$

假想平面与金属表面之间的等效给热系数 h_s 为：

$$h_s = h(1 + \sqrt{K_s \rho_s C_s / K_m \rho_m C_m}) \tag{9-49}$$

假想平面与模子内表面之间的等效给热系数 h_m 为：

$$h_m = h(1 + \sqrt{K_m \rho_m C_m / K_s \rho_s C_s}) \tag{9-50}$$

模子内的温度分布可利用半无限有界面热阻的传导传热结果：

$$\frac{T - T_0}{T_s - T_0} = \text{erfc}\left[\frac{x}{2\sqrt{a_m \tau}}\right] - e^{\gamma} \text{erfc}\left[\frac{x}{2\sqrt{a_m \tau}} + \frac{h}{K_m}\sqrt{a_m \tau}\right] \tag{9-51}$$

其中：

206

$$\gamma = \frac{h}{K_m}\sqrt{a_m\tau}\left[\frac{x}{\sqrt{a_m\tau}}+\frac{h_m}{K_m}\sqrt{a_m\tau}\right] \qquad (9\text{-}52)$$

erfc——为余误差函数

$$\mathrm{erfc}(\eta)=\frac{2}{\sqrt{\pi}}\int_\eta^\infty e^{-t^2}\cdot dt$$

上述结果较繁，工程应用中将式（9-51）和（9-52）做成算图9-18，由无因次量 $\dfrac{x}{2\sqrt{a_m\tau}}$ 和 $\dfrac{h_m}{K_m}\cdot\sqrt{a_m\tau}$ 可查知无因次温度 $\dfrac{T-T_0}{T_s-T_0}$。

例9-3：试确定厚度为100mm的纯铁板件在厚铜模内浇注的全凝固时间和铸件全凝时刻铜模内壁表面的温度？已知模—金界面上综合给热系数为 $h=1420\mathrm{W/m^2\cdot\,^\circ C}$；材料的热物理性质和环境温度同前例9-2。

解：根据题意，按考虑界面热阻的金属模中纯金属的一维凝固做计算。所求的全凝固尺度为板件的厚度之半：$M=0.05\mathrm{m}$

1）全凝固时间。先求下述两个无因次量：

$$(T_M-T_0)\frac{C_s}{H_f}=(1539-27)\times\frac{0.670}{272}=3.72$$

$$\sqrt{K_s\rho_sC_s/K_m\rho_mC_m}=\sqrt{\frac{83.2\times7850\times0.670}{398.0\times8900\times0.377}}=0.572$$

由图9-16查知相应的无因次温度 $\dfrac{T_s-T_0}{T_M-T_0}=0.44$，故可求出假想的中界面的温度 T_s 恒为：

$$T_s=T_0+0.44(T_M-T_0)=27+0.44\times(1539-27)$$
$$=692\,^\circ C$$

再利用式（9-49）求金属侧的等效给热系数 h_s：

$$h_s=h(1+\sqrt{K_s\rho_sC_s/K_m\rho_mC_m})$$
$$=1420\times\left(1+\sqrt{\frac{83.2\times7850\times0.670}{398.0\times8900\times0.377}}\right)$$
$$=1420\times(1+0.572)=2232.2\mathrm{W/m^2\cdot\,^\circ C}$$

利用式（9-48）求常数 B：

$$B=\frac{1}{2}+\sqrt{\frac{1}{4}+\frac{C_s(T_M-T_s)}{3H_f}}$$
$$=\frac{1}{2}+\sqrt{\frac{1}{4}+\frac{0.670\times(1539-692)}{3\times272}}$$
$$=\frac{1}{2}+\sqrt{0.9455}=1.472$$

最后代入式（9-47）求全凝固时间 τ_T，取 $S=M$ 有：

$$\tau_T=\left(\frac{h_s}{2K_s}\cdot M^2+M\right)\cdot\frac{\rho_sH_fB}{h_s(T_M-T_s)}$$

$$= \left(\frac{2232.2}{2 \times 83.2} \times 0.05^2 + 0.05 \right) \cdot \frac{7850 \times 272 \times 1.472}{2232.2 \times (1539 - 692) \times 10^{-3}}$$

$$= 139(s) \quad \text{或} \, 2.32 \text{min}$$

2）模子内表面温度。

求模子内表面温度需利用图9-18，为此要先求两个无因次量：

A．无因次量 $x / 2\sqrt{\alpha_m \tau}$。在模子内壁表面处 $x = 0$，故 $\dfrac{x}{2\sqrt{\alpha_m \tau}} = 0$。

B．无因次量 $\dfrac{h_m}{K_m}\sqrt{\alpha_m \tau}$。为此应先求出对模壁的等效给热系数 h_m，根据式（9-50）有：

$$h_m = h(1 + \sqrt{K_m \rho_m C_m / K_s \rho_s C_s}) = 1420\left(1 + \frac{1}{0.572}\right)$$

$$= 3902.5 (\text{W/m}^2 \cdot \text{℃})$$

$\therefore$

$$\frac{h_m}{K_m}\sqrt{\alpha_m \tau} = \frac{3902.5}{398} \times \sqrt{\frac{398 \times 139 \times 10^{-3}}{0.377 \times 8900}} = 1.26$$

查图9-18，得到无因次温度 $\dfrac{T - T_0}{T_s - T_0} = 0.6$，故可求知在铸件全凝固时模壁内表面温度为

$$T = T_0 + 0.6(T_s - T_0) = 27 + 0.6 \times (692 - 27) = 426℃$$

9.4 实际金属的凝固

上节所讨论的是可获得解析形式解的几种理想化情况，实际金属的凝固与理想化的情况有差别，主要在于以下三方面：

1）实际金属一般都是成分复杂的合金，凝固过程要通过液－固两相区。

2）凝固潜热在两相区内逐渐释放，释放的特征对两相区的形成和发展有重要的影响。

3）边界条件在几何和物理两方面都不一定规范，而且经常要处理高于一维的问题。

本节主要说明前两方面问题的处理方法，关于边界的不规范以及高维情况留在后文说明。

9.4.1 基本思路

曾作过许多努力来解析有两相区的实际金属的凝固问题，特别是采用图解积分法曾得到过一些有益的结果。70年代以后主要发展的是数值方法，基于这些数值解法允许对实际金属的凝固做深入的描述。现在处理凝固问题的基本思路是：认为在所论区域内有一个统一的温度场 $T(x, y, z, \tau)$，只是在固相、液相和固－液两相区中介质（金属）的物理性质不一样，这样相间的传热、相界面的移动转化为固相率的变化，而潜热的释放也与固相率的增加有关。这样处理后使得对两相区给出数学描述成为可能。

回忆前文9.1节中关于固相率的定义式（9-3）～（9-7），并假定在单位时间内某体积域

内的固相率增加的速率是$\partial g_s / \partial \tau$，这样凝固潜热的释放速率为$\rho H_f \frac{\partial g_s}{\partial \tau}$。对于一维问题传热的基本微分方程变为：

$$\rho C_p \frac{\partial T}{\partial \tau} = \frac{\partial}{\partial x}\left(K\frac{\partial T}{\partial x}\right) + \rho H_f \frac{\partial g_s}{\partial \tau} \qquad (9\text{-}53)$$

若令

$$\frac{\partial g_s}{\partial \tau} = \frac{\partial g_s}{\partial T}\cdot\frac{\partial T}{\partial \tau} \qquad (9\text{-}54)$$

移项整理后可得：

$$\rho\left(C_p - H_f\frac{\partial g_s}{\partial T}\right)\frac{\partial T}{\partial \tau} = \frac{\partial}{\partial x}\left(K\frac{\partial T}{\partial x}\right) \qquad (9\text{-}55)$$

若式（9-55）中固相率g_s与温度T的关系已知，则可结合其他定解条件求解。

9.4.2 液、固相线温度

实际金属的液、固相线温度T_L和T_s与合金成分有关，常由实测数据求出线性经验公式：

$$T_L = T_f - \sum_j a_j C_j \qquad (9\text{-}56)$$

$$T_s = T_f - \sum_j a_j' C_j \qquad (9\text{-}57)$$

式中　T_f——纯溶剂金属的熔点温度，℃；

C_j——第j种溶质的浓度，%；

a_j，a_j'——经验常数，对于钢铁材料可查阅《炼钢常用图表数据手册》和《连续铸钢手册》等。

例如对于18-8型Cr-Ni不锈钢，可使用下述经验式：

$$\begin{aligned}
T_L = 1536 - \{&78[\%C] + 7.6[\%Si] + 4.9[\%Mn] + \\
&34.4[\%P] + 38[\%S] + 4.7[\%Cu] + \\
&3.1[\%Ni] + 1.3[\%Cr] + 3.6[\%Al]\}
\end{aligned}$$

$$\begin{aligned}
T_s = 1536 - \{&415.5[\%C] + \\
&12.3[\%Si] + 6.8[\%Mn] \\
&+124.5[\%P] + 183.9[\%S] + 4.3[\%Ni] \\
&+1.4[\%Cr] + 4.1[\%Al]\}
\end{aligned}$$

做数值计算时判断相区，可采用如图9-19所示的逻辑。

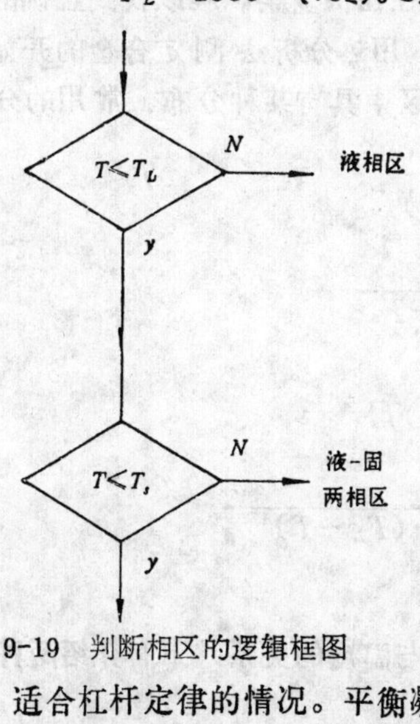

9.4.3 固相率

在实际合金凝固过程中液、固相线温度与溶质浓度C_j有关，而C_j又随固相率而改变，固相率又随温度而变化。在此对典型的情况给予说明：

图9-19　判断相区的逻辑框图

（1）适合杠杆定律的情况。平衡凝固，或固、液相中溶质扩散很快的情况，关于液

209

相中的溶质浓度C_L与原始的液相中平均浓度C_0之间的杠杆定律是：

$$C_L = \frac{C_0}{1 + f_s(K_0 - 1)} \tag{9-58}$$

可以导出温度与固相率f_s之间的关系：

$$T = T_f - \frac{T_f - T_L}{1 + f_s(K_0 - 1)} \tag{9-59}$$

或

$$f_s = \frac{1}{1 - K_0} \cdot \frac{T_L - T}{T_f - T} \tag{9-60}$$

式（9-58）～（9-60）中，K_0是溶质在液固两相间的平衡分配系数。

对于多元合金有：

$$T = T_f - \sum a_i \frac{C_0^i}{1 + f_s(K_0^i - 1)} \tag{9-61}$$

式中 C_0^i——第i种溶质原始的液相中的平均浓度；

K_0^i——第i种溶质在液固两相间的平衡分配系数。

（2）液相完全扩散，固相内无扩散的情况。溶质的质量守恒定律是：

$$C_0 = C_L f_L + \int_0^{f_s} C_s \, df_s \tag{9-62}$$

可以得到二元合金的谢尔（Scheih）公式

$$f_s = 1 - \left(\frac{T_f - T}{T_f - T_L}\right)^{1/(K_0 - 1)} \tag{9-63}$$

对于多元合金有：

$$T = T_f - \sum a_i C_0^i (1 - f_s)^{(K_0^i - 1)} \tag{9-64}$$

（3）液相完全扩散，固相内有限扩散。可以导出相应的结果，在此不予讨论。

（4）常用的工程处理方法。实际合金的成分往往很复杂，难以找到正确的相图和平衡分配系数K_0^i值。在工程上采用近似的处理方法：用热分析法测定合金的开始凝固温度T_L和凝固终了温度T_s，然后假定固相率f_s在两相区中具有某种分布。常用的分布有：

线性分布

$$T = T_L - (T_L - T_s) f_s \tag{9-65}$$

$$\therefore \quad \frac{\partial f_s}{\partial T} = -\frac{1}{T_L - T_s} \tag{9-66}$$

二次分布

$$T = T_L - (T_L - T_s) f_s^2 \tag{9-67}$$

$$\therefore \quad \frac{\partial f_s}{\partial T} = -\frac{1}{2} \cdot \frac{1}{(T_L - T_s)^{1/2} \cdot (T_L - T)^{1/2}} \tag{9-68}$$

9.4.4 潜热的处理

根据固相率与温度的关系可以求出潜热的释放与温度的关系，下面介绍两种常用的方法。

（1）等价比热法（亦称等效热容法）。该法因其物理意义较为直观，故应用较广泛。

若认为前文式（9-55）中等式右边括号内是某种意义下的等效热容：

$$C_{PE} = C_p - H_f \frac{\partial g_s}{\partial T} \tag{9-69}$$

则式（9-55）可化为典型的一维非稳态传导传热微分方程：

$$\rho C_{PE} \partial T / \partial \tau = \frac{\partial}{\partial x}\left(K \frac{\partial T}{\partial x}\right) \tag{9-70}$$

采用固相率f_s是温度T的线性函数式（9-66）的结果，并注意到前文可用g_s代替f_s的式（9-7），则得到等效热容为：

$$C_{PE} = C_p + \frac{H_f}{T_L - T_s} \tag{9-71}$$

式（9-71）应用甚广（若引用9.4.3中其他结果则可导出其他形式的等效热容，但都不便于应用）。对于凝固温度区间（$T_L - T_s$）很窄的合金，譬如在共晶点附近，采用等效热容法会导致较大的误差，特别是用差分方法做数值计算时需要增加有关的步骤。

引入等效热容C_{PE}后，合金凝固过程中两相区内的问题从形式上转化为普通的固体传导传热微分方程，这一点是非常重要的改进。

（2）热焓法。采用热焓与温度之间的关系来处理凝固潜热在两相区内的释放是目前更为流行的方法，表面上看热焓法的优点并不明显，实际上在用数值方法做计算时可以利用实测得到的热焓—温度数据（如前文图9-3），是很方便的。热焓法的突出优点是对各种情况都能适用，甚至在等温凝固或共晶点处也能应用。

包含凝固过程的物质的比热焓可写成下述形式：

$$H = H_0 + \int_{T_0}^{T} C_p dT + (1 - f_s) H_f \tag{9-72}$$

其中H_0是在基准温度T_0时物质的比热焓。

式（9-72）对温度T求导，得到：

$$\frac{\partial H}{\partial T} = C_p - H_f \frac{\partial f_s}{\partial T} \tag{9-73}$$

将式（9-73）与式（9-55）相比较，并取$g_s = f_s$，有：

$$\rho \frac{\partial H}{\partial T} = \frac{\partial}{\partial x}\left(K \frac{\partial T}{\partial x}\right) \tag{9-74}$$

式（9-74）是进一步分析讨论问题的基本微分方程。

例 9-4：图9-1所绘的Al-Cu合金，液相线温度的近似式为：$T_L = 660 - 339.39 C_0$，试求固相率f_s和df_s/dT与温度T的关系？

解：由前式（9-1）已求出图9-1中富铝侧溶质的平衡分配系数$K_0 = C_S/C_L = 0.171$，利用符合杠杆定律的二元合金式（9-60）有：

$$f_s = \frac{1}{1 - K_0} \cdot \frac{T_L - T}{T_f - T}$$

$$= \frac{1}{1 - 0.171} \times \frac{660 - 339.39 C_0 - T}{660 - T}$$

$$= 1.206 - \frac{409.4C_0}{660 - T}$$

以及

$$\frac{df_s}{dT} = \frac{-409.4C_0}{(660 - T)^2}$$

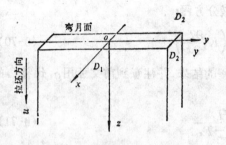

图 9-20　连铸坯凝固问题的坐标系

注意，此结果只适合于含铜量 $C_0 < 5.7\%$ 的情况。

9.5　连铸坯凝固传热的数学模型

本节按解析模型、离散模型和计算机实现三个阶段来讲述连铸坯凝固传热的数学模型。这个数学模型只要稍做修改就可用于其他从凝固现象为基础的单元设计，如钢锭、铸件以及电渣重熔等工程技术。

9.5.1　解析模型

根据连铸坯凝固传热微分方程及其定解条件建立解析模型。

（1）定义问题。如图9-20所示，取结晶器内弯月面的几何中心点为时空坐标系 $oxyz\tau$ 的原点。拉坯方向取为 z 方向，并设想时间轴 $o\tau$ 与 oz 轴重合。取某一大于连铸冶金长度 L_m 的尺度 L 为 z 的上界，相应的有时间上界 τ_0。

在上述时空坐标系内定义了铸坯温度场函数 $T(x, y, z, \tau)$，简记作 T。所论域为：

$$0 \leqslant x \leqslant D_1, \ 0 \leqslant y \leqslant D_2, \ 0 \leqslant z \leqslant L, \ 0 \leqslant \tau \leqslant \tau_0$$

由图9-20可看出这是铸坯的1/4或1/8（考虑到几何和物理的对称性）。

（2）基本微分方程。基于前文9.4中的讨论，对于铸坯内的固相区、液相区 和 固—液两相区都可用统一形式的非稳态传导传热基本微分方程：

$$\frac{\partial}{\partial \tau}(\rho CT) = \mathrm{div}(K \ \mathrm{grad} \ T) \tag{9-75}$$

并考虑到以下五点：

1）实测结果表明 z 方向的热流所占比例很小，故问题退化为空间二维。

2）在稳定生产的条件下拉坯速度 u 恒定，铸坯内各点温度处于定态（准稳态）。这样可利用 $u = dz/d\tau$ 将时间坐标转化为空间 z 坐标。

3）用比热焓 $H = CT$ 代替温度做因变量（场函数）。

4）在每个相区内认为金属的密度为常数。对于固相、液相和两相区分别是 ρ_s，ρ_l、ρ_f。

5）导热系数 K 是温度的线性函数。在已凝固的铸坯中有：

$$K = a + bT \tag{9-76}$$

其中 a 和 b 均为经验常数，主要与合金成分有关。

对于液芯内的传热，一般仍采用固体传导传热的形式，只是引入有效传 导 传 热 系 数 K_{eff} 来修正，取

$$K_{eff} = n \cdot K \tag{9-77}$$

其中 n 为修正系数，根据情况在 $1\sim10$ 范围内取值，常为整数。

与上述类似，固液两相区中采用K'_f来修正，取为固、液相之均数：

$$K'_{eff} = \frac{1+n}{2}K \tag{9-78}$$

由以上诸点得到基本微分方程，对于三个相区分别是：

固相区

$$u\rho_s \frac{\partial H}{\partial T} = K\left(\frac{\partial^2 T}{\partial x^2} + \frac{\partial^2 T}{\partial y^2}\right) + b\left[\left(\frac{\partial T}{\partial x}\right)^2 + \left(\frac{\partial T}{\partial y}\right)^2\right] \tag{9-79}$$

液相区

$$u\rho_l \frac{\partial H}{\partial T} = K_{eff}\left(\frac{\partial^2 T}{\partial x^2} + \frac{\partial^2 T}{\partial y^2}\right) + nb\left[\left(\frac{\partial T}{\partial x}\right)^2 + \left(\frac{\partial T}{\partial y}\right)^2\right] \tag{9-80}$$

两相区

$$u\rho_f \frac{\partial H}{\partial T} = K'_{eff}\left(\frac{\partial^2 T}{\partial x^2} + \frac{\partial^2 T}{\partial y^2}\right) + \frac{1+n}{2}b\left[\left(\frac{\partial T}{\partial x}\right)^2 + \right.$$

$$\left. \left(\frac{\partial T}{\partial y}\right)^2\right] \tag{9-81}$$

（3）定解条件。

1）初始条件。

$$\tau = 0时，z = 0，有 T_0 = T_{MM}，H_0 = H_{MM} \tag{9-82}$$

式中　　T_0、H_0——分别为初始温度和初始（比）热焓；

T_{MM}和H_{MM}——分别为注入结晶器后钢水的温度和相应的（比）热焓。

2）中心边界条件。

假定铸坯的凝固传热是关于oxz面和oyz面对称的，故在中心处热流和温度梯度均为零。

$$\left.\frac{\partial T}{\partial x}\right|_{x=0} = \left.\frac{\partial T}{\partial y}\right|_{y=0} = 0 \tag{9-83}$$

3）边界条件。

铸坯表面散热均按下式处理：

$$-K\left.\frac{\partial T}{\partial x}\right|_{x=D_1} = q^{(1)} \qquad -K\left.\frac{\partial T}{\partial y}\right|_{y=D_2} = q^{(2)} \tag{9-84}$$

式中$q^{(1)}$和$q^{(2)}$分别是两个侧面上的热流密度，沿拉坯方向上又有多种情况：

A、结晶器内：结晶器内的热流密度沿高度的分布是不均匀的，康卡斯特（Concast）实测的结果如图9-21所绘，其他工厂也有类似的实测结果。作为边界条件常采用以下两类方法：

a、取平均热流密度$\overline{q}_m$做为结晶器内热流密度值。

b、将结晶器沿高度方向划分为p段，每段内取不同的常数值

q_{mi}，其中$i=1$，2，$\cdots\cdots$，p

B、二冷区。连铸机二冷常分成许多段，各段喷淋冷却条件都不相同，例如某厂连铸机的二冷配水方案如图9-22。

对于二冷区，习惯上采用下式计算表面热流密度：

$$q_{Rj} = h_{Rj}(T - T_{WR}) \tag{9-85}$$

其中 q_{Rj}——第j段二冷的表面热流密度，

$j=1$，2，$\cdots\cdots$，r。r是二冷的分段个数。

T_{WR}——二冷段喷淋水温度。

h_{Rj}——第j段的综合给热系数。

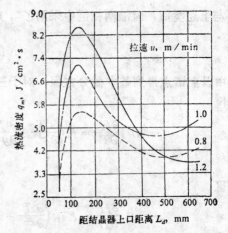

图 9-21　结晶器内热流密度的实测结果

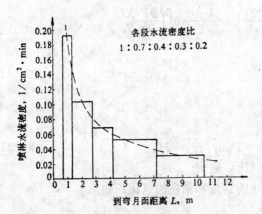

图 9-22　某连铸机的二冷配水方案
（160×1280mm板坯）

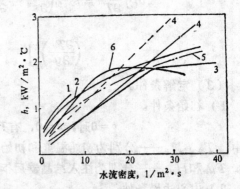

图 9-23　水流密度对给热
系数的影响

1—Bolle；2—Ishiguro；3—Sasaki；4—
Mizika；5—Nozaki；6—Alberny

在工程中常通过实验来确定某类型的喷嘴的水量与表面综合给热系数的关系，经验公式的一般形式是：

$$h_{Rj} = A_j \cdot W_j^{a_j} \tag{9-86}$$

式中　A_j 和 α_j——为实验求得的经验常数；

W_j——第j段喷淋水的单位表面积平均水流密度。

不同资料给出的实验结果，对比绘成图9-23。

C、空冷段：空冷段的表面散热按辐射散热计算热流密度q_a。

$$q_a = \varepsilon\sigma\left[\left(\frac{T+273}{100}\right)^4 - \left(\frac{T_a+273}{100}\right)^4\right] \tag{9-87}$$

式中　T_a 和 T——分别是环境温度和铸坯表面温度，℃；

ε——钢坯表面黑度。

σ——斯蒂芬—玻尔兹曼常数，$\sigma = 5.76 \times 10^{-8}\,\text{W/m}^2 \cdot \text{K}$。

（4）铸坯断面形状。

1）矩形坯：$\qquad D_1 \neq D_2$

2）方坯：$\qquad D_1 = D_2 = D$

3）板坯：若铸坯的宽度方向的尺度 D_2 为厚度方向的尺度 D_1 的三至五倍以上（$D_2 \geqslant (3\sim5)D_1$），宽度方向（$y$ 方向）的热流相对较少，可以不考虑，则有关 y 方向的各项均消失，问题退化为一维非稳态。

由基本微分方程式（9-79）～（9-81），及其定解条件式(9-82)～(9-87)构成了连铸坯凝固传热的解析模型（这个解析模型简记作CCMM—1），显然不能解析求解。

9.5.2 离散模型

为了求解连铸坯凝固传热问题需采用数值方法，如有限差分法、有限元法、边界元法等，其中以显式有限差分方法应用最为广泛。

一切数值方法都是借助于坐标的离散化，将函数也离散化，然后逐个计算每个离散点上的函数值。也就是说首先要将解析模型改造成离散模型，然后对离散模型求解。离散化方法和求解方法都与所用的数值方法有关，特别是对于某一个解析模型可用的数值方法往往不只一种，也就是说可以有好几个离散模型与之相对应。

采用显式有限差分法将前述连铸坯凝固传热的解析模型CCMM-1改造成离散模型CCMM-2，坐标离散化网格如图9-24所示，离散化过程和结果如下。

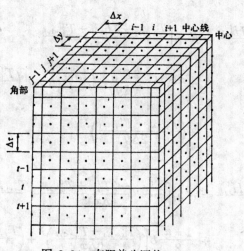

图 9-24 有限差分网格

记在 $x = x_i$，$y = y_j$ 和 $z = z^t$（即 $\tau = \tau^t$）处的温度值为 $T^t_{i,j}$，热焓值是 $H^t_{i,j}$，则有：

比热焓的一阶向前差商

$$\left(\frac{\partial H}{\partial z}\right)^t_{i,j} = \frac{H^{t+1}_{i,j} - H^t_{i,j}}{\Delta z} \tag{9-88}$$

温度的一阶中心差商

$$\left(\frac{\partial T}{\partial x}\right)^t_{i,j} = \frac{T^t_{i+1,j} - T^t_{i-1,j}}{2\Delta x} \tag{9-89}$$

$$\left(\frac{\partial T}{\partial y}\right)^t_{i,j} = \frac{T^t_{i,j+1} - T^t_{i,j-1}}{2\Delta y} \tag{9-90}$$

温度的二阶中心差商

$$\left(\frac{\partial^2 T}{\partial x^2}\right)^t_{i,j} = \frac{T^t_{i+1,j} - 2T^t_{i,j} + T^t_{i-1,j}}{(\Delta x)^2} \tag{9-91}$$

$$\left(\frac{\partial^2 T}{\partial y^2}\right)^t_{i,j} = \frac{T^t_{i,j+1} - 2T^t_{i,j} + T^t_{i,j-1}}{(\Delta y)^2} \tag{9-92}$$

这样，三个相区内的基本微分方程化为离散的差分方程：

固相区

$$u\rho_s \frac{H^{t+1}_{i,j} - H^t_{i,j}}{\Delta z} = K\Bigg[\frac{T^t_{i+1,j} - 2T^t_{i,j} + T^t_{i-1,j}}{(\Delta x)^2}$$

$$+ \frac{T^t_{i,j+1} - 2T^t_{i,j} + T^t_{i,j-1}}{(\Delta y)^2}\Bigg] + b\Bigg[\left(\frac{T^t_{i+1,j} - T^t_{i-1,j}}{2\Delta x}\right)^2$$

$$+ \left(\frac{T^t_{i,j+1} - T^t_{i,j-1}}{2\Delta y}\right)^2\Bigg] \tag{9-93}$$

液相区

$$u\rho_l \frac{H^{t+1}_{i,j} - H^t_{i,j}}{\Delta z} = K_{\text{eff}}\Bigg[\frac{T^t_{i+1,j} - 2T^t_{i,j} + T^t_{i-1,j}}{(\Delta x)^2}$$

$$+ \frac{T^t_{i,j+1} - 2T^t_{i,j} + T^t_{i,j-1}}{(\Delta y)^2}\Bigg] + nb\Bigg[\left(\frac{T^t_{i+1,j} - T^t_{i-1,j}}{2\Delta x}\right)^2$$

$$+ \left(\frac{T^t_{i,j+1} - T^t_{i,j-1}}{2\Delta y}\right)^2\Bigg] \tag{9-94}$$

两相区

$$u\rho_f \frac{H^{t+1}_{i,j} - H^t_{i,j}}{\Delta z} = K'_{\text{eff}}\Bigg[\frac{T^t_{i+1,j} - 2T^t_{i,j} + T^t_{i-1,j}}{(\Delta x)^2} + \frac{T^t_{i,j+1} - 2T^t_{i,j} + T^t_{i,j-1}}{(\Delta y)^2}\Bigg]$$

$$+ \frac{1+n}{2} b\Bigg[\left(\frac{T^t_{i+1,j} - T^t_{i-1,j}}{2\Delta x}\right)^2 + \left(\frac{T^t_{i,j+1} - T^t_{i,j-1}}{2\Delta y}\right)^2\Bigg] \tag{9-95}$$

初始点处仍为：

$$T^0_{i,j} = T_{MM}, \qquad H^0_{i,j} = H_{MM} \tag{9-96}$$

边界点处的差分方程是：

中心点处：取 $i = N_x$，$j = N_y$，以固相为例有

$$u\rho_s \frac{H^{t+1}_{i,j} - H^t_{i,j}}{\Delta z} = 2K\Bigg[\frac{T^t_{i-1,j} - T^t_{i,j}}{(\Delta x)^2} + \frac{T^t_{i,j-1} - T^t_{i,j}}{(\Delta y)^2}\Bigg] \tag{9-97}$$

在中心线上：$i = N_x$，$0 < j < N_y$；或 $0 < i < N_x$，$j = N_y$。仍以固相为例：

$$u\rho_s \frac{H_{i,j}^{t+1}-H_{i,j}^t}{\Delta z}=2K\frac{T_{i-1,j}^t-T_{i,j}^t}{(\Delta x)^2}+K\frac{T_{i,j+1}^t-2T_{i,j}^t+T_{i,j-1}^t}{(\Delta y)^2}$$

$$+b\left(\frac{T_{i,j+1}^t-T_{i,j-1}^t}{2\Delta y}\right)^2$$

$$i=N_x,\ 0<j<N_y \tag{9-98}$$

$$u\rho_s \frac{H_{i,j}^{t+1}-H_{i,j}^t}{\Delta z}=K\frac{T_{i+1,j}^t-2T_{i,j}^t+T_{i-1,j}^t}{(\Delta x)^2}+2K\frac{T_{i,j-1}^t-T_{i,j}^t}{(\Delta y)^2}$$

$$+b\left(\frac{T_{i-1,j}^t-T_{i+1,j}^t}{2\Delta x}\right)^2$$

$$0<i<N_x,\ j=N_y, \tag{9-99}$$

在铸坯表面处，为固相。$i=0$，$0<j<N_y$ 或 $0<i<N_x$，$j=0$ 处分别有：

$$u\rho_s \frac{H_{i,j}^{t+1}-H_{i,j}^t}{\Delta z}=2\left[\frac{K(T_{i+1,j}^t-T_{i,j}^t)}{(\Delta x)^2}-\frac{q}{\Delta x}\right]$$

$$+K\frac{T_{i,j+1}^t-2T_{i,j}^t+T_{i,j-1}^t}{(\Delta y)^2}+b\left[\left(\frac{q}{K}\right)^2+\left(\frac{T_{i,j+1}^t-T_{i,j-1}^t}{2\Delta y}\right)^2\right]$$

$$i=0,\ 0<j<N_y \tag{9-100}$$

$$u\rho_s \frac{H_{i,j}^{t+1}-H_{i,j}^t}{\Delta z}=K\frac{T_{i+1,j}^t-2T_{i,j}^t+T_{i-1,j}^t}{(\Delta x)^2}$$

$$+2\left[\frac{K(T_{i,j+1}^t-T_{i,j-1}^t)}{(\Delta y)^2}-\frac{q}{\Delta y}\right]+b\left[\left(\frac{T_{i+1,j}^t-T_{i-1,j}^t}{2\Delta x}\right)^2+\left(\frac{q}{K}\right)^2\right]$$

$$0<i<N_x,\ j=0 \tag{9-101}$$

角部，$i=0$，$j=0$，为固相：

$$u\rho_s \frac{H_{i,j}^{t+1}-H_{i,j}^t}{\Delta z}=2\left[\frac{K(T_{i+1,j}^t-T_{i,j}^t)}{(\Delta x)^2}-\frac{q}{\Delta x}\right]$$

$$+2\left[\frac{K(T_{i,j+1}^t-T_{i,j-1}^t)}{(\Delta y)^2}-\frac{q}{\Delta y}\right]+b\left[2\left(\frac{q}{K}\right)^2\right]$$

$$i=0,\ j=0 \tag{9-102}$$

以上式（9-93）～（9-102）构成了连铸坯凝固传热的有显式有限差分形式 的离散模型CCMM-2，其中各项系数、表面热流密度等均同前文中的解析模型。另外，在中心点和中心线上的式（9-97）～（9-99）均有固相、液相和固液两相的三种情况。

显式有限差分计算要求稳定性和收敛性条件，在z方向上的步长Δz受到 横截 面上空间步长Δx和Δy的制约，稳定性和收敛性条件是：

$$\Delta z\leqslant \frac{1}{2}\ \frac{\rho C}{K}\ \frac{(\Delta x)^2\cdot(\Delta y)^2}{(\Delta x)^2+(\Delta y)^2}\cdot u \tag{9-103}$$

对三个相区的ρ，C，K应分别验算。

表9-1列出一个实际的连铸坯凝固传热数学模型离散化的例子，铸坯断面尺寸为180×180mm，冶金长度11m，拉坯速度1.1m/min。

表 9-1　显式差分用的步长和节点个数

$\Delta x = \Delta y$ cm	$\Delta \tau$ s	ΔZ cm	节点个数 N
1.5	1.01	1.85	29,088
1.0	0.45	0.82	125,000
0.5	0.113	0.21	1,890,952
0.3	0.074	0.135	14,285,135
0.25	0.051	0.093	29,527,450

9.5.3　计算机实现

有了差分形式的离散模型CCMM-2就可以从初始时刻$\tau = 0$，$z = 0$（即上 标$t = 0$处）出发递推求得以后每个时间间隔上各空间点处的离散温度值$T^t_{i,j}$。如表9-1所列，离散的节点个数很多，故数值计算量非常大，必需借助于电子计算机做为高速计算工具才能在有意义的允许时间内完成计算。

到70年代中期，求解连铸坯凝固传热问题还是一项较为困难的工作。由于计算机技术

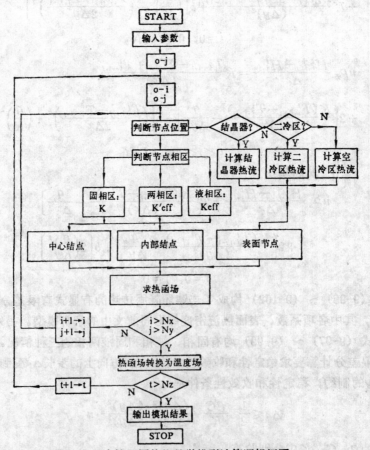

图 9-25　连铸凝固传热数学模型计算逻辑框图

的发展，目前一般的通用微机已能胜任。在一定的计算机硬件、软件的支持下，将离散模

型CCMM-2编制成计算机程序。并根据需要设置各种输入、输出功能，最后形成可操作和应用的软件，这就是数学模型的计算机实现，或称之为连铸坯凝固传热的计算机模型，简记作CCMM-3，图9-25是其逻辑框图。

综上所述，凝固传热数学模型有三种含义，或者说建模过程一般包括三个阶段：

（1）通过对现象或工程问题的物理（化学）的本质规律的分析和认识，建立解析形式的数学模型（这里是CCMM-1）。

（2）结合数值求解方法，将解析形式的数学模型改造成离散模型(相应的是CCMM-2)。

（3）计算机实现后的计算机模型或程序软件（这里是CCMM-3）。

9.6 连铸工艺的CAO/CAD

建立数学模型和求解都不是目的，只是实现目的的手段和工具准备，目的在于计算机辅助操作（CAO）和计算机辅助设计（CAD），当然最终还希望实现过程的计算机控制。现仍结合连铸说明冶金单元过程的CAO和CAD。

9.6.1 连铸坯凝固过程的计算机模拟

用数学模型对工艺过程做模拟以显示操作工艺和各项参数对过程特征的定量影响是数学模型最基本的功能。利用9.5节中所介绍的连铸坯凝固传热数学模型CCMM做模拟实验的一些结果绘于图9-26中的 a，b，c，d。这些模拟试验是非常简便而经济的，类似的实验如果在工程条件下做热态试验显然是非常昂贵的，有些实验甚至是不可能的。

9.6.2 连铸工艺的计算机辅助操作（CAO）

现以某厂矩形坯连铸的二冷配水方案的改进来说明计算机辅助操作（CAO)的实际应用。该铸机的原工艺中二冷配水制度如图9-27a所绘，铸机的设备和工艺参数以及典型的钢种（45号钢）的有关热物理性质见表9-2和表9-3，将这些数据输入到数学模型中做模拟计算，CCMM的模拟结果绘于图9-28。由图9-28看出在二冷一段的出口处坯表面温度太低，随后温度回升又太快，这样容易产生裂纹和其它缺陷。因此对二冷配水方案进行调整，并给出相应的数学模拟结果。例如一种改进的配水方案绘于图9-27b，相应的模拟结果也对比绘于图9-28，不难看出改进的配水制度效果优于原工艺。

9.6.3 连铸工艺制度的计算机辅助设计（CAD）

这里所讲的计算机辅助设计与机械制造行业中流行的CAD的概念有所不同，后者还强调绘图等功能的应用。本书则着眼于冶金单元设计的延伸。

某合金钢方坯连铸机准备浇注一新钢种（记为st.1），现需对其二冷配水制度提出工艺设计。做法如下：

（1）查知该钢种的热物理数据（如表9-4）；根据生产经验和资料，选定各控制点的铸坯表面温度目标值（如表9-5）；预选铸机各段喷嘴配置如表9-6；喷嘴的流量—压力（$Q-P$）特性已知，见图9-29。

（2）选取三组注温—拉速工况，对每种工况设定五种可能的二冷配水制度，见表9-7。

（3）将表9-7数据输入数学模型CCMM做模拟计算，结果列于表9-8。表9-8中还给出了配水量Q与指定位置处铸坯表面温度T_s的线性回归结果：

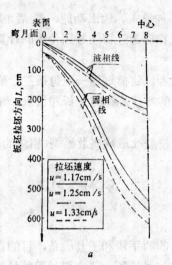

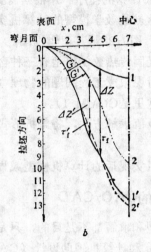

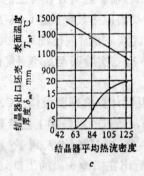

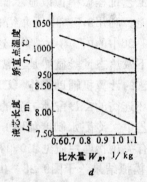

图 9-26 连铸过程的计算机模拟结果

a—拉坯速度对固、液相线发展的影响（160×12800mm扁坯）；b—模拟的搅拌对
两相区发展的影响（140×140mm方坯），1、1′—无搅拌时的液、固相线；2、2′—
有电磁搅拌液固相线；ΔZ、ΔZ′—两相区宽度；τ_f、τ'_f—当地凝固时间；
G、G′—梯度方向两相区宽度；c—结晶器平均热流密度对出口处坯壳厚度及表面
温度的影响（140×140mm方坯）；d—二冷总比水量对液芯长度及矫直点表面温度
的影响（140×140mm方坯）

表 9-2　45钢的热物理性质

钢　　种	45	T_S, ℃	1403	T_l, ℃	1485	H_f, J/g	272
C_{PS}[J/g·℃]		0.711	C_{P1}, J/g·℃	0.878		C_{eff}, J/g·℃	4.027
温　度 T[℃]		500	1403		1485		1530
热　函 H[J/g]		355	996.13		1326.34		1365.94

表 9-3 模拟计算输入参数及其取值

参　　　　数		取　　值
热物性参数	液相线温度T_l，℃	1485
	固相线温度T_S，℃	1403
	密度ρ，g/cm³	7.4
	导热系数K，W/cm²·℃	$0.1588 + 1.15 \times 10^{-4}T$
	黑度ε，	0.8
	对流等效系数n，	3
	$H-T$关系	见表 9-2
工艺参数	钢种	45
	铸坯断面，mm	160×260
	冷却水温度T_W，℃	25
	空气温度T_a，℃	25
	浇铸温度T_c，℃	1550
	拉坯速度u，m/min	1.3
	二冷各段配水量，t/h	
	足辊段	25.28
	1　段	10.00
	2　段	—
	3　段	—
设备参数	结晶器有效长度，mm	700
	二冷区长度，mm	
	足辊段	570
	1　段	1580
	2　段	4925
	3　段	4975
	冶金长度　m	14.2

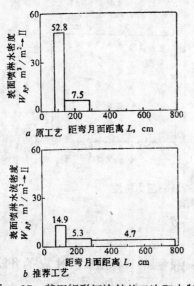

图 9-27　某厂矩形坯连铸的二冷配水制度

a—原工艺方案；b—推荐的工艺方案

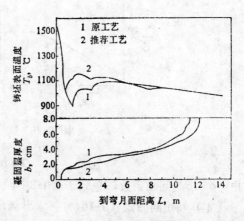

图 9-28　模拟计算结果

1—原工艺 结果；2—推荐的工艺结果

表 9-4　钢的热物理性质数据

钢　　种	st, 1	T_S, ℃	1438	T_l, ℃	1512	H_f, J/g	283.40
C_{Ps}, J/g·℃			0.711	C_{Pl}, J/g·℃	0.878	C_{eff}, J/g·℃	4.541
温　度T, ℃		600		1438	1512		1550
热函H, J/g		426.66		1022.41	1358.44		1391.80

表 9-5　控制点的目标温度

控制点位置Z, m	1.20	1.50	2.60	4.00
目标温度T, ℃	1110	1120	1120	1110

表 9-6　预选喷嘴配置方案

二冷段号	1	2	3	4
喷嘴型号	B	B	C	C

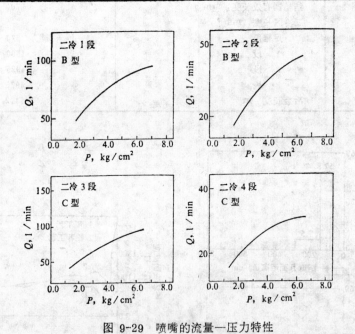

图 9-29　喷嘴的流量—压力特性

$$Q = \alpha T_b + \beta \qquad (9\text{-}104)$$

式中　α和β是回归系数，也列于表9-8中。

（4）利用回归式（9-104）再求出满足各控制点的目标温度所对 应 的各段合理喷水量Q_j^*。

（5）考虑到各段所选用的喷嘴的Q—P特性图9-29，按以下的二次式回归Q_j^*与拉坯

表 9-7 模拟试验各参数取值

参 数		取 值		
热物性参数	液相线温度T_l，℃	1512		
	固相线温度T_S，℃	1438		
	密度ρ，g/cm³	7.4		
	导热系数K，W/cm²·℃	$0.1588 + 1.15 \times 10^{-4}T$		
	黑度ε	0.8		
	对流等效系数n	3		
	$H—T$关系	见表 9-4		
工艺参数	钢种	st.1		
	铸坯断面，mm	180×180		
	冷却水温度T_W，℃	25		
	空气温度T_a，℃	25		
	浇铸温度T_c，℃	1552	1547	1542
	拉坯速度u，m/min	1.0	1.1	1.2
	二冷各段配水量，1/min			
	第1段 （1）	64.00	68.00	72.00
	（2）	66.00	70.00	74.00
	（3）	68.00	72.00	76.00
	（4）	70.00	73.00	78.00
	（5）	72.00	75.00	80.00
	第2段 （1）	30.00	31.00	35.00
	（2）	32.00	33.00	38.00
	（3）	35.00	35.00	40.00
	（4）	38.00	40.00	45.00
	（5）	40.00	45.00	50.00
	第3段 （1）	57.00	65.00	72.00
	（2）	60.00	69.00	76.00
	（3）	63.00	73.00	82.00
	（4）	67.00	77.00	84.00
	（5）	70.00	80.00	88.00
	第4段	20.00	20.00	20.000

表 9-8 模拟试验结果（三组注温—拉速工况分别为表 (a)，(b)，(c)）

(a)

组 别	二冷段	第 1 段	温度控制点坐标	$Z = 1.20$		目标温度，T_{aim}，℃		1110
1—1	$u = 1.0$m/min		Q，1/min	64.0	66.0	68.0	70.0	72.0
			T_b，℃	1116	1110	1104	1098	1092
	计算喷水量	$Q = 69.33$ 1/min	$Q—T_b$ 关系式			$Q = -0.333T + 436$		
1—2	$u = 1.1$m/min		Q，1/min	68.0	70.0	72.0	73.0	75.0
			T_b，℃	1122	1116	1110	1108	1002
	计算喷水量	$Q = 72.20$1/min	$Q—T_b$ 关系式			$Q = -0.35T + 460.7$		
1—3	$u = 1.2$m/min		Q，1/min	72.0	74.0	76.0	78.0	80.0
			T_b，℃	1120	1115	1110	1105	1100
	计算喷水量	$Q = 76.00$ 1/min	$Q—T_b$ 关系式			$Q = -0.4T + 520$		

(b)

组　别	二冷段	第2段	温度控制点坐标	$Z = 1.50$		目标温度，T_{aim}，℃		1120
2—1	$u = 1.0\text{m/min}$		Q，$1/\text{min}$	30.0	32.0	35.0	38.0	40.0
			T_b，℃	1129	1122	1111	1101	1094
	计算喷水量		$Q = 34.291/\text{min}$	$Q-T_b$ 关系式		$Q = -0.2857T + 352.571$		
2—2	$u = 1.1\text{m/min}$		Q，$1/\text{min}$	31.0	33.0	35.0	40.0	45.0
			T_b，℃	1145	1138	1131	1115	1099
	计算喷水量		$Q = 38.606\ 1/\text{min}$	$Q-T_b$ 关系式		$Q = -0.304T + 379.478$		
2—3	$u = 1.2\text{m/min}$		Q，$1/\text{min}$	35.0	38.0	40.0	45.0	50.0
			T_b，℃	1144	1135	1129	1114	1100
	计算喷水量		$Q = 43.181\ 1/\text{min}$	$Q-T_b$ 关系式		$Q = -0.341T + 425$		

(c)

组　别	二冷段	第3段	温度控制点坐标	$Z = 2.60$		目标温度，T_{aim}，℃		1120
3—1	$u = 1.0\text{m/min}$		Q，$1/\text{min}$	57.0	60.0	63.0	67.0	70.0
			T_b，℃	1127	1123	1118	1113	1109
	计算喷水量		$Q = 67.800\ 1/\text{min}$	$Q-T_b$ 关系式		$Q = -0.722T + 870.94$		
3—2	$u = 1.1\text{m/min}$		Q，$1/\text{min}$	65.0	69.0	73.0	77.0	80.0
			T_b，℃	1133	1127	1122	1118	1113
	计算喷水量		$Q = 74.374\ 1/\text{min}$	$Q-T_b$ 关系式		$Q = -0.750T + 914.37$		
3—3	$u = 1.2\text{m/min}$		Q，$1/\text{min}$	72.0	76.0	82.0	84.0	88.0
			T_b，℃	1136	1130	1123	1120	1115
	计算喷水量		$Q = 84.196\ 1/\text{min}$	$Q-T_b$ 关系式		$Q = -0.761T + 937.524$		

表 9-9　求得的各段配水参数值

二冷段号	a	b	c
1	46.50	−68.95	91.78
2	12.95	15.97	5.38
3	35.21	0.0	32.73
4	0.0	0.0	20.00

速度 u 的关系：

$$Q_j^* = au^2 + bu + c \tag{9-105}$$

求得的各段配水参数 a、b、c 的值列于表9-9。其中第四段的喷淋 水量取定值20N$1/\text{min}$。

（6）模拟验证。最后对所得到的工艺设计再利用数学模型CCMM做验证实验，即在允许的范围内选择不同的拉坯速度 u，然后由所得到的表9-9和式（9-105）确定各段的喷淋水量 Q_j，连同其他有关数据输入到CCMM中做模拟计算。

典型的验证模拟结果列于表9-10,对照设定的各给定位置处的铸坯表面温度目标值(表9-5),可以看出这个工艺设计是合适的,所设计的二冷配水制度能保证达到预期的工艺目标。

表 9-10 模拟验证结果

钢　　种	拉　坯　速　度,　m/min					
st.1.	1.0		1.1		1.2	
矫直点表面温度,℃	936		962		984	
液芯长度,m	8.20		9.10		10.00	
冷　却　段	段　末表面温度 T_b,℃	段　末坯壳厚度 b, cm	段　末表面温度 T_b,℃	段　末坯壳厚度 b, cm	段　末表面温度 T_b,℃	段　末坯壳厚度 b, cm
结　晶　器	1087	1.503	1089	1.446	1094	1.407
第　1　段	1110	1.630	1110	1.610	1112	1.583
第　2　段	1117	2.001	1120	1.759	1119	1.632
第　3　段	1116	2.416	1121	2.270	1119	2.195
第　4　段	1114	3.254	1120	3.080	1123	2.984

习　题　九

1. 根据以下实测结果估计各种质量的钢锭的结晶系数 C (mm/min$^{1/2}$)值 (参考式 (9-9))。假定钢锭是理想的圆柱体。

钢锭质量G(t)	21	30	38	115	250	440	550
锭等效圆直径D(mm)	890	1100	1270	1780	3300	3560	3810
全凝固时间τ_r (h)	5.0	6.5	10.4	20.0	70.0	82.0	94.0

2. 大板坯连铸机,铸坯断面尺寸为200×1200mm,最大许用拉坯速度$u_{max}=1.0$m/min,试按两种结晶系数$C=25$和28mm/min$^{\frac{1}{2}}$分别计算铸机的冶金长度L_m。

3. 将无过热的纯铁液铸入铸铁模子和水冷模子内,试问200mm厚的板形铸件的全凝固时间分别是多少分钟? 假定模子初始温度和环境温度都是25℃,计算中不考虑模一金界面热阻。
材料的热物理性质如下:

材料	C_p	ρ	K	H_f	T_M
	kJ/kg·℃	kg/m³	W/m·℃	kJ/kg	℃
纯铁	0.670	7850	83.2	272	1539
纯铜	0.377	8900	398.0	205	1083
纯铝	0.837	2700	222.0	214	660
铸铁	0.586	6800	50.2	—	—

4. 说明将纯铁液无过热地铸入厚铝模内是否会引起模子熔化? 若是纯铜模又如何? 计算中不考虑模一金界面热阻。材料的热物理性质见习题3。

5. 对于厚度为$2D$的大板坯,试写出其凝固传热的显式有限差分式。假定金属的液、固相线温度分别为T_L和T_S,凝固潜热H_f在两相区内呈线性释放;材料的固态导热系数恒为K,液态下$K_{eff}=7K$;铸坯表面综合散热系数为h。

6. 若习题5中$2D=200$mm,$T_L=1500$℃, $T_S=1400$℃, $H_f=272$kJ/kg, $K_S=83.2$W/m·℃.$\rho_S=$

$7800\mathrm{kg/m^3}$，$C_S = 0.67\mathrm{kJ/kg \cdot ^\circ C}$。试编制程序分别计算以下四种不同的表面散热条件下两相区的发展过程和全凝固时间?

工况 Ⅰ $h = 100 \ \mathrm{W/m^2 \cdot ^\circ C}$

工况 Ⅱ $h = 500 \ \mathrm{W/m^2 \cdot ^\circ C}$

工况 Ⅲ $h = 1000\mathrm{W/m^2 \cdot ^\circ C}$

工况 Ⅳ $h = 2000\mathrm{W/m^2 \cdot ^\circ C}$

主 要 参 考 文 献

[1] Geiger. G. H, Transport Phenomend in Matallurgy,1973, Addison Wesley

[2] 姚正译，竖炉热交换，冶金工业出版社，1964

[3] 郭慕荪，庄一安，流态化垂直系统中均匀球体的运动，科学出版社，1963

[4] Strassburger. J. H, Blast Furnace—Teory and Pnactice, Vol.2 p849, 1969

[5] Fine. H. A, Handbook on Material and Energy Balance Calculations in Metallurgical Pro-
cesses, 1979, ISBN №0-89520-360-x

[6] 刘述临，冶金单元设计概论，1988，中国金属学会

[7] Whitehead A. B. & D. C Dent, Proc, Int Symp, Fluidization Endhoven, 1976, 戴维森和哈里
森，流态化，科学出版社，1981

[8] 國井、大藏，O. 列文斯皮尔，流态化工程，石油化学工业出版社，1977

[9] 郭慕荪，流态化在化工冶金中的应用，科学出版社

[10] 王中礼，全国流态化会议报告文集，1964

[11] Darton, R. C et al, Trans Inst chem. Eng., 1977

[12] Wen, C. Y et al Huidization university Press, 1978

[13] 郭慕荪，庄一安，流态化—垂直系统中均匀球体和流体流动，科学出版社 1963

[14] 上潼具贞著，蹇人窝等译，粉粒体的空气输送，电力工业出版社，1982

[15] 黄标，气力输送，上海科技出版社，1984

[16] F. A. Zenz & D. F, Othmer, Fluidization and Fluid particle Systems, 1960

[17] 王尊孝等，化学工程手册第20篇流态化，化学工业出版社，1987

[18] J. R. Backhurst and J. H. Harker, Chemical Engineering, Volume IV, 1977

[19] G.H. 蓋格等著，俞景禄等译，冶金中传热传质现象，冶金工业出版社，1981

[20] Shapiro A. H., Dynamics Therodynamics of Compressille Fluid Flow, vol Ronald press Com-
pany, 1953, 中译本 可压缩流的动力学和热力学 上册，科学出版社，1966

[21] 刘人达，冶金炉热工基础，冶金工业出版社，1980

[22] 范光前，冶金单元操作及设计，北京钢铁学院，1983

[23] 王欲知，真空技术，四川科学技术出版社，1985

[24] 杨乃恒，真空获得设备，冶金工业出版社，1987

[25] 郭鸿震，真空系统设计与计算，冶金工业出版社，1986

[26] 燃化工业部化学工业设计院等，蒸汽喷射制冷设计手册，中国建筑工业出版社，1972

[27] 真空设计手册，国防工业出版社，1979

[28] 越智光昭、中岛英治、池森龟鹤，水平管による粒体の空气输送にすける压力损失，日本机械学会论文
集，1975

[29] C. M. Андоньев Охлаждение Доменных Печей, 1972, Мегаллутия

[30] J. M. Coulson, Chemical Engineering, Vol, I, 3rd edition, 1980

[31] L. E. Sissom, Elements of Transport Phenomena, 1975

[32] 鉄と鋼, 1976, 8, №9

[33] Flemings, M. C., 著，关玉龙等译，凝固过程，冶金工业出版社，1981

[34] 张先棹主编，冶金传输原理，冶金工业出版社，1988

[35] 曲 英主编，炼钢学原理，冶金工业出版社，1980

[36] 蔡开科主编，连续铸钢，科学出版社,1992

[37] 大中逸雄著，许云祥译，计算机传热凝固版析入门，机械工业出版社，1988

[38] 胡汉起，金属凝固，冶金工业出版社,1985

[39] 曲英主编，冶金反应工程学导论，冶金工业出版社，1988

[40] 杨伟方，单元操作，新兴图书公司，1979

[41] Kiichi Narita, Transaction of ISIJ 1976

[42] M. A. Мухеев, 传热学基础，王补宣译，高等教育出版社，1955

[43] K. Nakanishi et al., Ironmaking and Steelmaking, 1975

附录一 单位换算表

1. 质量

kg（公斤）	t	1b
1	0.001	2.20462
1000	1	2204.62
0.4536	4.536×10^{-4}	1

1Long ton（长吨）=1.016 t。

1sh ton（短吨）=0.9072 t。

1斯勒格（Slug）=32.1921b（质量）。

$1mg = 10^3 \gamma = 10^6 \gamma\gamma = 10^9 \gamma\gamma\gamma$。

2. 长度

m	in	ft	yd	m	in	ft	yd
1	39.3701	3.2808	1.09361	0.30480	12	1	0.33333
0.025400	1	0.073333	0.02778	0.9144	36	3	1

1 km=0.6214mile=0.5400nmile。

$1 \mu m = 10^{-6} m$，$1A = 10^{-10} m$。

1 mil=0.001in。

3. 面积

cm²	m²	in²	ft²
1	1×10^{-4}	0.15500	0.0010764
1×10^4	1	1550.00	10.7639
6.4516	6.4516×10^{-4}	1	0.006944
929.030	0.09290	144	1

$1km^2 = 100ha = 10,000a = 10^6 m^2$。

4. 容积

1	m³	ft²	UKgal	USgal
1	1×10^{-4}	0.03531	0.21998	0.26418
1×10^3	1	35.3147	219.975	264.171
28.3161	0.02832	1	6.2288	7.48048
4.5459	0.004546	0.16054	1	1.20095
3.7853	0.003785	0.13368	0.8327	1

5. 流量

l/s	m³/h	m³/s	USgal/min	ft³/h	ft³/s
1	3.6	0.001	15.850	127.13	0.03531
0.2778	1	2.778×10^{-4}	4.403	35.31	9.810×10^{-3}
1000	3600	1	1.5850×10^{-4}	1.2713×10^5	35.31
0.06309	0.2271	6.309×10^{-5}	1	8.021	0.002228
7.866×10^{-3}	0.02832	7.866×10^{-6}	0.12468	1	2.778×10^{-4}
28.32	101.94	0.02832	448.8	3600	1

6. 力

N	kgf	lb	dyn	PdI
1	0.102	0.2248	10^5	7.233
9.8067	1	2.205	980700	70.91
4.448	0.4536	1	4.448×10^5	32.17
10^{-5}	1.02×10^{-6}	2.248×10^{-6}	1	0.7233×10^{-4}
0.1383	0.01410	0.03110	13825	1

$1 \text{[N]} = 1 \text{[kgm/s}^2\text{]} = \dfrac{1}{9.81} \text{[kgf]} = 10^5 \text{[dyn]}$。

$1 \text{[Sn]}(\text{Sthene}) = 10^3 \text{[N]}$。

7. 密度

（1）换算表

g/cm³	kg/m³	lb/ft³	lb/Usgr
1	1000	62.43	8.345
0.001	1	0.6243	0.008345
0.01602	16.02	1	0.1337
0.1198	119.8	7.481	1

（2）气体中微量杂质常用ppm（百万分之一）表示。其换算关系如下：

1）如ppm系指气体中微量组成的体积含量（百万分数），则相应的每米³中的毫克数 N 为：

$$N(\text{mg/m}^3) = \text{ppm} \times \frac{M_i}{M_m / \rho_v}$$

式中　M_i——微量组成 i 的分子量；

M_m——混合气体的分子量；

ρ_v——混合气体的密度，kg/m^3。

对于常温（25℃）常压的气体 $M_m / \rho_v = 24.45$。

2）如ppm系指质量比（百万分数），

则 $N(\text{mg/m}^3) = \text{ppm}$（质量百万分数）$\cdot \gamma_v$

式中　ρ_v——混合气体的密度，kg/m^3。

8. 压力

N/m²（帕斯卡）	bar	kgf/cm²（工程大气压）	1bf/in²	atm（物理大气压）	mmHg		mmH₂O	
					mm	in	m	in
1	10^{-5}	1.0197×10^{-5}	14.5×10^{-5}	0.9869×10^{-5}	7.5×10^{-3}	29.53×10^{-5}	0.21×10^{-5}	4.018×10^{-5}
10^5	1	1.0197	14.50	0.9869	750.0	29.53	10.21	401.8
9.807×10^4	0.9807	1	14.22	0.9678	735.5	28.96	10.01	394.0
6895	0.06895	0.07031	1	0.06804	51.71	2.036	0.7037	27.70
1.0133×10^5	1.0133	1.0332	14.7	1	760	29.92	10.34	407.2
1.333×10^5	1.333	1.360	19.34	1.316	1000	39.37	13.61	535.67
3.386×10^5	0.03386	0.03453	0.4912	0.03342	25.40	1	0.3456	13.61
9798	0.09798	0.09991	1.421	0.09670	73.49	2.893	1	39.37
248.9	0.002489	0.002538	0.03609	0.002456	1.867	0.07349	0.0254	1

注，有时"bar"亦指1〔dyn/cm²〕，即相当于上表中之1/10⁶（亦称"巴利"）。
1〔kgf/cm²〕=98100〔N/m²〕。毫米水银柱亦称"托"（Torr）。

9. 动力粘度（通称粘度）

Pa·s(帕斯卡秒)	P	cP	kg/m·s	kg/m·h	1b/ft·s	kgf·s/m²
1	10	10^3	1	3.6×10^3	0.672	0.102
10^{-1}	1	100	0.1	360	0.06720	0.0102
10^{-3}	0.01	1	0.001	3.6	6.720×10^{-4}	0.102×10^{-3}
1	10	1000	1	3600	0.6720	0.102
2.778×10^{-4}	2.778×10^{-3}	0.2778	2.778×10^{-4}	1	1.8667×10^{-4}	0.283×10^{-4}
1.4881	14.881	1488.1	1.4881	5357	1	0.1519
9.81	98.1	9810	9.81	0.353×10^5	6.59	1

注：1P=1〔g/cm·s〕=1〔dyn·s/cm²〕。

10. 运动粘度

m²/s	(st), cm²/s	m²/h	ft²/s	ft²/h
1	10^4	3.6×10^3	10.76	38750
10^{-4}	1	0.360	1.076×10^{-3}	3.875
2.778×10^{-4}	2.778	1	2.990×10^{-3}	10.76
9.29×10^{-4}	929.0	334.5	1	3600
0.2581×10^{-4}	0.2581	0.0929	2.778×10^{-4}	1

（注）1cst=0.01mm²/s

11. 能量(功)

kJ	kg·m	kW·h	hp·h	kcal	Btu	ft·1bf
1	0.102	2.778×10^{-7}	3.725×10^{-7}	2.39×10^{-4}	9.485×10^{-4}	0.7377
9.8067	1	2.724×10^{-6}	3.653×10^{-6}	2.342×10^{-3}	9.296×10^{-3}	7.233
3.6×10^6	3.671×10^5	1	1.3410	860.0	3413	2655×10^3
2.685×10^6	273.8×10^3	0.7457	1	641.33	2544	1980×10^3
4.1868×10^3	426.9	1.1622×10^{-3}	1.5576×10^{-3}	1	3.968	3087
1.055×10^3	107.58	2.930×10^{-4}	3.926×10^{-4}	0.2520	1	778.1
1.3558	0.1383	0.3766×10^{-6}	0.5051×10^{-6}	3.239×10^{-4}	1.285×10^{-3}	1

注：1kcal=4186〔J〕，1erg=1〔dyn·cm〕=10^{-7}〔J〕。
1CHU=1.8英热单位（BTU）。   CHU（或PCU）为摄氏热单位（或称磅卡）。
1（N·m）=10^7〔erg〕=1〔J〕。

12. 功率

W	kW	kg·m/s	ft·1bf/s	electric horsepower	kcal/s	Btu/s
1	10^{-3}	0.10197	0.73556	1.341×10^{-3}	0.2389×10^{-3}	0.9486×10^{-3}
10^3	1	101.97	735.56	1.3410	0.2389	0.9486
9.8067	0.0098067	1	7.23314	0.01315	0.002342	0.009293
1.3558	0.0013558	0.13825	1	0.0018182	0.0003289	0.0012851
745.69	0.74569	76.0375	550	1	0.17803	0.70675
4186	4.1860	426.85	3087.44	5.6135	1	3.9683
1055.	1.0550	107.58	778.168	1.4148	0.251996	1

注: 1kW=1000 [J/s]。

13. 热容（比热）

J/g·℃	kcal/kg·℃	Btu/1b·°F	Btu/1b·℃
1	0.2389	0.2389	0.2389
4.186	1	1	1

14. 导热系数

W/ (m·K)	J/cm·s·℃	cal/cm·s·℃	kcal/m·h·℃	Btu/ft·h·°F
1	10^{-2}	2.389×10^{-3}	0.86	0.5779
10^2	1	0.2389	86.00	57.79
418.6	4.186	1	360	241.9
1.163	0.01163	0.002778	1	0.6720
1.73	0.01730	0.004134	1.488	1

15. 传热系数

W/(m²·K)	kcal/m²·h·℃	cal/cm²·s·℃	Btu/ft²·h·°F
1	0.86	2.389×10^{-5}	0.176
1.163	1	2.778×10^{-5}	0.2048
4.186×10^4	3.6×10^4	1	7374
5.678	4.882	1.3562×10^{-4}	1

注: 1 [Btu/ft²·h·°F] =1 [CHU/ft²·h·℃]。

　 1 [W/m²·℃] =3600 [J/m²·℃·h] =0.86 [kcal/m²·℃·h]。

16. 扩散系数

m²/s	cm²/s	m²/h	ft²/h	in²/s
1	10⁴	3600	3.875×10⁴	1550
10⁻⁴	1	0.360	3.875	0.1550
2.778×10⁻⁴	2.778	1	10.764	0.4306
0.2581×10⁻⁴	0.2581	0.09290	1	0.040
6.452×10⁻⁴	6.452	2.323	25.000	1

17. 表面张力

N/m	dyn/cm	g/cm	kgf/m	lbf /ft
1	10³	1.02	0.102	6.854×10⁻²
10⁻³	1	0.001020	1.020×10⁻⁴	6.854×10⁻⁵
0.9807	980.7	1	0.1	0.06720
9.807	9807	10	1	0.6720
14.592	14592	14.88	1.488	1

18. 温度换算

$$t\,℃ = \frac{F-32}{1.8}; \quad \Delta t\,℃ = \frac{\Delta F}{1.8}$$

$$K = t + 273.15$$

通用常数

（1）气体常数 R

$$R = 1.987kcal/(kmol \cdot K) = 0.0007805HP \cdot h/(lbmol \cdot °R)$$
$$= 8.3143J/(mol \cdot K) = 0.0005819kW \cdot h/(lbmol \cdot °R)$$
$$= 82.06atm \cdot cm^3/(mol \cdot K) = 0.7302atm \cdot ft^3/(lbmol \cdot °R)$$
$$= 0.08206atm \cdot m^3/(kmol \cdot K) = 21.85inHg \cdot ft^3/(lbmol \cdot °R)$$
$$= 62.366mmHg \cdot l/(mol \cdot K) = 554.95mmHg \cdot ft^3/(lbmol \cdot °R)$$
$$= 0.084778(kg/cm^2) \cdot m^3/(kmol \cdot K) = 10.731(lb/in^2) \cdot ft^3/(lbmol \cdot °R)$$
$$= 1.987Btu/(lbmol \cdot °R) = 1545.2ft \cdot lb/(lbmol \cdot °R)$$

（2）重力加速度 g

以纬度45°平均海平线处的重力加速度为准

$$g = 9.81m/s^2$$
$$= 32.17ft/s^2$$
$$= 4.17 \times 10^8 ft/h^2$$
$$= 1.27 \times 10^8 m/h^2$$

附录二 气体和液体的物性参数

1. 气体的基本常数

气体名称及分子式	分子量	密度 ρ_0 kg/Nm³	0℃定压比热 $C_P \times 10^{-3}$		0℃定容比热 $C_v \times 10^{-3}$		绝热指数 $K = \dfrac{C_P}{C_v}$	临界温度 $t_{临}$ (℃)	临界压力 $P_{临}$ (大气压)
			J/kg·℃	J/m³·℃	J/kg·℃	J/m³·℃			
氮 N_2	28.016	1.2507	1.046	1.302	0.745	0.929	1.40	−147.13	33.49
氢 H_2	2.016	0.0899	14.194	1.377	1.277	0.909	1.407	−239.9	12.8
氧 O_2	32.00	1.429	0.913	1.306	0.653	0.929	1.40	−118.82	49.713
氨 NH_4	17.032	0.771	2.068	1.574	1.604	1.218	1.29	+132.4	111.5
苯 C_6H_6	78.11	—	1.252	4.363	1.139	3.696	1.10	+288.5	47.7
空气	(28.95)	1.293	1.009	1.302	0.720	0.929	1.40	−140.7	37.2
水蒸气 H_2O	18.02	0.810	1.867	1.499	1.378	1.126	1.33	+374.0	224.7
一氧化碳 CO	28.01	1.250	1.043	1.302	0.754	0.929	1.40	−140.2	34.53
二氧化碳 CO_2	44.01	1.970	0.816	1.608	0.628	1.239	1.30	+31.1	72.9
二氧化硫 SO_2	64.07	2.927	0.632	1.733	0.502	1.386	1.25	+157.2	77.78
甲烷 CH_4	16.042	0.717	2.642	1.549	1.699	1.181	1.31	−82.1	45.7
乙烷 C_2H_6	30.068	1.356	1.729	3.324	1.445	1.934	1.20	+32.1	48.8
乙烯 C_2H_4	28.052	1.261	1.528	1.909	1.223	1.528	1.25	+9.5	50.7
乙炔 C_2H_2	26.036	1.171	1.683	1.955	1.352	1.578	1.24	+35.7	61.6
丙烷 C_2H_6	44.094	2.020	1.863	3.664	1.649	3.240	1.13	+95.6	43.0
硫化氢 H_2S	34.086	1.520	1.988	1.509	0.749	1.143	1.32	—	—

2. 干空气的物理性质 ($P = 760$ 毫米汞柱)

温度 t (℃)	密度 ρ kg/m³	比热 $C_P \times 10^{-3}$ J/kg·K	导热系数 $\lambda \times 10^2$ W/(m·K)	导温系数 $a \times 10^5$ m²/s	粘度 $\mu \times 10^5$ Pa·s	运动粘度 $v \times 10^6$ m²/s	普兰特数 P_r
−50	1.584	1.013	2.034	1.27	1.46	9.23	0.727
−40	1.515	1.013	2.115	1.38	1.52	10.04	0.723
−30	1.453	1.013	2.196	1.49	1.57	10.80	0.724
−20	1.395	1.009	2.278	1.62	1.62	11.60	0.717
−10	1.342	1.009	2.359	1.74	1.67	12.43	0.714
0	1.293	1.005	2.440	1.88	1.72	13.28	0.708
10	1.247	1.005	2.510	2.01	1.77	14.16	0.708
20	1.205	1.005	2.591	2.14	1.81	15.06	0.686
30	1.165	1.005	2.673	2.29	1.86	16.00	0.701
40	1.128	1.005	2.754	2.43	1.91	16.96	0.696
50	1.093	1.005	2.824	2.57	1.96	17.95	0.697
60	1.060	1.005	2.893	2.72	2.01	18.97	0.698

温 度 t (℃)	密 度 ρ kg/m³	比 热 $C_P \times 10^{-3}$ J/kg·K	导热系数 $\lambda \times 10^2$ W/(m·K)	导热系数 $\alpha \times 10^5$ m²/s	粘 度 $\mu \times 10^5$ Pa·s	运动粘度 $\nu \times 10^6$ m²/s	普兰特数 Pr
70	1.029	1.009	2.963	2.86	2.06	20.02	0.701
80	1.000	1.009	3.044	3.02	2.11	21.09	0.699
90	0.972	1.009	3.126	3.19	2.15	22.10	0.693
100	0.946	1.009	3.207	3.36	2.19	23.13	0.695
120	0.898	1.009	3.335	3.68	2.29	25.45	0.692
140	0.854	1.013	3.486	4.03	2.37	27.80	0.688
160	0.815	1.017	3.637	4.39	2.45	30.09	0.685
180	0.779	1.022	3.777	4.75	2.53	32.49	0.684
200	0.746	1.026	3.928	5.14	2.60	34.85	0.679
250	0.674	1.038	4.625	6.10	2.74	40.61	0.666
300	0.615	1.047	4.602	7.16	2.97	48.33	0.675
350	0.566	1.059	4.904	8.19	3.14	55.46	0.677
400	0.524	1.068	5.206	9.31	3.31	63.09	0.679
500	0.456	1.093	5.740	11.53	3.62	79.38	0.689
600	0.404	1.114	6.217	13.83	3.91	96.89	0.700
700	0.362	1.135	6.70	16.34	4.18	115.4	0.707
800	0.329	1.156	7.170	18.88	4.43	134.8	0.714
900	0.301	1.172	7.623	21.62	4.67	155.1	0.719
1000	0.277	1.185	8.064	24.59	4.90	177.1	0.719
1100	0.257	1.197	8.494	27.63	5.12	199.3	0.721
1200	0.239	1.210	9.145	31.65	5.35	233.7	0.717

3. 烟气（$CO_2 = 13\%$，$H_2O = 11\%$，$N_2 = 76\%$）物理参数（在760毫米汞柱下）

温 度 (℃)	ρ kg/m³	C_P kcal/kg·℃	C_P kJ/kg·K	$\lambda \cdot 10^2$ kcal/m·h·℃	$\lambda \cdot 10^2$ W/m·K	$a \cdot 10^2$ m²/h	$\mu \cdot 10^6$ Pa·s	$\nu \cdot 10^6$ m²/s	Pr
0	1.295	0.249	1.043	1.96	2.28	6.08	1.609	12.20	0.72
100	0.950	0.255	1.068	2.69	3.13	11.10	2.079	21.54	0.69
200	0.748	0.262	1.097	3.45	4.01	17.60	2.497	32.80	0.67
300	0.617	0.268	1. 22	4.16	4.84	25.16	2.878	45.81	0.65
400	0.525	0.275	1.151	4.90	5.70	33.94	3.230	60.38	0.64
500	0.457	0.283	1.185	5.64	6.56	43.61	3.553	76.30	0.63
600	0.405	0.290	1.214	6.38	7.42	54.32	3.860	93.61	0.62
700	0.363	0.296	1.239	7.11	8.27	66.17	4.148	112.1	0.61
800	0.3295	0.302	1.264	7.87	9.15	79.09	4.422	131.8	0.61
900	0.301	0.308	1.289	8.61	10.01	92.87	4.680	152.5	0.59
1000	0.275	0.312	1.306	9.37	10.90	109.21	4.930	174.3	0.58
1100	0.257	0.316	1.323	10.10	11.75	124.37	5.169	197.1	0.57
1200	0.240	0.320	1.340	10.85	12.62	144.27	5.402	221.0	0.56

4. 空气及煤气的饱和水蒸气含量（气压101325Pa）

温度 (℃)	蒸汽压力 (Pa)	含水汽量 质量 g/m³ 对干气体	对湿气体	气体百分数 (%) 对干气体	对湿气体	温度 (℃)	蒸汽压力 (Pa)	含水汽量 质量 g/m³ 对干气体	对湿气体	气体百分数 (%) 对干气体	对湿气体
−20	103	0.82	0.81	0.102	0.101	24	2984	24.4	23.6	3.04	2.94
−15	165	1.32	1.31	0.164	0.163	25	3168	26.0	25.1	3.24	3.13
−10	259	2.07	2.05	0.257	0.256	26	3361	27.6	26.7	3.43	3.32
−8	309	2.46	2.45	0.306	0.305	27	3565	29.3	28.3	3.65	3.52
−6	368	2.85	2.84	0.364	0.353	28	3779	31.2	30.0	3.88	3.73
−5	401	3.19	3.18	0.397	0.395	29	4005	33.1	31.8	4.12	3.95
−4	437	3.48	3.46	0.432	0.430	30	4242	35.1	33.7	4.37	4.19
−3	475	3.79	3.77	0.471	0.459	31	4493	37.1	35.6	4.65	4.44
−2	517	4.12	4.10	0.512	0.510	32	4754	39.6	37.7	4.93	4.69
−1	562	4.49	4.46	0.558	0.555	33	5030	42.0	39.9	5.21	4.96
0	610	4.87	4.84	0.605	0.602	34	4533	44.5	42.2	5.54	5.25
1	657	5.24	5.21	0.652	0.648	35	4666	47.3	44.6	5.89	5.56
2	706	5.64	5.60	0.701	0.697	36	4800	50.1	47.1	6.23	5.86
3	758	6.05	6.01	0.753	0.748	37	4933	53.1	49.8	6.60	6.20
4	813	6.51	6.46	0.810	0.804	38	5066	55.3	52.7	7.00	6.55
5	872	6.97	6.91	0.868	0.860	39	5200	59.6	55.4	7.40	6.90
6	935	7.48	7.42	0.930	0.922	40	5333	63.1	58.5	7.85	7.27
7	1002	8.02	7.94	0.998	0.988	42	5599	70.8	65.0	8.8	8.1
8	1073	8.59	8.52	1.070	1.060	44	5866	79.3	72.2	9.9	9.0
9	1148	9.17	9.10	1.140	1.130	46	6133	88.8	80.0	11.0	9.9
10	1228	9.81	9.73	1.220	1.210	48	6399	99.5	88.5	12.40	11.0
11	1312	10.50	10.40	1.310	1.290	50	6666	111.4	97.9	13.85	12.18
12	1403	11.2	11.1	1.40	1.38	52	6933	125.0	108.0	15.60	13.5
13	1497	12.1	11.9	1.50	1.48	54	7199	140.0	119.0	17.40	14.80
14	1599	12.9	12.7	1.60	1.58	56	7466	156.0	131.0	19.60	16.40
15	1705	13.7	13.5	1.71	1.68	60	7999	196.0	158.0	24.50	19.70
16	1817	14.6	14.4	1.82	1.79	65	8666	265.0	199.0	32.80	24.70
17	1937	15.7	15.5	1.95	1.93	70	9333	361.0	249.0	44.90	31.60
18	2064	16.7	16.4	2.08	2.04	75	9999	499.0	308.0	62.90	39.90
19	2197	17.8	17.4	2.22	2.17	80	10666	715.0	379.0	89.10	47.10
20	2338	19.0	18.5	2.36	2.30	85	11332	1061.0	463.0	135.80	57.00
21	2486	20.2	19.7	2.52	2.46	90	11999	1870.0	563.0	233.00	70.00
22	2644	21.5	21.0	2.68	2.61	95	12666	404.0	679.0	545.00	84.50
23	2809	22.9	22.3	2.63	2.78	100	101325	无穷大	816.0	无穷大	100.00

5. 各种气体的导热系数 $(\lambda \times 10^3)$ （760mm Hg）

温度 （℃）	空气 kcal/m·h·℃	W/m·K	N₂ kcal/m·h·℃	W/m·K	O₂ kcal/m·h·℃	W/m·K	水蒸气 kcal/m·h·℃	W/m·K	CO₂ kcal/m·h·℃	W/m·K	H₂ kcal/m·h·K	W/m·K	SO₂ kcal/m·h·℃	W/m·K
0	21.0	24.4	20.9	24.4	21.2	24.43	13.9	16.2	12.6	14.7	150.0	172.1	7.2	8.4
100	27.6	33.4	27.1	31.4	28.3	32.57	20.6	24.0	19.6	22.8	186.0	219.8	10.6	12.3
200	33.8	39.3	33.1	38.5	35.0	40.7	28.4	33.0	26.6	30.9	222.0	264.0	14.3	16.6
300	39.6	46.1	38.6	45.4	41.3	47.69	37.3	43.4	33.6	39.1	258.0	307.1	18.2	21.2
400	44.8	52.1	43.6	50.7	47.3	55.0	47.3	55.0	40.6	47.2	294.0	347.8	22.2	25.8
500	49.4	57.5	48.0	55.8	52.9	61.64	58.4	67.9	47.2	54.9	330.0	387.3	26.4	30.7
600	53.5	62.2	51.9	60.4	58.0	67.5	70.7	82.2	53.4	62.1	366.0	426.9	30.8	35.8
700	57.7	67.1	55.2	64.0	62.6	73.25	84.2	97.9	59.2	68.8	402.0	462.9	35.3	41.1
800	61.7	71.8	58.0	67.5	66.8	77.7	98.8	114.9	64.6	75.1	438.0	500.1	39.8	46.3
900	65.6	76.3	60.3	69.8	70.5	81.42	114.5	133.2	69.6	80.9	474.0	536.2	44.6	51.9
1000	69.4	80.7	62.2	72.1	73.8	86.07	131.0	152.4	74.2	86.3	510.0	571.1	49.5	57.6

6. 在大气压力下气体的物理参数

对He、H₂、O₂和N₂来说，它们的 μ、λ、C_P 和 Pr 值与压力并没有很大关系，因而这些值可用于压力很广的范围中。

T K	ρ kg/m³	C_P kJ/kg·℃	μ Pa·s	ν m²/s	λ W/m·℃	a m²/s	Pr
			He				
144	0.3379	5.200	125.5×10^{-2}	37.11×10^{-5}	0.0928	0.5276×10^{-4}	0.70
200	0.2435	5.200	156.6	64.38	0.1177	0.9288	0.694
255	0.1906	5.200	181.7	95.50	0.1357	1.3675	0.70
366	0.13280	5.200	230.5	173.6	0.1691	2.449	0.71
477	0.10204	5.200	275.0	269.3	0.197	3.716	0.72
589	0.08282	5.200	311.3	375.8	0.225	5.215	0.72
700	0.07032	5.200	347.5	494.2	0.251	6.661	0.72
800	0.06023	5.200	381.7	634.1	0.275	8.774	0.72
			H₂				
150	0.16371	12.602	5.595×10^{-6}	34.18×10^{-6}	0.0981	0.475×10^{-4}	0.718
200	0.12270	13.540	6.813	55.53	0.1282	0.772	0.719
250	0.09819	14.059	7.919	80.64	0.1561	1.130	0.713
300	0.08185	14.314	8.963	100.5	0.182	1.554	0.706
350	0.07016	14.436	9.954	141.9	0.206	2.031	0.697
400	0.06135	14.491	10.864	177.1	0.228	2.568	0.690
450	0.05462	14.499	11.779	215.6	0.251	3.164	0.682
500	0.04918	14.507	12.636	257.0	0.271	3.817	0.675
550	0.04469	14.532	13.475	301.6	0.292	4.516	0.668
600	0.04085	14.537	14.285	349.7	0.315	5.306	0.664
700	0.03492	14.574	15.89	455.1	0.351	6.903	0.659
800	0.03060	14.675	17.40	569	0.384	8.563	0.664
900	0.02723	14.821	18.78	690	0.412	10.217	0.676

T	ρ	C_P	μ	ν	λ	a	Pr
K	kg/m³	kJ/kg·℃	Pa·s	m²/s	W/m·℃	m²/s	

			O_2				
150	2.6190	0.9178	11.490×10^{-6}	4.387×10^{-6}	0.01367	0.05688×10^{-4}	0.773
200	1.9559	0.9131	14.850	7.593	0.01824	0.10214	0.745
250	1.5618	0.9157	17.87	11.45	0.02259	0.15794	0.725
300	1.3007	0.9203	20.63	15.86	0.02676	0.22353	0.709
350	1.1133	0.9291	23.16	20.80	0.03076	0.2968	0.702
400	0.9755	0.9420	25.54	26.18	0.03461	0.3768	0.695
450	0.8682	0.9567	27.77	31.99	0.03828	0.4609	0.694
500	0.7801	0.9722	29.91	38.34	0.04173	0.5502	0.697
550	0.7096	0.9881	31.97	45.05	0.04517	0.6441	0.700

			N_2				
200	1.7103	1.0429	12.947×10^{-6}	7.568×10^{-6}	0.01824	0.10224×10^{-4}	0.747
300	1.1421	1.0408	17.84	15.63	0.02620	0.22044	0.713
400	0.8538	1.0459	21.98	25.74	0.03335	0.3734	0.691
500	0.6824	1.0555	25.70	37.66	0.03984	0.5530	0.684
600	0.5687	1.0756	29.11	51.19	0.04580	0.7486	0.686
700	0.4934	1.0969	32.13	65.13	0.05 23	0.9466	0.691
800	0.4277	1.1225	34.84	81.46	0.05009	1.1685	0.700

			N_2				
900	0.3796	1.1464	37.49×10^{-6}	91.06×10^{-6}	0.06070	1.3946×10^{-4}	0.711
1000	0.3412	1.1677	40.00	117.2	0.06475	1.6250	0.724
1100	0.3108	1.1857	42.28	136.0	0.06850	1.8591	0.736
1200	0.2851	1.2037	44.50	156.1	0.07184	2.0932	0.748

			CO_2				
220	2.4733	0.783	11.105×10^{-6}	4.490×10^{-6}	0.010805	0.05920×10^{-4}	0.818
250	2.1657	0.804	12.590	5.813	0.012884	0.07401	0.793
300	1.7973	0.871	14.958	8.321	0.016572	0.10588	0.770
350	1.5362	0.900	17.205	11.19	0.02047	0.14808	0.755
400	1.3424	0.942	19.32	14.39	0.02461	0.19463	0.738
450	1.1918	0.980	21.34	17.90	0.02897	0.24813	0.721
500	1.0732	1.013	23.26	21.67	0.03352	0.3084	0.702
550	0.9739	1.047	25.08	25.74	0.03821	0.3750	0.685
600	0.8938	1.076	26.83	30.02	0.04311	0.4483	0.668

T	ρ	C_p	μ	ν	λ	a	Pr
K	kg/m³	kJ/kg·℃	Pa·s	m²/s	W/m·℃	m²/s	

			NH₃				
273	0.7929	2.177	9.353×10^{-6}	1.18×10^{-5}	0.0220	0.1308×10^{-4}	0.90
323	0.6487	2.177	11.035	1.70	0.0270	0.1920	0.88
373	0.5590	2.236	12.886	2.30	0.0327	0.2619	0.87
423	0.4934	2.315	14.672	2.97	0.0391	0.3432	0.87
473	0.4405	2.395	16.49	3.74	0.0467	0.4421	0.84

			水 蒸 汽				
380	0.5863	2.060	12.71×10^{-6}	2.16×10^{-5}	0.0246	0.2036×10^{-4}	1.060
400	0.5542	2.014	13.44	2.42	0.0261	0.2338	1.040
450	0.4902	1.980	15.25	3.11	0.0299	0.307	1.010
500	0.4405	1.985	17.04	3.86	0.0339	0.387	0.996
550	0.4005	1.997	18.84	4.70	0.0379	0.475	0.991
600	0.3652	2.026	20.67	5.66	0.0422	0.573	0.986
650	0.3380	2.056	22.47	6.61	0.0464	0.666	0.995
700	0.3140	2.085	24.26	7.72	0.0505	0.772	1.000
750	0.2931	2.119	26.04	8.88	0.0549	0.883	1.005
800	0.2739	2.152	27.86	10.20	0.0592	1.001	1.010
850	0.2579	2.186	29.69	11.52	0.0637	1.130	1.019

			CO				
250	0.841	1.043	15.4×10^{-6}	1.128×10^{-5}	0.0214	1.51×10^{-5}	0.750
300	1.139	1.042	17.8	1.567	0.0253	2.13	0.737
350	0.974	1.043	20.1	2.062	0.0288	2.84	0.728
400	0.854	1.048	22.2	2.599	0.0323	3.61	0.722
450	0.762	1.055	24.2	3.188	0.0436	4.44	0.718
500	0.682	1.063	26.1	3.819	0.0386	5.33	0.718
550	0.620	1.076	27.9	4.496	0.0416	6.24	0.721
600	0.568	1.088	29.6	5.206	0.0445	7.19	0.724

7. 水的物理参数

温度	ρ	C_p		λ		$\mu \times 10^{-6}$	$\nu \times 10^6$	$a \times 10^4$	$\beta \times 10^4$	Pr
(℃)	kg/m³	kcal/kg·℃	kJ/kg·K	kcal/m·h·℃	W/m·K	Pa·s	m²/s	m²/h	(1/℃)	
0	999.9	1.009	4.224	0.480	0.558	182.5	1.79	4.7	−0.63	13.57
10	999.7	1.002	4.195	0.496	0.577	133.0	1.30	4.9	+0.88	9.42
20	998.2	0.999	4.183	0.513	0.597	102.0	1.00	5.1	2.07	6.97
30	995.7	0.998	4.178	0.529	0.615	81.7	0.805	5.3	3.04	5.38
40	992.2	0.998	4.178	0.544	0.633	66.6	0.659	5.5	3.9	4.34
50	988.1	0.998	4.178	0.556	0.647	56.0	0.556	5.6	4.6	3.53
60	983.2	0.998	4.178	0.566	0.658	48.0	0.479	5.8	5.3	2.99
70	977.8	1.000	4.187	0.574	0.668	41.4	0.415	5.8	5.8	2.58
80	971.8	1.002	4.195	0.579	0.673	36.3	0.366	5.9	6.3	2.19
90	965.3	1.005	4.203	0.583	0.678	32.1	0.326	6.0	7.0	1.91
100	958.4	1.006	4.212	0.586	0.682	28.8	0.295	6.1	7.5	1.72

8. 饱和线上水蒸气的物理参数

温度 (℃)	压强 MPa	密度 $\rho \times 10^{-6}$ kg/m³	热焓 kJ/kg	汽化潜热 kJ/kg	定压热容 kJ/kg·K	导热系数 $\lambda \times 10^2$ W/m·K	导温系数 $a \times 10^3$ m²/h	粘度 $\mu \times 10^6$ Pa·s	运动粘度 $\nu \times 10^6$ m²/s	Pr
100	0.101	0.598	2670	2250	2.135	2.4	66.9	1.22	20.02	1.08
120	0.198	1.121	2720	2195	2.203	2.6	37.8	1.31	11.46	1.09
140	0.193	1.966	2730	2140	2.312	2.8	22.07	1.38	6.89	1.12
160	0.319	3.258	2755	2078	2.478	3.0	13.40	1.46	4.39	1.18
180	0.506	5.157	2774	2010	2.705	3.3	8.42	1.54	2.93	1.25
200	0.771	7.862	2790	1935	3.020	3.6	5.37	1.63	2.03	1.36
220	1.139	11.62	2792	1854	3.400	3.9	3.54	1.72	1.45	1.47
240	1.644	16.76	2794	1768	3.880	4.3	2.37	1.81	1.06	1.61
269	2.326	23.72	2791	1660	4.470	4.8	1.63	1.92	0.794	1.75
280	3.255	33.19	2772	1543	5.240	5.5	1.14	2.03	0.600	1.90
300	4.532	46.21	2750	1405	6.280	6.3	0.778	2.15	0.461	2.13
320	6.347	64.72	2700	1238	8.22	7.5	0.509	2.33	0.353	2.50
340	9.097	92.76	2620	1025	12.73	9.3	0.292	2.57	0.272	3.35
360	14.122	144.0	2480	721	23.1	12.8	0.139	2.97	0.202	5.23
370	19.907	203.0	2322	440	56.6	17.1	0.054	3.44	0.166	11.10

附录三　局部阻力系数

序号	阻力名称	简　图	计算速度	阻力系数 K
1	流入尖锐边缘孔洞		W	$K=0.5$
2	流入圆滑边缘孔洞		W	见下表
3	流入伸出的管道		W	$L/D\leqslant 4$时，$K=0.2\sim 0.56$； $L/D>4$时，$K=0.56$。
4	流入斜管口		W	见下表
5	突然扩张		W_1	$K_1=\left(1-\dfrac{F_1}{F_2}\right)^2$
6	突然收缩		W_2	$K_2=0.5\left(1-\dfrac{F_2}{F_1}\right)$
7	逐渐扩张		W_1	$K_1=\left(1-\dfrac{F_1}{F_2}\right)^2\left(1-\cos\dfrac{\alpha}{2}\right)$
8	逐渐收缩		W_2	$K_2=0.5\left(1-\dfrac{F_2}{F_1}\right)\left(1-\cos\dfrac{\alpha}{2}\right)$
9	90°硬拐弯		W	$K=1.1\sim 1.5$
10	90°圆拐弯		W	见下表

序号2：

R/D	0.01	0.03	0.05	0.08	0.12	0.16	>0.2
K	0.44	0.31	0.22	0.15	0.09	0.06	0.03

序号4：

$a°$	10	20	30	40	50	60	70	80	90
K	1.00	0.96	0.91	0.85	0.78	0.70	0.63	0.56	0.50

序号10：

R/D	0	0.1	1	2	4	>4
K	1.5	1.0	0.30	0.15	0.12	0.1

序号	阻力名称	简 图	计算速度	阻 力 系 数 K						
11	任意角度硬拐弯		W	α°	20	30	45	60	80	100
				圆管K	0.05	0.11	0.3	0.5	0.9	1.2
				方管K	0.11	0.2	0.38	0.53	0.93	1.3
12	任意角度圆滑拐弯		W	$K=aK_{90°}$, $K_{90°}$按第10项计算　　α°	20	40	80	120	160	180
				a	0.4	0.65	0.95	1.13	1.27	1.33
13	130°硬拐弯		W	$K=2.0$						
14	两次直角硬拐弯（U型）		W	L/D	1.0	2	3	6	8以上	
				K	1.2	1.3	1.6	1.9	2.2	
15	两次直角硬拐弯（Z型）		W	L/D	1.0	1.5	2.0	5以上		
				K	1.9	2.0	2.1	2.2		
16	两次45°硬拐弯		W	L/D	1	2	3	4	5	6
				K	0.37	0.28	0.35	0.38	0.40	0.42
17	组合圆拐弯的弯头		W	K值为每个弯头的2倍						
18	组合圆拐弯的弯头		W	K值为每个弯头的3倍						
19	组合圆拐弯的弯头		W	K值为每个弯头的4倍						
20	矩形断面通道90°硬拐弯		W_1							

矩形断面通道90°硬拐弯（序号20）阻力系数表：

K_1	b_2/b_1						
$\dfrac{h}{b_1}$	0.6	0.8	1.0	1.2	1.4	1.6	2.0
0.25	1.76	1.43	1.24	1.14	1.09	1.06	1.06
1.0	1.70	1.36	1.15	1.02	0.95	0.90	0.84
4.0	1.46	1.10	0.9	0.81	0.76	0.72	0.66

序号	阻力名称	简　图	计算速度	阻　力　系　数　K
21	等径三通分流		W_1	$K_{1-2}=1.5$
22	等径三通汇流		W_2	$K_{1-2}=3.0$
23	异径三通		—	$K=$等径三通$K+$突扩（或突缩）K
24	等径三通直流汇合 K_{1-3}		W_3	当$W_2=0$时，$K_{1-3}=0$； 当$W_2=W_3$时，$K_{1-3}=0.55$。其余情况介于二者之间
25	同上K_{2-3}	同　上	W_3	当$W_2=0$时，$K_{2-3}=-1.0$； 当$W_2=W_3$时，$K_{2-3}=+1.0$。其余情况介于二者之间
26	叉管分流		W	$K=1.0$
27	叉管汇流		W	$K=1.5$

| 28 | 孔板 |

D/d	1.25	1.5	1.75	2	2.5	3	4	5
K	2.5	7.0	15	30	90	195	225	560

| 29 | 闸板（矩形） |

h/H	1.0	0.9	0.8	0.7	0.6	0.5	0.4	0.3	0.2	0.1
K	0	0.09	0.39	0.95	2.08	4.02	8.12	17.8	44.5	193

| 30 | 插板阀（圆形） |

h/H	1.0	0.9	0.8	0.7	0.6	0.5	0.4	0.3	0.25
K	0.15	0.3	0.8	1.5	2.8	5.3	12	22	30

| 31 | 蝶阀 |

$\varphi°$	0	5	10	15	20	30	40	50	60	70	90
K	0.1	0.24	0.52	0.9	1.54	3.91	10.8	32.6	118	751	∞

序号	阻力名称	简　图	计算速度	阻　力　系　数　K
32	截止阀	W	W	全开时，$K=4.3\sim6.1$
33	旋塞	W	W	$\begin{array}{c\|cccccccc}\varphi^\circ & 10 & 20 & 30 & 40 & 50 & 60 & 65 & 82 \\ \hline K & 0.29 & 1.56 & 5.47 & 17.3 & 52.6 & 206 & 486 & \infty \end{array}$
34	换向阀	W	W	$K=2.5$
35	通过直行排列的管束	W	W	$K=n\dfrac{s}{b}\alpha+\beta$ （适于 $Re>10^4$） 其中　$\alpha=0.028(b/\delta)^2$；　$\beta=(b/\delta-1)^2$； n—沿流向的排数
36	通过交错排列的管束	W	W	当 s、b、δ、n 相同时，为直行排列的 $0.7\sim0.8$ 倍
37	通过直行架空排列的格子砖	W	W	$K=\dfrac{1.14}{d^{0.25}}H$ 其中　d—气流通过的格子孔当量直径，m； H—格子砖堆砌高度，m。
38	通过交错架空排列的格子砖	W	W	$K=\dfrac{1.57}{d^{0.25}}H$ 其中　d—格子孔当量直径，m； H—格子砖高度，m。
39	沉渣室	W	W	进气时，$K=1.0$ 排烟时，$K=2.0$
40	散料层	W　H	空腔流速 W	$K=1.1\lambda\dfrac{H}{d}\dfrac{(1-\varepsilon)^2}{\varepsilon^3}\dfrac{1}{\phi^2}$ 其中　d—料块粒度，m； 　　　H—料层高度，m； 　　　ε—堆料孔隙度，球块散堆 $\varepsilon=0.263$ 　　　ϕ—形状系数，球块 $\phi=1$，其他 $\phi<1$； λ： $\begin{array}{c\|cccc}Re_{\text{块}} & <30 & 30\sim700 & 700\sim7000 & >7000 \\ \hline \lambda & 220Re^{-1} & 28Re^{-0.4} & 7Re^{-0.2} & 1.26 \end{array}$

附录四 通过孔嘴流出时的系数

孔　嘴　类　型	阻力系数 K	速度系数 φ	缩流系数 ε	流量系数 $\alpha(\mu)$
尖锐孔口	0.065	0.97	0.64	0.62
尖锐圆柱形管嘴 $L=3d$	0.5	0.82	1	0.82
流线圆柱形管嘴	0.065	0.97	1	0.97
收缩圆锥形管嘴 $L=3d$　$\theta=13°$	0.09	0.96	0.98	0.945
$\theta=30°$	0.05	0.975	0.92	0.896
$\theta=45°$	0.04	0.98	0.87	0.85
$\theta=90°$	—	—	—	0.75
扩张圆锥形管嘴　$\theta=8°$	0.04	0.98	1	0.98
$\theta=45°$	2.3	0.55	1	0.55
$\theta=90°$	2.0	0.58	1	0.58
流线形扩张管嘴（文氏管）	≤0.09	0.96～1.5	1	0.96～1.5

序号	装置型式	物 料 性 质					气 力					
		名 称	粒 径 mm	容 重 kg/m³	含水率 %	其他	输送量 t/h	输送比	管径 mm	输送距离,m		
										铅垂	水平	倾斜
1	吸 送	氧化铝粉	0.04	1030	<1		2	5	100	20	100	
2	吸 送	油焦粉	0.14~0.16	560	<1		2	5	100	20	80	
3	吸 送	消石灰粉		300~550	<3		5~6	0.5	400	25	8	
4	吸 送	粗 盐	8	1000	<2	易吸湿	9	15~16	99	13.6	30	
5	吸 送	粗 盐	15	900	<2	易吸湿	50~80	8.6~14	219	5.39	4	
6	吸 送	片状聚乙烯醇		510	<1		1.5	0.9	120	3	9	
7	吸 送	麦 芽	4.1	550			4.7	5.4	100	2	183	20
8	吸 送	麦 芽	4.9~6.5	790	<1		5	6.71	76	45		
9	吸 送	烟丝	0.6×30	90	12		1.8	1.1	178	5.3	11	
10	吸 送	烟丝	0.6×30	90	12		2.2	0.966	165	2.1	15	
1	压 送	粉状聚丙烯	12~32目	500~600	<0.1	易燃	4	5	125	30	40	
2	压 送	粉状聚丙烯	12~32目	500~600	<0.1	易燃	4.3	3.5~6	100	20	50	
3	压 送	粉状聚丙烯		300~450	<0.1	易燃	5	1.94	200	36.5	51	
4	混合式（氮气循环输送）	对苯二甲酸	0.02~0.03	150	<0.02	易燃	2.8	1.3	200	31	100	
5	压 送	聚丙烯颗粒	4	500~550	<0.1		5.1	2.7	150	26	106	
6	压 送	聚丙烯颗粒	4	500~550	<0.1		15	2.11	250	18	51	
7	压 送	聚丙烯颗粒	4	500~550	<0.1		40	3.22	300	25	62.5	
8	压 送	聚丙烯颗粒	3×3	500	<0.1		4	1.7	125	20	25	
9	压 送	片状聚乙烯醇		510			3.5	1	200	10	17	
10	压 送	片状聚乙烯醇		510			3.5	1	200	10	6	
11	压 送	高压聚乙烯	2.5×3	550~600	0.05~0.07	达一定浓度易爆	10	2.8	150	22~24	50~65	
12	压 送	高压聚乙烯	2.5×3	550~600	0.05~0.07	达一定浓度易爆	12	4.7	200	22~24	50~65	
13	压 送	高压聚乙烯	2.5×3	550~600	0.05~0.07	达一定浓度易爆	15	1.92	250	22~24	50~65	
14	压 送	聚乙烯醇		510	4	稳定	1.55	1.1	100	7	4	
15	压 送	型 砂			4.5		15	8	178	17.5	13	

力输送装置

弯管数	切换阀数	供料点数	出料点数	供料型式	除尘器型式	使用压力 Pa	气速 mm	名称	空气量 m³/min	空气压力 MPa	功率 kW	装置地点
1		2	1	吸嘴	二级旋风式			水环式真空泵			28	锦西
1		2	1	吸嘴	二级旋风式			水环式真空泵				锦西
2		1	1	螺栓加料	旋风式		22	离心风机			40	九江
2	1	1	2	吸嘴	离心式		16~20	水环式真空泵			26	九江
1		1	1	吸嘴			20.6	罗茨风机	60~80	0.05		天津
1	2	2	3	吸嘴	旋风式		36	水环式			30	上海
7		1	1	吸嘴	容积式		20	活塞式真空泵			22	上海
1		1	1	吸嘴	袋滤器		28	活塞式真空泵			8×2台	上海
2		1	1	料口	袋滤器		15.72	离心风机			3.16	上海
2		1	1	料口	袋滤器		21.3	离心风机			3.68	上海
6	2	3	3	旋转加料器及喷嘴	袋滤器		20~30	罗茨风机	14.52	0.05	40	辽阳
6		4	1	旋转加料器及喷嘴	袋滤器		21~36	罗茨风机	16.8~88.2	0.04~0.08		辽阳
5		1	1	旋转加料器及喷嘴	袋滤器		21.6	罗茨风机	40.2	0.044	55	北京
12		1	2	旋转加料器及喷嘴	旋风，袋滤		16	罗茨风机	30	0.04	55	上海
5		1	4	旋转加料器及喷嘴	旋风式		31	罗茨风机		0.046	45	北京
1		4	1	旋转加料器及喷嘴	旋风式		34	罗茨风机		0.051	150	北京
2		4	4	旋转加料器及喷嘴	旋风式		41	罗茨风机		0.046	210	北京
4		3	2	旋转加料器及喷嘴	袋滤器		35	罗茨风机		0.05	34	辽阳
5		1	3	旋转加料器及喷嘴	袋滤器		26	罗茨风机			45	上海
5		1	2	旋转加料器及喷嘴	旋风式		21.2	罗茨风机			5.5	上海
6		1	30	旋转加料器及喷嘴	旋风式		20~25	透平风机		0.04	42	北京
7		1	30	旋转加料器及喷嘴	旋风式		20~25	透平风机		0.04	42	北京
		1	30	旋转加料器及喷嘴	旋风式		20~25	透平风机		0.04	42	北京
4		1	1	旋转加料器及喷嘴	旋风，袋滤		50	空压机	4	0.4	55	上海
3		1	1	旋转加料器及喷嘴	旋风，袋滤		22	罗茨风机	4	0.035	40	上海

附录六　离心风机性能表

表 1　离心通风机(9-27-101型)性能表

机号	转速（转/分）	全风压 Pa	风量（m³/h）	风口方向	电动机 型号	电动机 功率 kW	传动方式	重量（不带电机） kg
#4	2900	3880	1485	左，右0°，45°	JO51-2	4.5	A	57
	2900	4020	2820	90°，135°，	JO52-2	7.0	A	57
	2900	3700	3880	180°，225°	JO₂42-2	7.5	A	57
#5	2900	6060	2900		JO62-2	10	A	102
	2900	6350	4830	同上	JO72-2	20	A	102
	2900	5800	7560		JO73-2	28	A	102
#6	2900	8750	5010		JO73-2	28	A	142
	2900	9150	7150	同上	JO82-2	40	A	142
	2900	8870	10800		JO83-2	55	A	142
	2900	8350	13100		JO83-2	55	A	142
#7	2900	11900	7960		JO83-2	55	D	272
	2900	12450	11320	同上	JO97-2	75	D	272
	2900	12350	15100		JO94-2	100	D	272
	2900	11350	20800		JK113-2	130	D	272
#8	1450	3900	5940		JO63-4	14	D	297
	1450	4060	9900	同上	JO72-4	20	D	297
	1450	3940	12800		JO73-4	28	D	297
	1450	3700	15500		JO82-4	40	D	297
#10	1450	6050	11600		JO82-4	40	D	380
	1450	6350	16550		JO83-4	55	D	380
	1450	6150	24900		JO93-4	75	D	380
	1450	5800	30300		JO94-4	100	D	380
#12	1450	8750	20065	左，右	JO94-4	100	F	848
	1450	9050	38050	90°/135°，	JS117-4	150	F	848
	1450	8350	52325	180°/90°	JS127-4	260	F	848
#14	1450	11920	31800	270°/45°，	JS126-4	225	F	1223
	1450	12450	45350	270°/135°	JS128-4	300	F	1223
	1450	12050	68370		JS138-4	410	F	1223
	1450	11350	83110		JRQ148-4	570	F	1223

　　注：风机型号说明：以9-27-101No.4为例：9表示风机全压效率乘10后代整数，27表示风机的比转数，1表示风机进风为单侧吸入（0表示双侧吸入），0表示全国风机行业联合设计产品，1表示风机为第一次设计，№.4表示风机机号，叶轮直径为400mm，A表示电机直联传动。

表2　高效率中、低压4-72-11型离心通风机性能表

机号	转数（转/分）	全风压（Pa）	风量（m³/h）	风口方向	电动机型号	功率（kW）	传动方式	外形尺寸 长×宽×高（mm）	重量（不带电机）（kg）
#2.8	2900	97~60	1330~2450	分左转、右转两种，出风口可在0～225°范围内由用户自行调整（间偏45°）	JO₂-21-2（D₂/T₂）	1.5	A		20
#3.2	2900	1270~800	1975~3640	同上	JO₂-22-2（D₂/T₂）	2.2	A	560×636×545	25
	1450	320~200	991~1910	同上	JO₂-21-4（D₂/T₂）	1.1	A	532×636×545	25
#3.6	2900	1650~1090	2930~5408	同上	JO₂-31-2	3	A	612×712×609	31
	1450	410~280	1470~2710	同上（间隔22.5°）	JO₂-21-4（D₂/T₂）	1.1	A	560×712×609	31
#4	2900	2040~1340	4020~7420	同上	JO₂-41-2（D₂/T₂）	5.5	A	591×789×694	54
	1450	510~340	2010~3710	同上	JO₂-41-2（D₂/T₂）	1.1	A		
#4.5	2900	2580~1700	5730~10580	同上	JO₂-42-2（D₂/T₂）	7.5	A	761×884×754	64
	1450	650~430	2860~5280	同上	JO₂-21-4（D₂/T₂）	1.1	A	626×884×754	64
#5	2900	3240~2240	7950~14720	同上	JO₂-52-2（D₂/T₂）	13	A	866×979×834	76
	1450	810~56	3977~7358	同上	JO₂-22-2（D₂/T₂）	2.2	A	713×978×834	76
#6	1450	1160~800	6840~12720	同上	JO₂-41-4（D₂/T₂）	4	A	828×1169×994	106
	2240	2780~1920	10600~19600	同上	JO₂-62-4	17	C		
	900	450~310	4520~7850	同上	JO₂-31-4	2.2	C		
#8	1800	3180~2990	20100~27450	分左、右转，出风口可在0～180°	JO₂-72-2	30	C	1336×1464×1520	720
	1800	2850~2410	29900~34800		JO₂-81-2	40	C	同上	720
	1000	980~920	11200~15300	同上	JO₂-42-4	5.5	C	同上	720
	1000	880~740	16600~19300	同上	JO₂-51-4	7.5	C	同上	720
	630	390~290	7040~12200	同上，出风口在1°～225°	JO₂-31-4	2.2	C		720
	1450	2060~1560	16200~27900	同上，出风口可在0～180°	JO₂-62-4	17	D		720

机号	转数 (转/分)	全风压 Pa	风 量 (m³/h)	风口方向	电 动 机		传动方式	外形尺寸 长×宽×高 (mm)	重量 (不带电机) (kg)
					型 号	功率 (kW)			
#10	1250	2390～1900	34800～50150	同 上	JO₂-81-4	40	C	1656×1906×1624	850
	1000	1300～1210	37650～40100	分左、右转， 出风口可在 0～180°	JO₂-71-4	22	C	1656×1906×1624	850
	630	610～480	17540～25280	同 上	JO₂-42-4	5.5	C	同 上	850
#12	1450	3220～2550	40400～58200	同 上	JO₂-82-4	55	D		840
	1120	2770～2190	53800～77500	同上(间隔15°)	JO₂-91-4	75	C		1190
	800	1410～1270	38600～48860	同 上	JO₂-72-6	22	C		1190
	800	1200～1120	52300～55700		JO₂-81-6	30	C		1190
	500	550～530	24100～28380	同 上	JO₂-51-6	5.5	C		1190
	500	500～440	30520～34800		JO₂-52-6	7.5	C		1190
	730	1170～940	35000～50500	同 上	JO₂-71-6	17	D		1180
#16	900	3180～3000	102800～121000	分左、右转 出风口为 0°，90°，180°	JS125-6	130	B		2465
	900	2800～2520	130100～148200		JS126-6	155	B		2465
	630	1540～1220	72000～103700	同 上	JO₂-91-6	55	B		2465
	450	790～620	51400～74100	同 上	JO₂-71-6	17	B		2465
	315	390～380	36000～39200	同 上	JO₂-51-6	7.5	B		2465
	315	370～310	42300～51900		JO₂-52-6	5.5	B		2465
#20	710	3070～2530	157500～227500	同 上	JS137-8	210	B		4260
	560	1920～1730	124500～157800	同 上	JS125-8	95	B		4260
	560	1630～1520	168900～180000		JS126-8	110	B		4260
	355	710～610	78800～113800	同 上	JO₂-82-8	30	B		4260
	250	380～300	55500～80000	同 上	JO₂-62-8	10	B		4260

注：型号说明：以4-72-11№.6A为例，4表示通风机在最高效率点时的全压系数乘10倍的代整数，72表示通风机在最高效率比转数，1表示风机进口为单侧吸入，1表示风机设计顺序号为第一次，№6表示风机叶轮直径为600mm，A表示轴承电机直联传动。

表3 离心通风机（8-18-11、12型）性能表

机号	转数(转/分)	序号	全风压(Pa)	风量(m³/h)	电机型号	电机功率 kW	机号	转数(转/分)	序号	全风压(Pa)	风量(m³/h)	电机型号	电机功率(kW)
8-18-11, #4	2900	1	3480	619			#9	2900	1	13900	4950	J72-2	40.0
		2	3660	756	J32-2	1.7			2	14650	6050		
		3	3730	895					3	14900	7150	J81-2	55.0
		4	3750	1010	J41-2	2.8			4	15000	8150		
		5	3750	1150					5	15000	9250	J82-2	75.0
		6	3660	1280					6	14650	10250		
		7	3550	1400					7	14200	11200		
		8	3450	1535	J42-2	4.5			8	13800	12250	J91-2	100.0
#5	2900	1	5440	1210	J42-2	4.5	#10	1450	1		4840	J62-4	14.0
		2	5730	1480					2		5900	J71-4	20.0
		3	5830	1740	J51-2	7.0			3		6990		
		4	5860	1980					4		7950		
		5	5860	2250					5		9000	J72-4	28.0
		6	5730	2500					6		10000		
		7	5550	2740	J52-2	10.0			7		10950		
		8	5400	3000					8		11980	J81-4	40.0
#6	2900	1	7850	2090	J52-2	10.0	8-18-12, #12	1450	1	8850	8350	J82-4	55.0
		2	8250	2560					2	9100	10200		
		3	8400	3020	J61-2	14.0			3	9200	12050		
		4	8450	3440					4	9100	13750	J91-4	75.0
		5	8450	3800					5	8850	15400		
		6	8250	4320	J62-2	20.0			6	8600	17100		
		7	8000	4750					7	8240	18900		
		8	7760	5180					8	7880	20600	J92-4	100.0
#7	2900	1	10700	3320	J62-2	20.0	#14	1450	1	12000	13250	J92-4	100.0
		2	11130	4050	J71-2	28.0			2	12400	16200	JS114-4	115.0
		3	11450	4800					3	12500	19150	JS115-4	135.0
		4	11500	5450					4	12400	21800	JS116-4	155.0
		5	11500	6200	J72-2	40.0			5	12000	24400		
		6	11130	6850					6	11700	27100	JS117-4	180.0
		7	10900	7500					7	11200	30090		
		8	10600	8200	J81-2	55.0			8	10700	32750	JS126-4	225.0
#8	1450	1	3480	2470			#16	1450	1	15600	19700	JS117-4	180.0
		2	3660	3030	J52-4	7.0			2	16000	24200		
		3	3720	3580					3	16200	28600	JS126-4	225.0
		4	3750	4060					4	16000	32600	JS127-4	260.0
		5	3750	4630					5	15600	36500	JS128-4	300.0
		6	3660	5100	J61-4	10.0			6	15200	40500		
		7	3550	5600					7	14500	44800	JS137-4	350.0
		8	3450	6110	J62-4	14.0			8	13900	48800	JS138-4	410.0

附录七 气体动力函数表

$$x = 1.400$$

M	p/p_0	ρ/ρ_0	T/T_0	A/A_*	$\lambda \, (u/u_*)$	θ (度)
0	1.00000	1.00000	1.00000	∞	0	
0.05	0.99825	0.99875	0.99950	11.5915	0.05476	
0.10	0.99303	0.99502	0.99800	5.8218	0.10943	
0.15	0.98441	0.98884	0.99552	3.9103	0.16395	
0.20	0.97250	0.98027	0.99206	2.9635	0.21822	
0.25	0.95745	0.96942	0.98765	2.4027	0.27216	
0.30	0.93947	0.95638	0.98232	2.0351	0.32572	
0.35	0.91877	0.94128	0.97608	1.7780	0.37879	
0.40	0.89562	0.92428	0.96899	1.5901	0.43133	
0.45	0.87027	0.90552	0.96108	1.4487	0.48326	
0.50	0.84302	0.88517	0.95238	1.3398	0.53452	
0.55	0.81416	0.86342	0.94295	1.2550	0.58506	
0.60	0.78400	0.84045	0.93284	1.1882	0.63480	
0.65	0.75283	0.81644	0.92208	1.135	0.68374	
0.70	0.72092	0.79158	0.91075	1.09437	0.73179	
0.75	0.68857	0.76603	0.89888	1.06242	0.77893	
0.80	0.65602	0.74000	0.88652	1.03823	0.82514	
0.85	0.62351	0.71361	0.87374	1.02067	0.87037	
0.90	0.59126	0.68704	0.86058	1.00886	0.91460	
0.95	0.55946	0.66044	0.84712	1.00214	0.95781	
1.00	0.52828	0.63394	0.83333	1.00000	1.00000	0
1.05	0.49787	0.60765	0.81933	1.00202	1.04114	0.4874
1.10	0.46835	0.58169	0.80515	1.00793	1.08124	1.336
1.15	0.43983	0.55616	0.79083	1.01746	1.1203	2.381
1.20	0.41238	0.53114	0.77640	1.03044	1.1583	3.558
1.25	0.38606	0.50670	0.76190	1.04676	1.1952	4.830
1.30	0.36092	0.48291	0.74738	1.06631	1.2311	6.170
1.35	0.33697	0.45980	0.73287	1.08904	1.2660	7.561
1.40	0.31424	0.43742	0.71839	1.1149	1.2999	8.987
1.45	0.29272	0.41581	0.70397	1.1440	1.3327	10.438
1.50	0.27240	0.39498	0.68965	1.1762	1.3646	11.905
1.55	0.25326	0.37496	0.67545	1.2115	1.3955	13.381
1.60	0.23527	0.35573	0.66138	1.2502	1.4254	14.860
1.65	0.21839	0.33731	0.64746	1.2922	1.4544	16.338
1.70	0.20259	0.31969	0.63372	1.3376	1.4825	17.810
1.75	0.18782	0.30287	0.62016	1.3865	1.5097	19.273
1.80	0.17404	0.28682	0.60680	1.4390	1.5360	20.725
1.85	0.16120	0.27153	0.59365	1.4952	1.5614	22.163
1.90	0.14924	0.25699	0.58072	1.5552	1.5861	23.586
1.95	0.13813	0.24317	0.56802	1.6193	1.6099	24.992
2.00	0.12780	0.23005	0.55556	1.6875	1.6330	26.380
2.05	0.11823	0.21760	0.54333	1.7600	1.6553	27.748
2.10	0.10935	0.20580	0.53135	1.8369	1.6769	29.097
2.15	0.10113	0.19463	0.51962	1.9185	1.6977	30.425
2.20	0.09352	0.18405	0.50813	2.0050	1.7179	31.733

M	p/p_0	ρ/ρ_0	T/T_0	A/A_*	$\lambda\ (u/u_*)$	θ（度）
2.25	0.08648	0.17404	0.4989	2.0964	1.7374	33.018
2.30	0.07997	0.16458	0.48591	2.1931	1.7563	34.283
2.35	0.07396	0.15564	0.47517	2.2953	1.7745	35.526
2.40	0.06840	0.14720	0.46468	2.4031	1.7922	36.747
2.45	0.06327	0.13922	0.45444	2.5168	1.8093	37.946
2.50	0.05853	0.13169	0.44444	2.6367	1.8258	39.124
2.55	0.05415	0.12458	0.43469	2.7630	1.8417	40.280
2.60	0.05012	0.11787	0.42517	2.8960	1.8572	41.415
2.65	0.04639	0.11154	0.41589	3.0759	1.8721	42.529
2.70	0.04295	0.10557	0.40684	3.1834	1.8865	43.622
2.75	0.03977	0.09994	0.39801	3.3376	1.9005	44.694
2.80	0.03685	0.09462	0.38941	3.5001	1.9140	45.746
2.85	0.03415	0.08962	0.38102	3.6707	1.9271	46.778
2.90	0.03165	0.08489	0.37286	3.8498	1.9398	47.790
2.95	0.02935	0.08043	0.36490	4.0376	1.9521	48.783
3.00	0.02722	0.07623	0.35714	4.2346	1.9640	49.757
3.50	0.01311	0.04523	0.28986	6.7896	2.0642	58.530
4.00	0.00658	0.02766	0.23810	10.719	2.1381	65.785
4.50	0.00346	0.01745	0.19802	16.562	2.1936	71.832
5.00	0.00189	0.01134	0.16667	25.000	2.2361	76.920
6.00	0.000633	0.00519	0.12195	53.180	2.2953	84.956
7.00	0.000242	0.00261	0.09259	104.143	2.3333	90.973
8.00	0.000102	0.00141	0.07246	190.109	2.3591	95.625
9.00	0.0000474	0.000815	0.05814	327.189	2.3772	99.318
10.00	0.0000236	0.000495	0.04762	535.938	2.3904	102.316
∞	0	0	0	∞	2.4495	130.454

注：θ——普兰特·迈耶角。

附录八 正激波表（理想气体 $\kappa = 1.4$）

M_1	M_2	p_2/p_1	$\rho_2/\rho_1 = u_1/u_2$	T_2/T_1	a_2/a_1	p_{02}/p_{01}
1.00	1.0000	1.000	1.000	1.000	1.000	1.000
1.05	0.9531	1.120	1.084	1.033	1.016	1.000
1.10	0.9118	1.245	1.169	1.065	1.032	0.999
1.15	0.8750	1.376	1.255	1.097	1.047	0.997
1.20	0.8422	1.513	1.342	1.128	1.062	0.993
1.25	0.8126	1.656	1.429	1.159	1.077	0.987
1.30	0.7860	1.805	1.516	1.191	1.091	0.979
1.35	0.7618	1.960	1.603	1.223	1.106	0.970
1.40	0.7397	2.120	1.690	1.255	1.120	0.958
1.45	0.7196	2.286	1.776	1.287	1.135	0.945
1.50	0.7011	2.458	1.862	1.320	1.149	0.930
1.55	0.6841	2.636	1.947	1.354	1.164	0.913
1.60	0.6684	2.820	2.032	1.388	1.178	0.895
1.65	0.6540	3.010	2.115	1.423	1.193	0.876
1.70	0.6405	3.205	2.198	1.458	1.208	0.856
1.75	0.6281	3.406	2.279	1.495	1.223	0.835
1.76	0.6257	3.447	2.295	1.502	1.226	0.830
1.77	0.6234	3.488	2.311	1.509	1.229	0.826
1.78	0.6210	3.530	2.327	1.517	1.232	0.822
1.79	0.6188	3.571	2.343	1.524	1.235	0.817
1.80	0.6165	3.613	2.359	1.532	1.238	0.813
1.85	0.6057	3.826	2.438	1.569	1.253	0.790
1.90	0.5956	4.045	2.516	1.608	1.268	0.767
1.95	0.5862	4.270	2.592	1.647	1.283	0.744
2.00	0.5774	4.500	2.667	1.688	1.299	0.721
2.05	0.5691	4.736	2.740	1.729	1.315	0.698
2.10	0.5613	4.978	2.812	1.770	1.331	0.674
2.15	0.5540	5.226	2.882	1.813	1.347	0.651
2.20	0.5471	5.480	2.951	1.857	1.363	0.628
2.25	0.5406	5.740	3.019	1.901	1.379	0.606
2.30	0.5344	6.005	3.085	1.947	1.395	0.583
2.35	0.5286	6.276	3.149	1.993	1.412	0.561
2.40	0.5231	6.553	3.212	2.040	1.428	0.540
2.45	0.5179	6.836	3.273	2.088	1.445	0.519
2.50	0.5130	7.125	3.333	2.138	1.462	0.499
2.55	0.5083	7.420	3.392	2.187	1.479	0.479
2.60	0.5039	7.720	3.449	2.238	1.496	0.460
2.65	0.4996	8.026	3.505	2.290	1.513	0.442
2.70	0.4956	8.338	3.559	2.343	1.531	0.424
2.75	0.4918	8.656	3.612	2.397	1.548	0.406
2.80	0.4882	8.980	3.664	2.451	1.566	0.389
2.85	0.4847	9.310	3.714	2.507	1.583	0.373
2.90	0.4814	9.645	3.763	2.563	1.601	0.358
2.95	0.4782	9.986	3.811	2.621	1.619	0.343

M_1 诸量	M_2	p_2/p_1	$\rho_2/\rho_1 = u_1/u_2$	T_2/T_1	a_2/a_1	p_{02}/p_{01}
3.00	0.4752	10.333	3.857	2.679	1.637	0.328
3.05	0.4723	10.686	3.902	2.738	1.655	0.315
3.10	0.4695	11.045	3.947	2.799	1.673	0.301
3.15	0.4669	11.410	3.990	2.860	1.691	0.288
3.20	0.4644	11.780	4.031	2.922	1.709	0.276
3.25	0.4619	12.156	4.072	2.985	1.728	0.265
3.30	0.4596	12.538	4.112	3.049	1.746	0.253
3.35	0.4574	12.926	4.151	3.114	1.765	0.243
3.40	0.4552	13.320	4.188	3.180	1.783	0.232
3.45	0.4531	13.720	4.225	3.247	1.802	0.222
3.50	0.4512	14.125	4.261	3.315	1.821	0.213
3.55	0.4493	14.536	4.296	3.384	1.840	0.204
3.60	0.4474	14.953	4.330	3.454	1.858	0.195
3.65	0.4457	15.376	4.363	3.525	1.877	0.187
3.70	0.4440	15.805	4.395	3.596	1.896	0.179
3.75	0.4423	16.240	4.426	3.669	1.915	0.172
3.80	0.4407	16.680	4.457	3.743	1.935	0.164
3.85	0.4392	17.126	4.487	3.817	1.954	0.158
3.90	0.4377	17.578	4.516	3.893	1.973	0.151
3.95	0.4363	18.036	4.544	3.969	1.992	0.145
4.00	0.4350	18.500	4.571	4.047	2.012	0.139
4.10	0.4324	19.445	4.624	4.205	2.051	0.128
4.20	0.4299	20.413	4.675	4.367	2.090	0.117
4.30	0.4277	21.405	4.723	4.532	2.129	0.108
4.40	0.4255	22.420	4.768	4.702	2.168	0.099
4.50	0.4236	23.458	4.812	4.875	2.208	0.092
4.60	0.4217	24.520	4.853	5.052	2.248	0.085
4.70	0.4199	25.605	4.893	5.233	2.288	0.078
4.80	0.4183	26.713	4.930	5.418	2.328	0.072
4.90	0.4167	27.845	4.966	5.607	2.368	0.067
5.00	0.4152	29.000	5.000	5.800	2.408	0.062
5.50	0.4090	35.125	5.149	6.822	2.612	0.042
6.00	0.4042	41.833	5.268	7.941	2.818	0.030
6.50	0.4004	49.125	5.365	9.156	3.026	0.021
7.00	0.3974	57.000	5.444	10.469	3.236	0.015
7.50	0.3949	65.458	5.510	11.879	3.447	0.011
8.00	0.3929	74.500	5.565	13.387	3.659	0.008
8.50	0.3912	84.125	5.612	14.991	3.872	0.006
9.00	0.3898	94.333	5.651	16.693	4.086	0.005
9.50	0.3886	105.125	5.685	17.491	4.300	0.004
10.00	0.3876	116.500	5.714	20.387	4.515	0.003
∞	0.3780	∞	6.000	∞	∞	0

附录九　膨胀波表

$\theta°$	$\varphi°$	M	λ	p/p_o	ρ/ρ_o	T/T_o	$\alpha°$
0°00′	0°00′	1.000	1.000	0.528	0.634	0.833	90°00′
0°10′	13°08′	1.026	1.022	0.512	0.620	0.826	77°02′
0°20′	16°05′	1.039	1.032	0.504	0.613	0.822	74°15′
0°30′	18°24′	1.051	1.042	0.497	0.607	0.819	72°06′
0°40′	20°25′	1.062	1.051	0.490	0.601	0.816	70°15′
0°50′	22°06′	1.073	1.060	0.484	0.596	0.813	68°44′
1°00′	23°32′	1.083	1.067	0.479	0.591	0.810	67°28′
1°30′	27°06′	1.109	1.088	0.463	0.577	0.803	64°24′
2°00′	30°00′	1.133	1.107	0.450	0.565	7.796	62°00′
2°30′	32°33′	1.155	1.125	0.464	0.553	0.789	59°57′
3°00′	34°54′	1.178	1.142	0.424	0.542	0.783	58°06′
3°30′	37°00′	1.199	1.157	0.413	0.532	0.777	56°30′
4°00′	38°52′	1.219	1.172	0.402	0.522	0.771	55°08′
4°30′	40°39′	1.238	1.186	0.392	0.513	0.766	53°51′
5°	42°18′	1.257	1.200	0.383	0.504	0.760	52°42′
6°	45°24′	1.294	1.227	0.364	0.497	0.749	50°36′
7°	48°18′	1.331	1.253	0.346	0.468	0.738	48°42′
8°	51°00′	1.367	1.277	0.330	0.452	0.728	47°00′
9°	53°28′	1.401	1.300	0.314	0.437	0.718	45°32′
10°	55°50′	1.435	1.323	0.299	0.422	0.708	44°10′
11°	58°06′	1.469	1.345	0.285	0.403	0.698	42°54′
12°	60°20′	1.504	1.367	0.271	0.398	0.688	41°40′
13°	62°24′	1.536	1.388	0.258	0.380	0.679	40°36′
14°	64°25′	1.569	1.408	0.246	0.367	0.670	39°35′
15°	66°24′	1.603	1.428	0.234	0.354	0.660	38°36′
16°	68°24′	1.639	1.448	0.222	0.341	0.650	37°36′
17°	70°18′	1.673	1.467	0.211	0.329	0.641	36°42′
18°	72°06′	1.705	1.486	0.201	0.318	0.632	35°54′
19°	73°57′	1.741	1.505	0.190	0.306	0.622	35°03′
20°	75°42′	1.775	1.523	0.181	0.295	0.613	34.18′
21°	77°27′	1.809	1.542	0.171	0.284	0.604	33°33′
22°	79°12′	1.846	1.559	0.162	0.273	0.595	32°48′
23°	80°52′	1.880	1.576	0.154	0.263	0.586	32°08′
24°	82°30′	1.914	1.594	0.146	0.253	0.576	31°30′
25°	84°10′	1.951	1.610	0.138	0.243	0.568	30°50′
26°	85°48′	1.988	1.628	0.130	0.233	0.558	30°12′
27°	87°24′	2.028	1.644	0.123	0.224	0.550	29°33′
28°	89°00′	2.063	1.660	0.116	0.215	0.541	29°00′
29°	90°30′	2.096	1.675	0.1100	0.207	0.532	28°30′
30°	92°00′	2.130	1.691	0.1040	0.198	0.523	28°00′
31°	93°36′	2.173	1.706	0.0980	0.190	0.515	27°24′
32°	95°05′	2.209	1.722	0.0920	0.182	0.506	26°55′
33°	96°33′	2.245	1.737	0.0867	0.174	0.497	26°27′
34°	98°03′	2.285	1.752	0.0814	0.167	0.488	25°57′
35°	99°33′	2.327	1.767	0.0764	0.159	0.480	25°27′

$\theta°$	$\varphi°$	M	λ	$-p/p_0$	ρ/ρ_0	T/T_0	$\alpha°$
36°	101°00′	2.366	1.782	0.0717	0.152	0.471	25°00′
37°	102°30′	2.411	1.796	0.0672	0.145	0.462	24°30′
38°	103°57′	2.454	1.810	0.0630	0.139	0.454	24°03′
39°	105°24′	2.498	1.824	0.0590	0.132	0.446	23°36′
40°	106°48′	2.539	1.838	0.0552	0.126	0.437	23°12′
41°	108°12′	2.581	1.852	0.0514	0.120	0.428	22°48′
42°	109°36′	2.624	1.865	0.0481	0.114	0.420	22°24′
43°	111°00′	2.670	1.878	0.0450	0.109	0.412	22°00′
44°	112°21′	2.717	1.891	0.0419	0.104	0.404	21°36′
45°	113°48′	2.765	1.905	0.0388	0.098	0.395	21°12′
46°	115°12′	2.816	1.918	0.0360	0.093	0.387	20°48′
47°	116°36′	2.869	1.930	0.0334	0.088	0.379	20°24′
48°	117°54′	2.910	1.943	0.0310	0.084	0.371	20°06′
49°	119°15′	2.959	1.955	0.0288	0.079	0.363	19°45′
50°	120°36′	2.010	1.967	0.0267	0.075	0.355	19°24′
51°	121°57′	3.064	1.978	0.0249	0.071	0.348	19°03′
52°	123°18′	3.119	1.990	0.0229	0.067	0.340	18°42′
53°	124°38′	3.174	2.002	0.0211	0.063	0.332	18°22′
54°	126°00′	3.236	2.014	0.0194	0.060	0.324	18°00′
55°	127°18′	3.289	2.025	0.0178	0.056	0.316	17°42′
56°	128°36′	3.344	2.036	0.0164	0.053	0.309	17°24′
57°	129°55′	3.404	2.047	0.0151	0.050	0.302	17°05′
58°	131°15′	3.470	2.058	0.0138	0.047	0.294	16°45′
59°	132°36′	3.542	2.069	0.0126	0.044	0.286	16°24′
60°	133°54′	3.606	2.080	0.0115	0.041	0.279	16°06′
61°	135°10′	3.666	2.090	0.0105	0.039	0.272	15°50′
62°	136°30′	3.742	2.100	$0.954 \cdot 10^{-2}$	0.036	0.265	15°30′
63°	137°48′	3.814	2.111	$0.869 \cdot 10^{-2}$	0.034	0.258	15°12′
64°	139°03′	3.876	2.121	$0.784 \cdot 10^{-2}$	0.031	0.250	14°57′
65°	140°20′	3.949	2.130	$0.712 \cdot 10^{-2}$	0.029	0.244	14°40′
66°	141°36′	4.021	2.140	$0.645 \cdot 10^{-2}$	0.027	0.237	14°24′
67°	142°54′	4.124	2.150	$0.584 \cdot 10^{-2}$	0.025	0.230	14°02′
68°	144°12′	4.193	2.159	$0.525 \cdot 10^{-2}$	0.0235	0.223	13°48′
69°	145°27′	4.268	2.198	$0.474 \cdot 10^{-2}$	0.0219	0.217	13°33′
70°	146°42′	4.348	2.177	$0.426 \cdot 10^{-2}$	0.0203	0.210	13°18′
71°	147°57′	4.429	2.186	$0.380 \cdot 10^{-2}$	0.0187	0.204	13°03′
72°	149°12′	4.515	2.195	$0.339 \cdot 10^{-2}$	0.0172	0.197	12°48′
73°	150°30′	4.621	2.204	$0.301 \cdot 10^{-2}$	0.0158	0.190	12°30′
74°	151°42′	4.695	2.212	$0.270 \cdot 10^{-2}$	0.0146	0.184	12°18′
75°	153°00′	4.810	2.220	$0.241 \cdot 10^{-2}$	0.0135	0.179	12°00′
76°	154°15′	4.912	2.228	$0.214 \cdot 10^{-2}$	0.0124	0.173	11°45′
77°	155°30′	5.015	2.237	$0.186 \cdot 10^{-2}$	0.0112	0.166	11°30′
78°	156°45′	5.126	2.244	$0.165 \cdot 10^{-2}$	0.0103	0.160	11°15′
79°	158°00′	5.241	2.252	$0.145 \cdot 10^{-2}$	$0.940 \cdot 10^{-2}$	0.155	11°00′
80°	159°15′	5.362	2.260	$0.126 \cdot 10^{-2}$	$0.851 \cdot 10^{-2}$	0.149	10°45′
81°	160°30′	5.488	2.267	$0.112 \cdot 10^{-2}$	$0.780 \cdot 10^{-2}$	0.144	10°30′
82°	161°42′	5.593	2.274	$0.971 \cdot 10^{-3}$	$0.705 \cdot 10^{-2}$	0.138	10°18′

$\theta°$	$\varphi°$	M	λ	p/p_0	ρ/ρ_0	T/T_0	$\alpha°$
83°	162°57′	5.731	2.282	$0.836 \cdot 10^{-3}$	$0.633 \cdot 10^{-2}$	0.132	10°03′
84°	164°12′	5.875	2.289	$0.722 \cdot 10^{-3}$	$0.570 \cdot 10^{-2}$	0.127	9°48′
85°	165°27′	6.028	2.296	$0.631 \cdot 10^{-3}$	$0.518 \cdot 10^{-2}$	0.122	9°33′
86°	166°42′	6.188	2.302	$0.545 \cdot 10^{-3}$	$0.466 \cdot 10^{-2}$	0.117	9°18′
87°	167°54′	6.321	2.309	$0.460 \cdot 10^{-3}$	$0.413 \cdot 10^{-2}$	0.111	9°06′
88°	169°06′	6.462	2.315	$0.398 \cdot 10^{-3}$	$0.373 \cdot 10^{-1}$	0.107	8°54′
89°	170°21′	6.649	2.321	$0.340 \cdot 10^{-3}$	$0.333 \cdot 10^{-1}$	0.102	8°39′
90°	171°36′	6.845	2.328	$0.285 \cdot 10^{-3}$	$0.294 \cdot 10^{-2}$	0.097	8°24′
91°	172°48′	7.013	2.334	$0.236 \cdot 10^{-3}$	$0.257 \cdot 10^{-2}$	0.092	8°12′
92°	174°06′	7.184	2.240	$0.197 \cdot 10^{-3}$	$0.226 \cdot 10^{-2}$	0.087	8°00′
93°	175°15′	7.413	2.345	$0.168 \cdot 10^{-3}$	$0.202 \cdot 10^{-2}$	0.083	7°45′
94°	176°27′	7.610	2.350	$0.139 \cdot 10^{-3}$	$0.176 \cdot 10^{-2}$	0.079	7°33′
95°	177°40′	7.837	2.356	$0.114 \cdot 10^{-3}$	$0.153 \cdot 10^{-2}$	0.075	7°20′
96°	178°54′	8.091	2.361	$0.954 \cdot 10^{-4}$	$0.134 \cdot 10^{-2}$	0.071	7°06′
97°	179°06′	8.326	3.366	$0.778 \cdot 10^{-4}$	$0.116 \cdot 10^{-2}$	0.067	6°45′
98°	181°21′	8.636	2.371	$0.628 \cdot 10^{-4}$	$0.996 \cdot 10^{-3}$	0.063	6°54′
99°	182°34′	8.928	2.376	$0.502 \cdot 10^{-4}$	$0.849 \cdot 10^{-3}$	0.059	6°26′
100°	183°48′	9.259	2.380	$0.403 \cdot 10^{-4}$	$0.726 \cdot 10^{-3}$	0.055	6°12′
101°	185°00′	9.569	2.385	$0.321 \cdot 10^{-4}$	$0.617 \cdot 10^{-3}$	0.052	6°00′
102°	186°12′	9.891	2.389	$0.257 \cdot 10^{-4}$	$0.526 \cdot 10^{-3}$	0.049	5°48′
103°	187°24′	10.245	2.393	$0.202 \cdot 10^{-4}$	$0.444 \cdot 10^{-3}$	0.046	5°36′
104°	188°36′	10.626	2.397	$0.156 \cdot 10^{-4}$	$0.368 \cdot 10^{-3}$	0.042	5°24′
105°	189°48′	11.037	2.401	$0.118 \cdot 10^{-4}$	$0.302 \cdot 10^{-3}$	0.039	5°12′
130°27′	220°27′	∞	2.449	0	0	0	0°00′

附录十 氧气、水蒸汽各参数比关系图

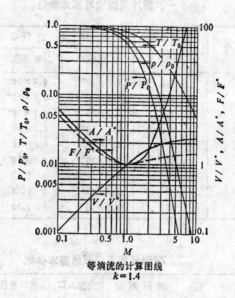

等熵流的计算图线
$k=1.4$

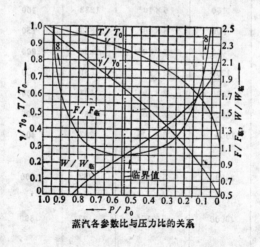

蒸汽各参数比与压力比的关系

附录十一

一、旋片泵型式与基本参数

序 号	型 号	抽气速率 (1/s)	极 限 真 空（Pa）		电机功率 (kW) 不大于	进 气 口 径 (mm)
			无气镇时	有气镇时		
1	2X-0.5	0.5	6.7×10^{-2}	6.7×10^{-1}	0.18	10
2	2X-1	1	6.7×10^{-2}	6.7×10^{-1}	0.25	15
3	2X-2	2	6.7×10^{-2}	6.7×10^{-1}	0.4	20
4	2X-4	4	6.7×10^{-2}	6.7×10^{-1}	0.6	25
5	2X-8	8	6.7×10^{-2}	6.7×10^{-1}	1.1	32
6	2X-15	15	6.7×10^{-2}	6.7×10^{-1}	2.2	50
7	2X-30	30	6.7×10^{-2}	1.33	4.0	65
8	2X-70	70	6.7×10^{-2}	1.33	7.5	80
9	2X-150	150	6.7×10^{-2}	1.33	14	125

二、ZJ型罗茨真空泵的基本参数

序 号	型 号	抽气速率 1/s	极限真空 Pa	允许入口压强 Pa	进口直径 mm	出口直径 mm	推荐配用前级泵型号
1	ZJ-15	15	5×10^2	2000	40	32	2X-2
2	ZJ-30	30	5×10^2	2000	50	40	2X-4
3	ZJ-70	70	5×10^2	2000	80	50	2X-8
4	ZJ-150	150	5×10^2	1333	100	80	2X-15
5	ZJ-300	300	5×10^2	1333	150	100	2X-30
6	ZJ-600	600	5×10^2	1333	200	150	2X-70
7	ZJ-1200	1200	2×10^2	667	300	200	H-150
8	ZJ-2500	2500	2×10^2	667	300	200	H-300
9	ZJ-5000	5000	2×10^2	667	400	300	2XH-300
10	ZJ-10000	10000	5×10^2	267	400	300	ZJ-2500 2XH-300
11	ZJ-20000	20000	5×10^2	267	600	400	ZJ-5000 3XH-300
12	ZJ-40000	40000	5×10^2	133	800	600	ZJ-10000 ZJ-2500 3XH-300

注：国产罗茨泵型号说明，

（1）汉语拼音字母ZJ表示机械增压泵，

（2）横线后面数字表示抽速(1/s)。

三、国产 K 系列高真空油扩散泵主要技术性能和特性曲线及外形连接尺寸 [83]

1. 技术性能

K系列高真空油扩散泵主要技术性能

项 目 \ 型 号	K-50	K-80	K-100	K-150	K-200	K-300	K-400	K-600	K-800	K-1200
极限真空度（不低于）(Pa)	1×10^{-4}	5×10^{-5}	5×10^{-5}	5×10^{-5}	5×10^{-5}	5×10^{-5}	5×10^{-5}	5×10^{-5}	5×10^{-5}	5×10^{-5}
抽气速率〔l/s〕（在 $10^{-2} \sim 10^{-4}$ Pa 的平均值）	75	180	300	800	1200～1600	3000	5000～6000	11000～13000	20000～22000	40000～50000
最大排气压强（不低于）(Pa)	13～26	26	26～40	40	40	40	40	40	40	40
加热功率〔kW〕	0.3～0.4	0.4	0.6～0.8	0.8～1.0	1.5	2.4～2.5	4.0～5	6	8～9	18～21
装油量〔1〕	0.05～0.06	0.1	0.15	0.3～0.5	0.5～0.8	1.2～1.5	2.5～3	5～7	8～12	15～20
冷却水耗量（进水温度 20°±5°）〔l/h〕	—	60	100～120	150～200	250～300	400	500	700	1000	2000
进气口直径 (mm)	50	80	100	150	200	300	400	600	800	1200
推荐使用前级泵型号	2X-1	2X-1	2X-2	2X-4	2X-8	2X-8或2X-15	2X-15或2X-30	2X-30	Z-150+2X-30	Z-300+2X-70

2. K系列高真空油扩散泵抽气速率与泵进气口压强特性曲线

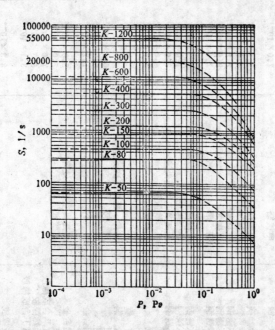

真空用材料在室温下的放气量　　　　　　　单位：Pa·l/s·cm²

材料	经历和表面处理	1小时	2小时	5小时	10小时	20小时	50小时
软钢	原材料生锈	6.0×10^{-6}	9.7×10^{-5}	4.0×10^{-5}	2.0×10^{-5}	1.0×10^{-5}	4.0×10^{-6}
软钢	喷砂	3.0×10^{-5}	2.8×10^{-6}	1.1×10^{-6}	5.5×10^{-6}	2.0×10^{-6}	
软钢	喷铝	7.0×10^{-7}	3.5×10^{-7}	1.7×10^{-7}	1.0×10^{-7}		
软钢	抛光				2.8×10^{-7}		
软钢	电镀铬	7.0×10^{-7}	3.3×10^{-7}	1.2×10^{-7}	5.8×10^{-8}	3.0×10^{-8}	1.2×10^{-8}
软钢管	电镀镍	4.2×10^{-7}	2.1×10^{-7}	8.5×10^{-8}	4.2×10^{-8}	2.1×10^{-8}	
不锈钢	机械加工	8.5×10^{-7}	3.3×10^{-7}	1.3×10^{-7}	5.5×10^{-8}	2.6×10^{-7}	
不锈钢	原材料	2.8×10^{-6}	1.5×10^{-6}	6.0×10^{-7}	3.0×10^{-7}	1.5×10^{-7}	
不锈钢	电抛光	8.0×10^{-7}	3.5×10^{-7}	1.3×10^{-7}	5.5×10^{-8}	2.5×10^{-7}	
不锈钢	研磨	7.0×10^{-7}	4.0×10^{-7}	1.8×10^{-7}	1.0×10^{-7}	5.5×10^{-8}	
不锈钢	机械抛光	2.1×10^{-7}	1.3×10^{-7}	7.0×10^{-8}	4.0×10^{-8}	2.5×10^{-8}	3.0×10^{-8}
不锈钢	化学抛光	1.9×10^{-7}	1.1×10^{-7}	6.0×10^{-8}	3.5×10^{-8}	2.1×10^{-8}	5.5×10^{-8}
不锈钢	超高真空表面处理	7.0×10^{-7}	4.3×10^{-8}	2.0×10^{-8}	1.0×10^{-8}	6.0×10^{-8}	7.0×10^{-8}
铜	电解铜原材料	4.0×10^{-7}	2.2×10^{-7}	8.8×10^{-8}	4.0×10^{-8}	2.0×10^{-7}	
铜	机械抛光	3.5×10^{-7}	2.0×10^{-7}	7.0×10^{-8}	3.5×10^{-8}	1.8×10^{-8}	
黄铜	板材	6.1×10^{-7}	3.0×10^{-7}	4.0×10^{-6}	2.8×10^{-6}	2.0×10^{-6}	2.5×10^{-6}
黄铜	铸件，经第三次真空排气	5.9×10^{-7}	2.5×10^{-7}	1.1×10^{-7}	1.1×10^{-7}	6.0×10^{-7}	1.5×10^{-8}
铝	板材、经第三次真空排气	1.2×10^{-6}	6.0×10^{-7}	8.0×10^{-8}	6.3×10^{-8}	3.1×10^{-6}	
铝合金	耐酸铝加工厚20微米径0.2μm		6.0×10^{-6}	2.4×10^{-7}	3.5×10^{-7}		2.4×10^{-7}
铝合金	原材料				1.2×10^{-7}	6.0×10^{-7}	1.0×10^{-7}
铝合金	超高真空表面处理	5.0×10^{-6}	2.5×10^{-7}	1.0×10^{-6}	5.0×10^{-7}	2.5×10^{-7}	
玻璃	抗酸玻璃原材料	7.0×10^{-7}	3.3×10^{-7}	1.2×10^{-7}	5.5×10^{-7}	7.0×10^{-7}	1.3×10^{-5}
布纳钠合成橡胶		6.3×10^{-7}	4.5×10^{-7}	2.5×10^{-7}	1.5×10^{-7}	7.0×10^{-7}	5.0×10^{-5}
天然橡胶		3.1×10^{-7}	2.1×10^{-7}	1.2×10^{-7}	1.6×10^{-7}	7.0×10^{-5}	1.3×10^{-5}
氯丁合成橡胶					8.0×10^{-5}	4.5×10^{-5}	
硅橡胶		8.3×10^{-4}	4.5×10^{-4}	1.8×10^{-4}	6.8×10^{-5}	2.2×10^{-4}	4.3×10^{-6}
聚四氟乙烯		9.9×10^{-5}	6.5×10^{-4}	3.7×10^{-4}	2.2×10^{-5}	1.2×10^{-5}	5.7×10^{-6}
聚脂		$3.3\times10^{-5}\,(3.0\times10^{-4})$	2.0×10^{-4}	$1.1\times10^{-4}\,(5.5\times10^{-5})$	7.0×10^{-5}	3.5×10^{-5}	1.6×10^{-4}
聚乙烯		1.1×10^{-4}	1.4×10^{-4}	5.5×10^{-5}			
聚碳酸脂		8.3×10^{-5}	6.5×10^{-5}	4.6×10^{-5}			
聚氯乙烯		5.2×10^{-5}	3.8×10^{-5}	2.4×10^{-5}			
环氧树脂		3.0×10^{-5}	2.7×10^{-5}	1.7×10^{-5}	(1.7×10^{-5})		
苯乙烯			2.0×10^{-5}	1.1×10^{-5}			
聚乙烯		1.3×10^{-5}	6.0×10^{-6}	3.0×10^{-6}	(7.0×10^{-6})		

附录十三

壁面污垢的热阻（污垢系数）m² · °C/W

1.冷却水

加热流体的温度，°C	115以下		115～205	
水的温度，°C	25以下		25以上	
水的流速，m/s	1以下	1以上	1以下	1以上
海水	0.8598×10^{-4}	0.8598×10^{-4}	1.7197×10^{-4}	1.7197×10^{-4}
自来水、井水、湖水、软化锅炉水	1.7197×10^{-4}	1.7197×10^{-4}	3.4394×10^{-4}	3.4394×10^{-4}
蒸馏水	0.8598×10^{-4}	0.8598×10^{-4}	0.8598×10^{-4}	0.8598×10^{-4}
硬水	5.1590×10^{-4}	5.1590×10^{-4}	8.598×10^{-4}	8.598×10^{-3}
河水	5.1590×10^{-4}	3.4394×10^{-4}	6.8788×10^{-4}	5.1590×10^{-4}

2.工业用气体

气 体 名 称	热 阻
有机化合物	0.8598×10^{-4}
水蒸气	0.8598×10^{-4}
空气	8.4394×10^{-4}
溶剂蒸气	1.7197×10^{-4}
天然气	1.7197×10^{-4}
焦炉气	1.7197×10^{-4}

3.工业用液体

液 体 名 称	热 阻
有机化合物	1.7197×10^{-4}
盐水	1.7197×10^{-4}
熔盐	0.8598×10^{-4}
植物油	5.1590×10^{-4}

4.石油分馏物

馏 出 物 名 称	热 阻
原 油	$3.4394 \times 10^{-4} \sim 12.098 \times 10^{-4}$
汽 油	1.7197×10^{-4}
石脑油	1.7197×10^{-4}
煤 油	1.7197×10^{-4}
柴 油	$8.4394 \times 10^{-4} \sim 5.1590 \times 10^{-4}$
重 油	8.598×10^{-4}
沥青油	17.197×10^{-4}

附录十四　常用相似准数表

序号	符号	名　称	表　达　式	物理意义	主要使用范围
1	Ar	Archimedes （阿基米德）数	$\dfrac{Re^2}{Fr}\cdot\dfrac{\Delta\rho}{\rho}=\dfrac{gl^3\rho}{\mu^2}(\rho_s-\rho)$ $=\dfrac{l^3\gamma}{\mu^2g}(\gamma_s-\gamma)$	表示浮升力对流固系统的影响	流态化
2	Bi	Biot（皮欧）数	$\dfrac{al_m}{\lambda}$	表示物体内部热阻和外表膜热阻的关系	不稳定传热过程
3	Da_{I}	Damköhler （达姆克勒）数 I	$\dfrac{Ul}{3600uC_A}$	化学反应速率与总体质量流率之比	化学反应工程
4	Da_{II}	Damköhler （达姆克勒）数 II	$\dfrac{Ul^2}{DC_A}$	化学反应速率与分子扩散速率之比	化学反应工程
5	Da_{III}	Damköhler （达姆克勒）数 III	$\dfrac{QUl}{3600C_P\rho gu}$	反应热量与本体所容纳热量之比	化学反应工程
6	Da_{IV}	Damköhler （达姆克勒）数 IV	$\dfrac{QUl^2}{\lambda t}$	反应热量与传导热量之比	化学反应工程
7	Eu	Euler （欧拉）数	$\dfrac{\Delta P}{\rho u^2}$	表示压差的无因次数群	流体流动过程
8	Fo	Fourier （傅立叶）数	$\dfrac{\lambda\tau}{\rho gC_Pl^2}$	传热中的相对时间比值	不稳态传热
9	Fr	Froude （弗鲁德）数	$\dfrac{u^2}{gl}$	表示重力对流动过程的影响	自然流动过程
10	f	Fanning （范宁）数	$\dfrac{3600^2g^2\rho l\Delta P}{2G^2L}$	流动情况与压降的关系	流体流动过程
11	Ga	Galileo （伽利略）数	$\dfrac{Re^2}{Fr}=\dfrac{l^3g\rho^2}{\mu^2}=\dfrac{l^3\gamma^2}{\mu^2g}$	表示重力与粘滞力的关系	自然对流流动
12	Gr	Grashof （格拉斯霍夫）数	$Ga\beta\Delta t=\dfrac{l^3\rho^2g\beta\Delta t}{\mu^2}=\dfrac{l^3g\beta\Delta t}{\nu^2}$	表示自然对流对给热的影响	传热过程
13	Gz	Graetz （格雷茨）数	$\dfrac{WC_P}{\lambda l}$	流体热容与传递热量的关系	层流传热过程

序号	符号	名　　称	表　达　式	物理意义	主要使用范围
14	j_m	传质 j 因子	$\dfrac{k\rho}{G}\left(\dfrac{3600\mu g}{gD}\right)^{2/3}$ $=\dfrac{k}{3600u}\left(\dfrac{3600\mu}{\rho D}\right)^{2/3}$	流动情况及物性与传质的关系	传质过程
15	j_h	传热 j 因子	$\dfrac{a}{C_P G}\left(\dfrac{3600 C_P\mu g}{\lambda}\right)^{2/3}$ $=St\cdot Pr^{2/3}$	流动情况及物性与传热的关系	传热过程
16	K_i	Кирпичев (基尔皮乔夫) 数	$\sqrt[3]{\dfrac{4}{3}Ar}$ $=\sqrt[3]{\dfrac{4d_s^3(\rho_s-\rho_g)\rho g\cdot g}{3\mu^2}}$	表示气-固系统物系特性	流态化
17	Le	Lewis (刘易斯) 数	$\dfrac{Sc}{Pr}=\dfrac{a}{D}=\dfrac{\lambda}{C_P\rho g D}$	物性对传热和传质的影响	同时传热和传质
18	Ly	Лященко (廖辛科) 数	$\dfrac{Re^3}{Ar}=\dfrac{u^3\rho^2}{\mu(\rho_s-\rho)g}$ $=\dfrac{u^3\gamma^2}{\mu(\gamma_s-\gamma)g^2}$	表示流固物系性质与固相速度的关系	流态化
19	Ma	Mach (马赫) 数	$\dfrac{u}{u_s}$	线速和声速之比	可压缩流体流动过程
20	Nu	Nusselt (努塞尔) 数	$\dfrac{al}{\lambda}$	表示给热系数的无因次数群	传热过程
21	Pe_h	Péclet (彼克列) 传热数	$RePr=\dfrac{3600u\rho g C_P l}{\lambda}$ $=\dfrac{3600ul}{a}$	总体传热量与传导热量之比	强制对流传热
22	Pe_m	Péclet (彼克列) 传质数	$ReSc=\dfrac{3600lu}{D}$	总体传质量与扩散传质量之比	传质过程
23	Pr	Prandtl (普兰德) 数	$\dfrac{3600 C_P\mu g}{\lambda}=\dfrac{3600\nu}{a}$	表示流体物性对给热的影响	传热过程
24	Re	Reynolds (雷诺) 数	$\dfrac{lu\rho}{\mu}=\dfrac{lG}{3600\mu g}$	惯性力与粘滞力之比	流体力学过程
25	Sc (或 Pr)	Schmidt (施米特) 数	$\dfrac{3600\mu}{\rho D}$	表示流体物性对传质的影响	传质过程

序号	符号	名　称	表　达　式	物理意义	主要使用范围
26	Sh (或Nu')	Sherwood (舍伍德) 数	$\dfrac{kl}{D}=j_m ReSc^{1/3}$	表示传质系数的无因次数群	传质过程
27	St	Stanton (斯坦顿) 数	$\dfrac{a}{3600C_P\rho gu}=\dfrac{a}{C_P G}$	传递热量和流体热容量之比	强制对流传热
28	We	Weber (韦伯) 数	$\dfrac{u^2\rho l}{\sigma}=\dfrac{lG^2}{3600^2\rho g^3\sigma}$	惯性力与表面张力之比	起泡过程
29	β (或Ha)	Hatta (八田) 数	$\dfrac{r}{\mathrm{tgh}r}$ 其中 $r=\dfrac{(k_r C_A D)^{1/2}}{k}$	气液相反应速率与液相扩散率的关系	伴有化学反应时的气体吸收

表中符号意义：

$a=\dfrac{\lambda}{C_P\rho g}$ ——导温系数（热扩散系数)m²/h u ——线速度   m/s

C_A ——浓度   kg/m³ w_s ——声速   m/s

C_P ——定压热容   kJ/(kg·℃) W ——质量流速   kg/h

D ——扩散系数   m²/h α ——传热膜系数   kJ/(m²·h·℃)

d_s ——固体颗粒直径   m β ——体积膨胀系数   (℃)$^{-1}$

g ——重力加速度   m/s² ρ ——密度   kg/m³

G ——质量流率   kg/(m²·h) ρ_s ——固相密度(或颗粒密度)kg/m³

k ——传质系数   m/h γ_g ——气相密度   kg/m³

k_r ——反应速度常数   m³/(kg·h) μ ——动力粘度   kg·s/m²

l ——定性长度   m ν ——运动粘度   m²/s

l_m ——从中心到表面的距离   m τ ——时间   h

L ——长度   m σ ——表面张力   kg/m

ΔP ——由于摩擦引起的压力降   kg/m² λ ——导热系数   kJ/(m·h·℃)

Q ——单位质量所放出的热量   kJ/kg

t ——温度   ℃

U ——反应速度   kg/(m³·h)

冶金工业出版社部分图书推荐

书　名	作　者	定价(元)
物理化学(第3版)	王淑兰　主编	35.00
冶金物理化学(本科教材)	张家芸　主编	39.00
冶金工程实验技术(本科教材)	陈伟庆　主编	39.00
自动检测和过程控制(第3版)(本科教材)	刘元扬　主编	36.00
热工测量仪表(第3版)(本科教材)	张　华　等编	38.00
钢铁冶金原理(第3版)(本科教材)	黄希祐　编	40.00
钢铁冶金原理习题解答(本科教材)	黄希祐　编	30.00
有色冶金概论(第2版)(本科教材)	华一新　主编	30.00
炼焦学(第3版)(本科教材)	姚昭章　主编	39.00
现代冶金学——钢铁冶金卷(本科教材)	朱苗勇　主编	36.00
炼钢工艺学(本科教材)	高泽平　编	39.00
冶金传输原理(本科教材)	沈巧珍　等编	46.00
冶金热工基础(本科教材)	朱光俊　主编	36.00
炼钢设备及车间设计(第2版,高等教材)	王令福　主编	25.00
炼铁设备及车间设计(第2版,高等教材)	万　新　主编	29.00
烧结矿与球团矿生产(高职高专规划教材)	王悦祥　主编	29.00
冶金生产概论(高职高专规划教材)	王庆义　主编	28.00
冶炼基础知识(职业技术学院教材)	马　青　主编	36.00
铁合金生产(职业技术学院教材)	刘　卫　主编	26.00
炼铁原理与工艺(职业技术学院教材)	王明海　主编	38.00
炼钢原理及工艺(职业技术学院教材)	刘根来　主编	40.00
转炉炼钢实训(职业技术学院教材)	冯　捷　主编	35.00
连续铸钢实训(职业技术学院教材)	冯　捷　主编	45.00
冶金过程检测与控制(职业技术学院教材)	郭爱民　主编	20.00
冶金通用机械与冶炼设备(职业技术学院教材)	王庆春　主编	45.00
炼焦化学产品回收技术(职业技能培训教材)	何建平　等编	59.00
铁矿粉烧结生产(职业技能培训教材)	贾　艳　主编	23.00
高炉炼铁基础知识(职业技能培训教材)	贾　艳　主编	32.00
高炉喷煤技术(职业技能培训教材)	金艳娟　主编	19.00
高炉炉前操作技术(职业技能培训教材)	胡　先　主编	25.00
高炉热风炉操作技术(职业技能培训教材)	胡　先　主编	25.00
炼钢基础知识(职业技能培训教材)	冯　捷　主编	39.00
转炉炼钢生产(职业技能培训教材)	冯　捷　主编	58.00
连续铸钢生产(职业技能培训教材)	冯　捷　主编	45.00
炼铁计算	那树人　著	38.00